室内设计实战指南

营销签单与全案设计

祝彬 黄佳◎编著

化学工业出版社
·北京·

内容简介

本书从设计师日常接单的实际操作出发，将设计师与甲方接洽过程中的销售签单、上门量尺、方案设计、建材选用、预算制作、图纸绘制、后期服务等过程进行全面讲解，可以帮助刚入行的设计师快速掌握设计方法与技巧。除了常规的设计和施工外，还帮助设计师掌握与客户谈单的技巧，快速找准客户需求。同时，书中大量运用图表辅助说明，便于理解与查询，是一本为室内设计师量身定制的实用性书籍。

本书适合家具设计、室内设计、产品设计专业的大学本科和高职高专学生，以及相关专业的教师、研究生和刚入职的一线设计师阅读。

随书附赠资源，请访问 https://www.cip.com.cn/Service/Download 下载。在如右图所示位置，输入“38548”点击“搜索资源”即可进入下载页面。

图书在版编目（CIP）数据

室内设计实战指南：营销签单与全案设计/祝彬，黄佳编著.—北京：化学工业出版社，2021.5
ISBN 978-7-122-38548-2

Ⅰ.①室… Ⅱ.①祝… ②黄… Ⅲ.①室内装饰设计-指南 Ⅳ.①TU238.2-62

中国版本图书馆CIP数据核字（2021）第030039号

责任编辑：王　斌　吕梦瑶　　装帧设计：韩　飞
责任校对：王素芹

出版发行：化学工业出版社（北京市东城区青年湖南街13号　邮政编码100011）
印　　装：北京宝隆世纪印刷有限公司
710mm×1000mm　1/16　印张19　字数380千字　2021年5月北京第1版第1次印刷

购书咨询：010-64518888　　售后服务：010-64518899
网　　址：http://www.cip.com.cn
凡购买本书，如有缺损质量问题，本社销售中心负责调换。

定　　价：128.00元

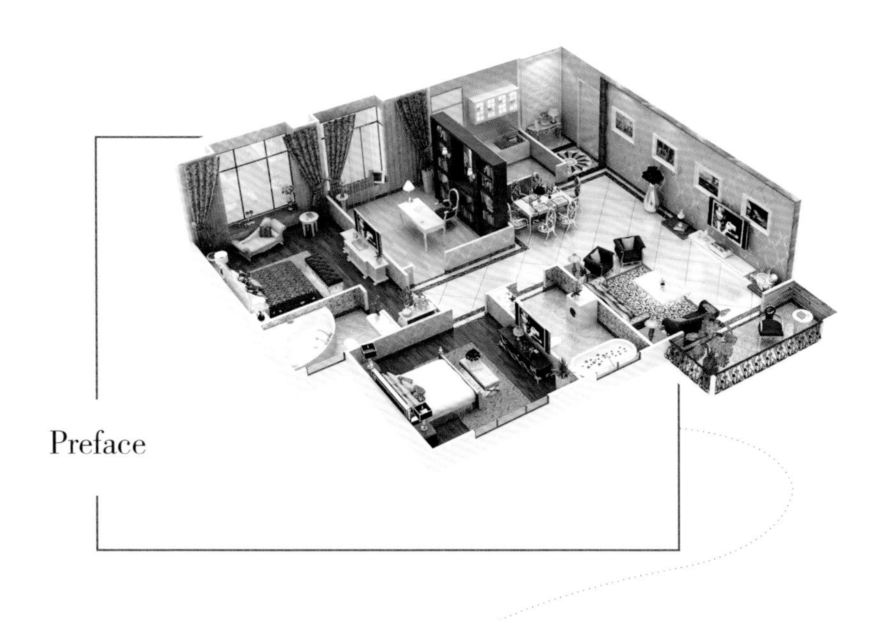

Preface

前 言

室内设计行业需要涉及的专业内容较多，如何在工作中理清头绪、找准工作方向、定位工作目标，是每一个初入行的设计师都十分关注的问题。事实上，一个优秀的室内设计师在项目开展之初，就应尽可能做到项目中 80% 以上的事情可知可控，只留下 20% 的意外变量。这种对于工作全局的掌控力，是将工作变得顺手的关键。而在设计认知和设计思维中，非常关键的两点为流程化和精细化，也被称为掌控力的框架。

本书通过对设计师日常工作的缜密梳理，将室内设计流程大体分为需求分析、方案设计、深化设计和后期服务四个阶段。而在这四个阶段中又包含了风格定位、户型解析、功能布局、主材产品设计、图纸预算、施工工艺、软装搭配等众多内容。因此，本书按照室内设计工作的流程，逐一剖析工作中的各个环节，通过精细化的内容设置，揭示室内设计的密码。

为了方便设计师朋友快速理解和记忆大量繁杂的工作内容，本书辅以流程图、表格、范例等形式，力求通过简明、精准的方式，令设计师用更短的时间理解室内设计的真正内涵，最终高效、顺利地把控工作项目。另外，本书在资料整理、内容组织等方面得到乐山师范学院民宿发展研究中心资助，在此表示感谢。

编者

2020 年 12 月

目录

CONTENTS

CONTENTS

ONE 1

第一章

室内设计的营销与签单

掌握营销与签单的技能，对于室内设计师来说是实现一个项目的“敲门砖”。在这个过程中，通过与客户的有效沟通，能够了解到客户需求，最终使项目落地。但由于客户之间的差异很大，因此做好客户分析、提升沟通能力、丰富专业技能，才能够高效签单。实现签单归根结底是强而有力的洞察力与沟通力的体现。

第一节 客户分析与签单策略

对于设计师来说，只有接触到客户，做深入了解与沟通之后，才有可能实现项目的落地。但由于客户的年龄、性格、职业等千差万别，其对装修的需求点与沟通方式均会不同。因此，需要设计师做好不同群体的客户分析，才能在实现签单的路上走得更顺畅。

一、客户年龄与需求特点

年龄不仅是一个数字，对于一个人来说往往代表着人生的经历和阅历。不同年龄段的人在一定程度上具备一些共性特征，对于家庭装修来说也具备某些相似的诉求。

人群特点： 这类人群一般刚大学毕业，家庭条件不错，房子为父母为其准备的婚房

需求特点： 由于房子对他们来说并非是生活的必需品，装修对其没有太大的诱惑力，一般是父母的装修意愿更加急迫

人群特点： 开始想要稳定的生活，多为婚房装修

需求特点： 这类人群装修房子大多为刚需，一般比较关注市面上比较流行的风格，同时会对预算有一定的考虑与计划

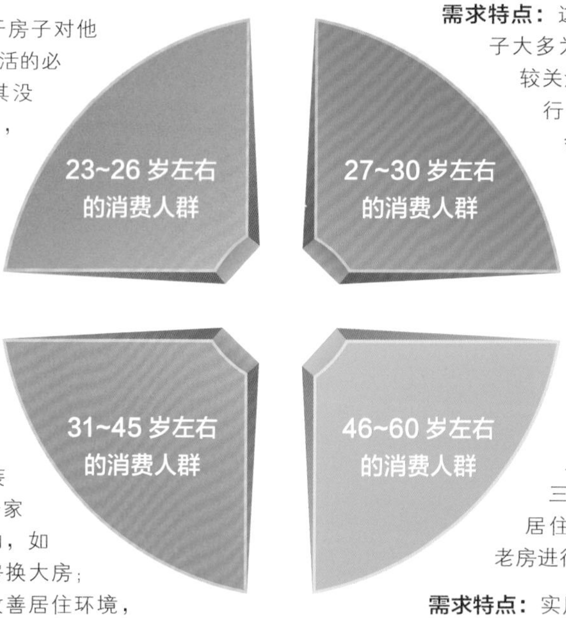

人群特点： 这类人群要么是夫妻共同奋斗，购置新房准备装修；要么是由于家庭人口出现变动，如二胎家庭，小房换大房；要么是换新房改善居住环境，或为孩子上学而换房

需求特点： 这类人群的阅历和心智相对比较成熟，一般会非常明确自己的装修需求，对装修行业或多或少会有些了解

人群特点： 这个年龄区间的人群多是考虑要三室同堂，共同居住，或者购置养老房进行装修

需求特点： 实用、舒服是其关注的焦点。三世同堂的家庭更关注家庭成员之间的互动与交流；购置养老房的家庭则强调满足室内装修适老化的需求

▲ 不同年龄段客户及其需求特点

二、从客户的体貌与穿着初步判断性格特点

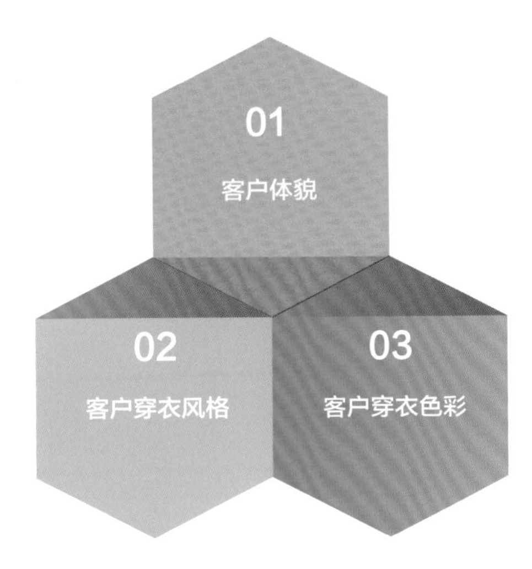

▲ 初步判断客户性格的依据

1. 结合客户体貌分析性格与交流方式

一个人的体貌特征在一定程度上体现了这个人的处事态度与生活境况，同时也蕴藏着个性特点。设计师与客户初次见面时，可以根据其体貌特征做初步预判，找准适宜的交流方式，促成签单。

瘦削体型的客户群：这类客户群体大多精明能干，自我约束能力较强，比较有主见和想法。在与之交流时，应多聆听他们的想法与意见，避免跟他们产生正面对立关系，需要充分体现出自己的专业性。

微胖体型的客户群：这类客户群体一般比较随和、好相处，不喜欢斤斤计较，同时也不喜欢操心过多的事情。在与之交流时，应尽量多地考虑到他们的装修需求，同时从装修细节上表达自己的用心。

2. 根据客户穿衣风格分析性格与交流方式

一个人穿衣的风格不仅可以在一定程度上体现其从事的职业，也可以从侧面展现出这个人的个性修养。设计师应从第一眼看到客户时，就从其穿衣方式上挖掘客户的性格特点，初步制定出适合的装修方向。

喜欢穿正装的客户群：这类人群以男性居多，性格大多比较严谨，一般也相对刻板，属于话不多，但在家中拥有话语权的角色。装修风格可以考虑简洁、大气的现代极简风格，或者能够代表权力，但拥有品质感的新中式风格。

喜欢穿 T 恤的客户群：这类人群的性格比较温和、随性，主见性与决断性也相对较弱。装修风格上可以选择运用木色调较多的现代日式风格，多体现居住环境的温馨感。

喜欢穿长裙的客户群： 这类人群多是优雅的女性，一般为白领阶层，或者是保养较好的全职太太。装修风格上可以选择精致感较高的法式风格、美式轻奢风格等。

喜欢穿潮牌的客户群： 这类人群的年龄一般不大，对时尚有着自己独特的见解。与他们交流时不必过于拘泥，轻松的沟通更容易促成签单。装修风格上可以考虑波普风格、工业风格，以及目前市场上流行的一些小众风格，如叙利亚风格、波西米亚风格、斯堪的那维亚风格等。

喜欢穿戴张扬、另类服饰的客户群： 应将这类人群与喜欢穿潮牌的人群做好区分，他们往往比较高调，喜欢别人的附和与夸奖，强调自己的与众不同与个性。与之沟通时应适时夸奖对方的想法，但对于一些不合理的想法也应委婉地指出，沟通时要收放自如。

实用贴士

从细微处做深入的客户分析

除了以上归纳总结的不同穿衣方式的群体之外，客户的配饰打扮也是需要关注的方向。设计师在跟客户谈单时，往往需要商讨多次才能有一个结果，可以借此机会仔细观察客户。比如，客户每次穿戴的服饰上有没有共同点。如果一个客户每次穿戴的服饰上均包含某一种图案，可以尝试询问其对此图案是否有特殊的喜好，并可以将其作为设计元素体现到家居之中。或者某些客户每次约见时都会戴民族风格的手串，则可以询问其是不是比较偏好能体现民族特征的家居风格等。

3. 根据客户穿衣色彩分析性格与交流方式

客户的穿衣色彩在一定程度上也可以体现出其性格特点。例如，性格开朗的人色彩偏好倾向于高纯度和高明度的色调，性格孤僻的人倾向于低纯度和低明度的色调或者无彩色。设计师可以对穿衣色彩进行归纳，从中找出签单的突破口。

喜欢穿深色衣服的客户群： 穿深色衣服的人群通常都是“细节控”，比较注重生活的质量和工艺的质感。与之沟通时最好多透露一些装修细节，风格上可以选择美式风格、简欧风格等。

喜欢穿浅色衣服的客户群： 这类客户群虽然看起来比较谦和，但却比较有主见，比喜爱穿深色衣服的人更加注重细节。这种对细节的关注甚至会体现到与人的交流方式上，因此与之沟通时应注意个人言行，多用礼貌用语。同时，这类人群比较注重空间的通透感与洁净度，干净的北欧风格和极简风格比较适合。

喜欢穿鲜艳衣服的客户群： 这类客户群体大多比较活泼、幽默、健谈，善于听取别人的建议。与之沟通时只需坦诚相待即可，签单的成功率较高。

色彩与性格的关系

色彩测试心理学家 M. 吕舍尔（M. Lusher）根据红色、蓝色、紫色、绿色、黄色、灰色、黑色、茶色这 8 种常见色彩对人群做出测试，研究得出被测试者的心理性格，该测试的依据即色彩本身所包含的意义。

▲ 色彩与性格

三、客户性格评估与谈单思路

“性格”对于一个人来说决定了其与人的沟通方式与处事态度。设计师在谈单时，针对不同性格的人沟通方式也应有所区别，讲述设计方案时的侧重点均应做区分。只有对客户性格做精分处理，才能迅速找出谈单的突破口。

	豪爽、冲动型	犹豫、纠结型
 性格表现	● 说话语速较快，反感问东答西 ● 做事干净利索，不喜欢拖泥带水 ● 关心底线、目的以及任务达成 ● 缺乏耐心，直截了当，对细节没有兴趣，喜欢得到直接答案	● 常表现出不安的情绪，害怕因自己考虑不周而出现差错 ● 带有强烈的不信任感，但却希望找多人当参谋 ● 思考的问题很多，提问也多，但是很难下决定
 语言习惯	● 最常说的话——“你不用跟我说那么多，你就告诉我，这个房子在你们公司装修大约得花多少钱？”	● 初期沟通时会经常说“我做不了决定，我要问问……” ● 到实质性问题如交定金时，常打退堂鼓，说要再考虑考虑
 谈单思路	● 尽量满足客户需求，做事风格保持简洁、明快 ● 谈单前做好铺垫，沟通能想到的所有细节 ● 对于客户提出的问题，避免拐弯抹角、答非所问 ● 有针对性地回答客户问题，再引导客户深入探讨问题 ● 出现问题应及时承认和改进，不要进行隐瞒和欺骗	● 与这类客户的说话语速要慢而稳，不可操之过急 ● 这类客户对方案的判断缺乏信心，设计师可以从户型设计到施工过程做一个全流程的简要概述，帮助客户理清思路，对家庭装修有一个初步概念 ● 思考问题要比客户周全，并展现出经验丰富的一面，赢取客户信任 ● 有针对性地提出问题，并引导客户，给出尽量详尽的答案

	自信、主见型	沉稳、老练型
 性格表现	● 这类客户非常有想法，并且愿意表达 ● 这类客户实际上可以再细分为两类，一类是做了较多的装修功课，知道自己想要什么，很明确自己的喜好；另一类则纯粹是性格使然，对装修一知半解，却喜欢做主导	● 这类客户以官员、企业老总居多，非常有城府 ● 少言，一般不轻易开口说话 ● 通常会用平和的心态沟通，不急不躁地进行话语上的“回旋” ● 提出的问题都非常具有针对性，会非常理智地签单
 语言习惯	● 常会说“我觉得这么做好”“我就是喜欢这样的设计，你帮我实现就行”	● 语言习惯上没有特别明显的特征，但心理语言为“我明白我要什么，也知道在装修上需要什么，但是我不说，希望让你猜”
 谈单思路	● 对于“真正知道自己想要什么”的自信型客户来说，应充分尊重他们的想法，但对一些不合理处，一定要给出专业性建议 ● 对于盲目自信型客户来说，要想办法掌握话语主导权，不要被牵着鼻子走，要勇于对客户说“不行”，体现出强势的一面，但要注意语气的缓和，并强调等装修方案完工后，能使他们获得更大的成就感	● 一般为大单客户，与之交流应保持礼貌，保守一些，但不要自卑 ● 前两三次的沟通中不能“强攻”，也不能“不攻”，要稳、慢 ● 多做试探性的交流，多元化、多方面地询问问题 ● 谈单中察言观色，时刻关注客户的交流细节，摸索对方的关注点和兴趣点，以此展开话题，分析其需求 ● 敢于对客户说不，充分展现专业性，以阅历、作品展现自己的价值

	谨慎、较真型	随和、亲善型
 性格表现	● 态度一般有些强硬，不太好沟通 ● 由于担心上当受骗，会提出一些超出常规思维的问题和细节	● 态度温和，愿意聆听，比较容易被说服 ● 喜欢询问别人的意见，但并非没有自己的想法 ● 会表达自己的见解，但不会无故坚持
 语言习惯	● 常会说“我暂时没有这个需求”“你这个设计方案为什么好”等要么拒绝沟通，要么比较尖锐的问题	● 常会说“好的”“行”“听你的” ● 常会这样提问——“你觉得呢？”“你有什么建议吗？”
 谈单思路	● 要有足够的耐心，仔细倾听，让客户感到尊重 ● 善于换位思考，从客户角度理解其较真的原因 ● 介绍设计方案时细节要非常明确，保证每个细节都没有失误，让客户安心 ● 突出设计方案的价值，明确告知客户这个设计方案能够解决居住环境中的什么问题	● 制造轻松的谈话氛围，可以使用“情感营销”策略 ● 沟通态度同样应温和、友善，不要强硬地施压 ● 给出专业性的装修指导，融入一些设计理念的讲解，尽量表达出居住环境的温馨和舒适

四、客户职业特点与谈单思路

不同行业的客户往往会具备一定的职业特点，这些职业特点会显现在平时的为人处世之中。在家居装修谈单时，要针对不同职业的客户特点分析其需求，抓准客户的痛点以及沟通禁忌。在众多行业中，医生、会计、教师和律师这四大行业的人，其职业特点十分突出，可做共性分析与处理。

职业特点：
谨慎、细致，比较爱干净

谈单思路：
- 在谈单时，应让客户主动思考，降低自己的引导性
- 设计师应对设计方案中所涉及的问题进行细致、周密的思考，做到比客户还要细心
- 与客户沟通完后，应留给客户足够的时间进行思考，不可操之过急

职业特点：
好为人师，不喜欢被否定

谈单思路：
- 一定要用标准的普通话与其聊天，并尽量用专业性的词语与之沟通，口吻要委婉
- 当客户提出一些不合理要求时，不要直接回绝，应认真地帮其分析问题，给出解决方案
- 多寻找契机称赞客户的想法，给予充分的肯定

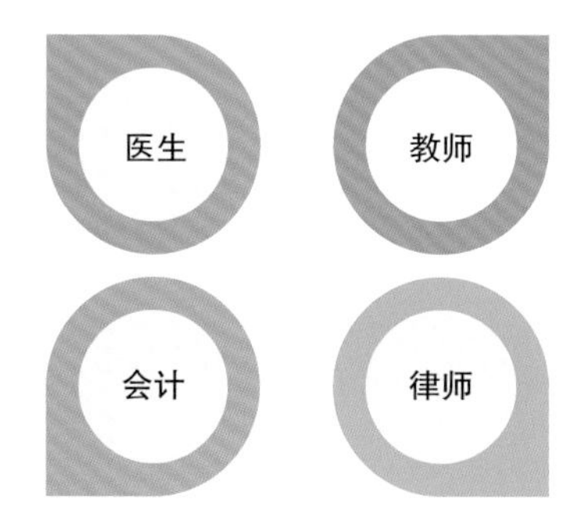

职业特点：
精打细算，对数字敏感

谈单思路：
- 了解设计运作的成本，并为其做详细的说明，不要被客户问住
- 给出的预算报价要精准，报价单的格式应清晰、明了
- 在需要核算的数字上做到无差错，不要给这类客户留下不细心的印象

职业特点：
对合同条款抠得十分细致

谈单思路：
- 应充分赢得客户的信任，表明自己对本职工作认真、负责的态度
- 明确合同条款的制定有依据可循，若客户对合同条款不满意，可以与之友好协商

▲ 四大行业职业特点及谈单思路

五、“需求不明确的客户”或“需求明确的客户”的谈单思路

实际上，无论什么年龄、性格或职业的客户，在进行装修谈单时，都可以大致划分为两类，即“需求不明确的客户”与“需求明确的客户”。针对这两类客户，应运用不同的谈单思路来完成最终的签单。

需求不明确的客户

行为特征

- 一般都是第一次装修，对装修的事情一知半解
- 会从网上搜集大量装修图，但这些装修图的共性特征不多，各种风格及色彩都有
- 对装修预算没有精准的定位，对于装修的花费仅有一个模糊的范围
- 思考问题的方式为横向比较，如常感觉“这家公司的实力不错，那家公司的设计不错，另外一家公司的接待比较热情”等。这些问题相互平行，看到的是不同公司具备的专属优点

行为分析

- 由于客户对自己的需求不明确，因此做决策时参考的信息也不清晰
- 需求不明确的客户在下决定之前是先比较，再选择。即将很多个装修公司放在一起比较，然后选择其中的一个
- 由于没有充足的装修知识，面对眼花缭乱的装饰风格、繁多的装修材料、复杂的施工工序等问题时，会感到措手不及、压力很大，从而陷入低认知的行为模式
- 在面对认知和决策压力时，陷入低认知模式的客户主要表现为具有从众心理，迷信大品牌，以及会被装修公司的活动排场所吸引。简言之，就是会被一些外部线索为主的影响力所干扰

谈单思路

- 面对需求不明确的客户，可以多设置一些具备选择性的问题，加大他们的决策压力
- 大公司的设计师可以搭建出“高大上”的排场给客户展示，如强调公司的影响力，以及用经典的设计案例体现公司实力，令客户更加相信大公司的品牌，形成促成签单的外部影响
- 小公司的设计师应充分挖掘本身具备的专属优势。例如，若公司的设计能力强，应主动塑造客户的需求偏好，找准客户的刚需；若公司的服务好，则要将设计服务和现场服务做到极致，并把优势场景化、产品化

需求明确的客户

行为特征

- 至少装修过一次，对装修的事情比较清楚
- 能清楚地说出自己想要体现的家居风格，并设定出不同家居空间的功能性。甚至可以清楚地描述出例如电视背景墙的款式、地面瓷砖的铺贴方式等非常细节性的要求
- 对材料型号、装修预算，甚至施工工艺都有所了解，并且能规避或解决掉很多容易出现的问题

行为分析

- 需求明确的客户在下决定之前是先剔除，再选择。他们首先会在装修市场上剔除不符合自己需求的公司
- 当客户达到对自己的需求非常明晰的状态时，往往比较的是实在的价格与产品的具体参数
- 一般对于设计的需求度不高，更在意的是哪家公司的服务好，可以少操心，材料产品是否靠谱，以及施工质量是否有保障等非常实际的问题。同时会比较关注报价，常常会选择性价比高的设计公司
- 概括来说，“服务”“材料”“工艺”这三个核心优势明显的公司会吸引需求明确的客户，他们一般会在具备这些条件的设计公司里进行选择

谈单思路

- 由于需求明确的客户最理性，因此与之沟通的问题应接地气、实用性强
- 可以用公司提供的“打折”服务来吸引这部分客户，打折主要的作用就是提高性价比，与需求趋于明确的客户所关注的核心点比较吻合
- 最好在“打折”服务的基础上，再导入一个稀缺、紧迫的因素。例如，马上下单可以再享受某种优惠，现在交定金可以赠送某种产品升级等。力求给客户性价比的同时，让他们感到自己享受的优惠是紧俏和稀缺的

六、多家庭成员的谈单切入口

有时准备装修的客户会以家庭为单位出现，面对复杂的家庭关系，设计师只有找准自身定位、察言观色、从中斡旋，才能促成最终的顺利签单。另外，以家庭为单位的客户中，最关键的是要通过这些人的气场、谈吐以及他们的说话方式，找到谁是最终的决断者。

找出“话语权”人的方式：可以先用观察的方式，看看家庭成员中谁最具备气场，之后从沟通中找到家庭中比较有发言权的人。比如可以通过提问的方式，看看谁可以最终下决定。这些特点有可能是集中到一人身上，也可能是分属两人。

与“话语权”人的沟通方式：初步确定话语权的归属之后，设计师可以将设计方案的呈现结果往“话语权”人的方向侧重一些，但也要注意兼顾其他家庭成员的情绪。切记不能只注重一个家庭成员的想法，即使这个人是家庭中的“话语权”人。因为若被其他家庭成员察觉到，可能会在日后的交流或装修中引起抵触情绪。

处理多成员家庭意见不合的技巧：无论是夫妻档还是两代人，面对家庭装修都会有不同意见，遇到想法不合、互相争执的情况很常见。设计师遇到此类问题时不要顾此失彼，而是要想办法化解家庭成员之间的矛盾，充当两方的调和剂。

实用贴士

衡量设计元素的分割点，满足家庭全成员的需求

多成员家庭的客户最容易发生对装修风格意见不统一的情况。遇到这类情况时，可以告诉客户争论不能解决问题，在没有看到效果图或实物参照的情况下，并不能充分感受到家居风格所带来的居住体验。

另外，可以帮助客户衡量设计元素的分割点。例如，家庭成员中一人喜欢中式风格，另外一人却喜欢北欧风格。两种看似风马牛不相及的风格，实际上在图案和家具的选择上可以找到某些共同点。其中，绿植图案是两种风格均会用到的元素，不妨将其运用到抱枕中；简化了线条的木色圈椅也是两种风格中均可以运用的元素。总之，设计师可以利用自身的专业技能将客户想要的不同风格进行有效融合或混搭，最终做出令家庭成员均满意的方案。

七、期房与别墅客户的谈单思路

根据客户需要装修的房产类型，可以对应出不同房产类型的客户特征与谈单策略。除了常规的现房客户，期房客户和别墅客户所具备的特性更加明晰。设计师可以做简单了解，为日后的谈单储备思路。

期房客户的谈单思路

客户特征

- 期房是相对于现房而言的，一般谈期房的单子耗费的时间周期比较长，至少半年，有时甚至会到一年以上
- 由于大多数期房客户在购房时已经花费了大量积蓄，因此在装饰预算上投放的比例不会太多

谈单思路

- 运用活动折现的方式来降低一部分工程总价，让客户看到实实在在的折扣
- 有些客户对于装修常保持观望态度，他们的自主性很强，因此设计师不要操之过急，应给予其充分的思考时间
- 多给客户描绘搬入新家后的美好生活，期房客户由于买房等待的时间较长，对于住进新家的心情会更为迫切

别墅客户的谈单思路

客户特征

- 别墅客户是富裕阶层，一般是各自行业的精英，大多拥有丰富的生活阅历及国际化的视野，对消费有着独到的见解
- 多数别墅客户更注重高品质的服务以及个性化需求的满足，典型消费特征为追求低调的奢华
- 在享受生活的同时会关注消费品价值的增值和保值

谈单思路

- 别墅的装饰设计需要考虑生活和品位两个方面。设计师在考虑物质功能的基础上要考虑客户对美的理解。多从文化和装修细节之处跟客户进行沟通
- 别墅涉及的空间较多，除了常规的功能空间外，还包括酒窖、影视厅等。设计师要从细节考虑功能的合理性和使用的便利性。跟客户沟通时可以做详细说明，如酒窖从考虑到恒温，进而注意到内墙保温问题，影视厅考虑到隔音处理等
- 将客户的身份与品位贯穿在整个设计中，选用高端材料和家具，可以多考虑运用智能装修系统

第二节 谈单话术与沟通引导

设计师在与客户进行沟通时，要把握好语气与节奏，营造舒畅的聊天氛围。同时，掌握一些沟通与提问技巧，学会做引导才能在客户口中得到有效信息，保证签单以及后续工作的顺利展开。

一、与客户谈单时的语速把握与沟通引导

1. 结合沟通内容，把握语速和沟通氛围

缓急有度的语速可以保证设计师在与客户进行沟通时合理分配时间。同时，双方沟通是件轻松的事情，应避免沟通场面过于严肃，但也不必刻意搞笑。学会引导自己的主题，把话题转向对自己有利的一面。

适合放慢语速的沟通内容

- 介绍所在公司的基本情况时
- 介绍自己以往的设计业绩时
- 回答客户的提问时
- 讲解设计方案时
- 介绍装修知识的初期阶段
- 讲解合同条款时

备注：沟通时涉及这些内容要给客户留有足够的思考和接受时间。

适合加快语速的沟通内容

- 详细介绍装修知识时，这部分内容比较专业、枯燥，可以加快语速来节省时间，等客户有疑问时再放缓语速做详细讲解
- 介绍和装修关系不大的事情时

2. 结合客户需求，做好沟通引导

探知居住者设计需求时，可以先了解一下房屋的基本状况，比如是新房还是二手房、希望家中空间如何分配，以及装修预算等；并要清楚业主家中人员的居住情况，尽可能地了解不同居住人员的年龄、职业、爱好等，并做好相关记录。

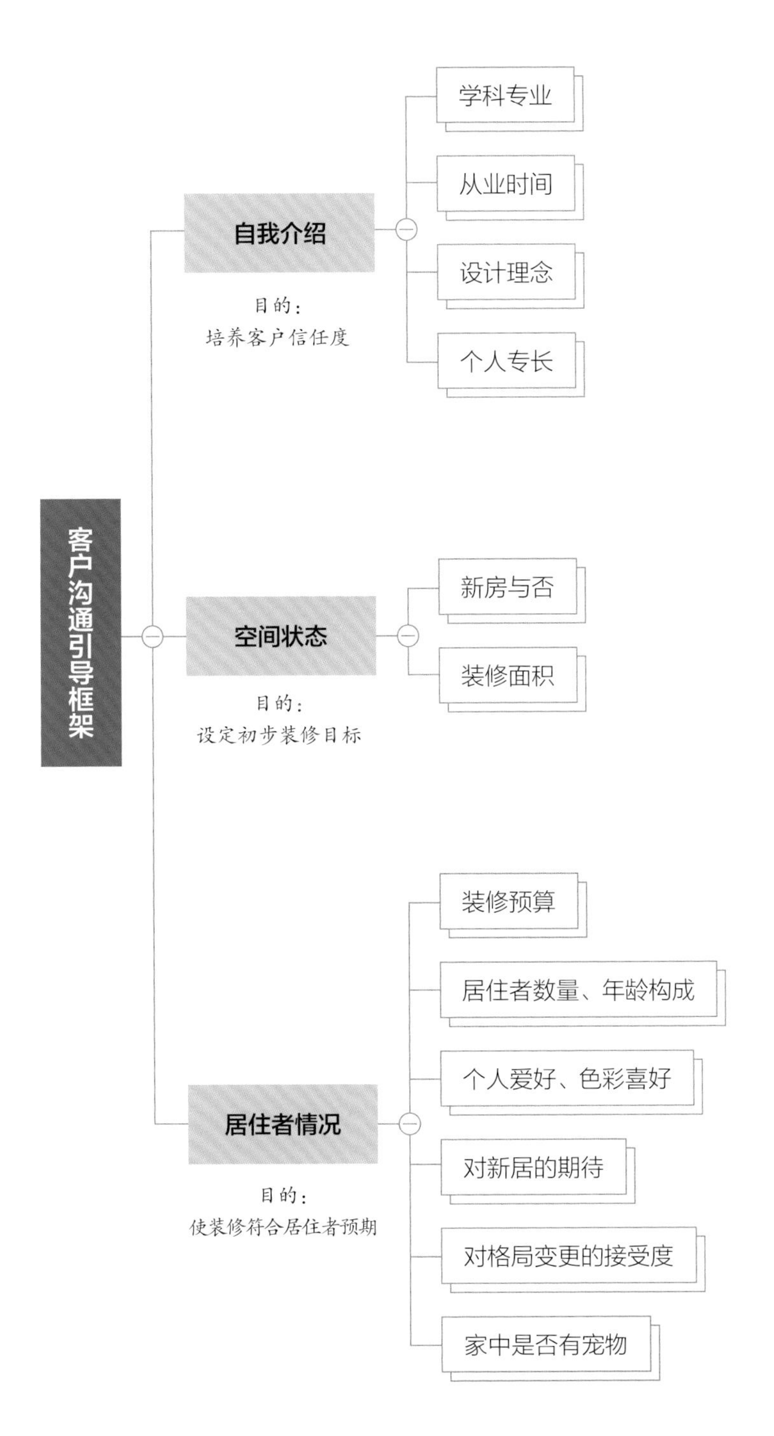
客户沟通引导框架
自我介绍
目的：
培养客户信任度
学科专业
从业时间
设计理念
个人专长
空间状态
目的：
设定初步装修目标
新房与否
装修面积
居住者情况
目的：
使装修符合居住者预期
装修预算
居住者数量、年龄构成
个人爱好、色彩喜好
对新居的期待
对格局变更的接受度
家中是否有宠物

▲ 客户沟通引导框架

二、与客户谈单时的叙事技巧

在与客户沟通时不要故弄玄虚，语言表述应尽量简洁、明了。另外，应掌握一定的叙事技巧，充分将话语权和沟通节奏把握在自己的手中。

01

巧妙使用解围语言

使用情景：
当沟通出现困难，无法达成共识，且沟通无法往下进行时，可以运用解围用语

推荐用语：
“真遗憾，只差这么一点儿就可以往下进行了”或者“这种做法有点儿困难，对你我来说都不是最优的选择”等

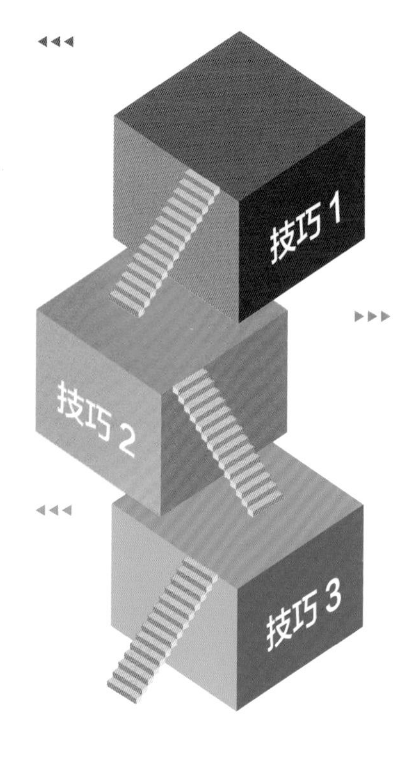

02

巧妙使用转折用语

使用情景：
当与客户沟通时遇到难以解决的问题，或者需要将沟通时的话题转向对自己有利的方面时，可以巧妙地运用转折用语，有效防止沟通气氛僵化，避免客户感到难堪，同时可以使问题向有利于自己的方向转化

推荐用语：
“但是”“虽然如此”“不过”等

03

避免以否定语言结束交流

使用情景：
在和客户交流到尾声时，应尽量以肯定客户的语言来结束聊天内容。因为在与人的交流中，第一句话和最后一句话最能给人留下深刻印象

推荐用语：
“您的意见很好，我会参考到方案修改里的”或者“您的想法和我一样”等

▲ 谈单的三个技巧

实用贴士

针对不同客户，选择适宜的沟通方式

如果客户具备良好的素质，沟通用语温文尔雅，设计师也要做到谈吐不凡。如果客户比较简单、实在，沟通用语朴实无华，那么设计师在进行沟通时也不需要过多的语言修饰。如果客户说话爽快、耿直，那么设计师也就不需要迂回、曲折，打开天窗说亮话更能促进有效沟通。总之，在与客户的沟通与交流中应根据客户的学识、气度和修养来调整自己的沟通方式。

三、通过场景描述法，引起客户共情

1. 了解场景描述法的作用

设计师在与客户初步沟通设计方案时，往往会准备一些意向图，用以锁定客户喜好的风格、色彩、样式设计等。面对一些大客户，很多时候还会制作专业的 PPT 方案。但很多设计师虽然图片找得漂亮，PPT 方案做得也很棒，对客户的吸引度却并不理想。这是由于图片和 PPT 方案只能达到视觉上的美感，却并不具备情感。设计师需要做的是运用一定的描述手段，将图片或方案中蕴含的情感传达给客户，引起客户的共情才能够令客户更加认可和接受自己的设计想法。而场景描述法则能够产生故事性，加强客户的代入感。

场景描述法的作用	场景可以最大效率地激发情感，情感可以最大限度地产生需求，最终通过场景的描述驱动客户更加清晰地了解自身的需求。

2. 场景描述法的四要素

实际上，场景描述法就是根据图片体现出的内容为客户讲故事。可以向客户讲述在何时、何地，与谁在一起做了什么事情，最终这件事情产生了怎样的一种情感。

时间 地点 人物 情感

▲ 场景描述法的四要素

场景描述法范例：

××太太，您看这个玄关（地点）墙面做了一个可折叠的换鞋凳，您和您的先生（人物）下班回来（时间）坐在这里换鞋，十分方便，可以减轻一天工作的疲惫（情感），也大大节省了空间。

▲ 玄关设计

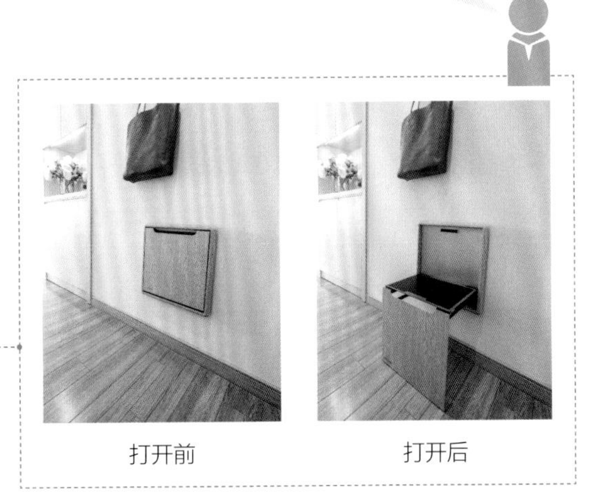

打开前　　打开后

3. 场景描述法的进阶版体现

通过运用场景描述法的四要素来讲解方案，能够让客户感受到方案图片中蕴藏的情感。但是如果在这四要素中加入空间属性，以及可以为客户带来怎样的利益的描述，则能够令方案锦上添花。

进阶版场景描述法范例：

××太太，您看这张图片，与您的需求非常相符。一体式的客餐厅最大限度地保留了空间的通透感（空间属性），同时将飘窗设计为可以坐的地台，令客厅区和餐厅区能够容纳更多的人在此休闲、用餐（设计手法带来的利益）。平时无论是家里来客人，还是周末您与闺蜜在这里喝茶、聊天，都会觉得十分宽敞（空间里的情境设置）。您看，小体量的家具还不会占据过多的空间（设计手法带来的利益），为您的小女儿提供了足够的玩耍区域。试想一下，小朋友在这样宽敞的空间里跑来跑去、欢笑连连，是多么让人觉得幸福的画面啊（空间里的情境设置）。而且，由于整个空间没有做任何的分隔和界定，随着您家中人员年龄的变化，也能够轻松地进行调整，创造出更符合需求的空间状态，而且这样的设计还很省钱（设计手法带来的利益）……

▲ 客餐厅设计

四、运用巧妙的提问方式，促成客户签单

1. 提问可以解决的问题

无论是促成签单，还是高效完成设计项目，了解客户的真实需要是捷径。设计师需要掌握各种沟通技巧来获取更多、更有效的客户信息。其中，好的提问方式是通往成功的良好途径。设计师可以通过提问的方式引起客户的思考，从而主导对方的情绪和谈话内容。

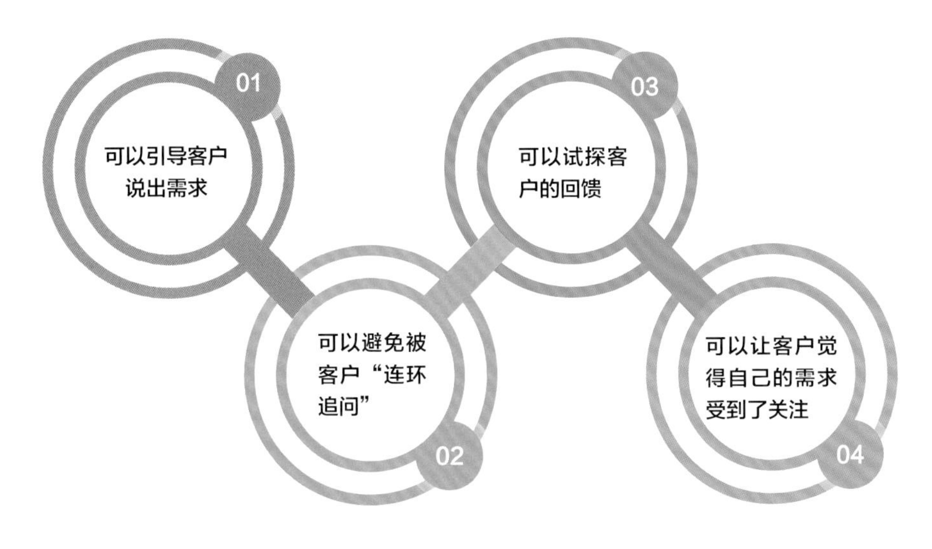

▲ 设计师向客户提问的作用

提问可以引导客户说出需求：很多设计师常会觉得与客户进行沟通时，自己总是处于被动地位。产生这种情况的原因在于“你总是在说，而客户总是在问。”很多设计师十分懂得迎合客户需求，但却不会运用提问的方式引导客户说出自己的需求。搞不清客户真正关心的设计点，就会被客户的“连环问题”搞得疲惫不堪。如果设计师总是处于回答的状态，就会长期处于被动地位。如果在与客户的沟通中学会“以问题结尾”的方法，就能把握主动权。

利用提问试探客户的回馈：很多设计师非常用心地向客户解答了一堆专业问题之后，就用论述（句号）的形式结尾，话题结束得突然，没有了下文。由于客户对专业的装修知识大多一知半解，对于设计师的讲解吸收程度往往不高。面对突然结束的话题，其反应往往是“我知道了，改天再聊吧”或者“我考虑一下再说”等。但如果设计师在讲述完之后紧接着问道，“关于刚才说到装修方案，您还有哪些地方不太了解？我们可以再详细沟通一下”。类似这样的提问方式给双方继续聊下去提供了机会，客户能够感受到设计师对于自己需求的关注，而不仅是自说自话。

2. 向客户提问时的方法

在与客户进行沟通时，描述性的问题可以让客户讲述具体的内容事实，结构性问题可以让客户按照一定的关系讲述内容事实，对比性问题则可以引导客户说出提供的内容事实之间的差异。

多提明确性问题

作用：
激起对方的思维活动，得到相对有效的反馈

推荐用语：
如“这个方案的配色您觉得怎样？”而不是“这个方案你感觉如何？”或者“什么品牌的地板您觉得更合适？”

多提引起客户注意的问题

作用：
激发客户的沟通欲望，在客户的语言描述中挖掘其设计需求

推荐用语：
“如果……那就好了，对吧？”“您能否再向我阐述一下您对这个方面的疑问？”

想要获得更多信息时，多提开放式问题

作用：
这种问题需要解释和说明，让客户能够按照自己的思维方式和理解方式进行表达。虽然开放式问题对方比较好回答，但如果客户回答出来了，你却不能接下去，就不要问

推荐用语：
“我看您特别喜欢日本，能分享一下原因么？我们可以尝试提取一些元素，用到设计中。”或者“您能描绘一下对日后生活场景的期待么？”

想要得到确切结论时，多提封闭式问题

作用：
借提问将话题归于结论。但封闭式问题的答案一定是你期望的答案，没有把握就不要问

推荐用语：
如“××先生，下一步可以签合同了吧？”或者“这个墙面材料很适合您家的装修品位，是吧？”

3. 根据谈单流程匹配适合的提问方式

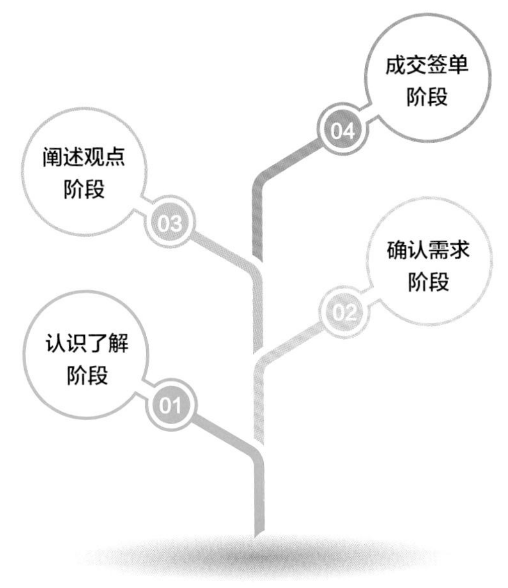

▲ 谈单流程

认识了解阶段：通常以好奇性的提问开头，利用状况性提问收集客户信息。如“您家的常住人口有几位？”“您平时有哪些兴趣、爱好？”等。

确认需求阶段：利用诊断性提问建立起信任，并确立具体的设计细节。如“您是喜欢开放式厨房，还是封闭式厨房呢？”或者利用聚焦性提问来攻克不确定的问题，如“在家具选用方面，您最担心什么问题呢？”

阐述观点阶段：这一阶段提问的作用在于确认反馈和增强说服力。需确认的提问方式，如“您觉得这样的色彩搭配如何？”增强说服力则一般可以利用三段式提问的方式。

实用贴士

破解三段式提问方式

三段式提问的公式：重复客户原话 + 专业观点陈述 + 反问，这样的提问方式可以增强说服力，让客户说出更多信息，也可以拉近与客户的距离。客户之所以愿意和设计师谈话，很大一部分原因是想听到专业的建设性意见，真正的说服一定要和专业的观点陈述结合起来。说服常发生在客户提出异议之后，但不论客户提出任何刁难的问题，设计师都不应忙于反驳，而是用认同的方式表达同理心，可以简单地重复一遍客户的原话，如“×× 先生，我能理解您的顾虑，正如您刚才所言……”稳定客户的情绪之后，再进行专业的陈述，如“根据一般情况，这个问题的产生主要有以下几个原因，第一……第二……第三……”。阐述完原因之后再以提问的方式结尾，如“知道了原因后，您现在还有疑惑么？”以征询客户的意见。

成交签单阶段：这一阶段提问的作用在于处理异议和为成交做铺垫。当客户拥有不同的想法时，不要一味地解释，而是可以尝试反问“您这个问题提得很好，但为什么有这样的想法呢？”为成交做铺垫时，则通常可以使用假设性的提问方式试探客户，如“没有其他问题的话，咱们往下进行吧？”提问之后注意停顿并保持沉默，把问题压力抛给客户，直到客户说出自己的想法，切记不要先开口或自问自答。

4. 客户拒绝继续交流时的提问策略

有时客户由于自我保护的心理，会采用拒绝式交流的态度来拉开和设计师的距离。这时设计师不要急于放弃，而是要不失时机地传达信息给客户，影响客户的想法。若客户认为你和他 / 她站在同一个立场上，则更能使他 / 她接受你，进而加速谈单的过程。

以“不在预算内”为理由拒绝的应对策略

情境分析

客户以没有足够预算为借口，准备拖延时间或压价；或者客户对产品或服务的价值依然不明了，仍有抗拒

错误应对

为了能够成交，盲目地压低价格，更易使客户产生价格有水分的心理

正确应对

可以从生活品质入手，让客户觉得支付的价格能够为自己和家人带来超值的舒适体验。例如，可以这样跟客户进行沟通：“我了解您对装修预算有一定的心理价位，但是装修是为了给您和家人提供更舒适的生活。您和家人在房子里的居住时间至少会有 10 年之久。如果因为预算的原因而降低了生活品质，是不是有些可惜呢？”或者还可以给客户算一笔账，例如“虽然我们的价格比您的心理预期高出了 5 万元，但实际上分摊到 10 年当中，1 年只多支付了 5000 元，1 年有 50 周左右，1 周只要 100 元，平均到每天只需要投资 10 几块钱。这样小成本的投资，却为您和家人带来了 10 年更舒适的生活体验，是不是还是很值得的呢？”通过这样的沟通方式，加上反问句式，给客户造成一定的选择压力，迫使其进行思考

无理由直接拒绝型的应对策略

情境分析

签单之前，客户经常会说“我考虑一下”，以此来拉开距离

错误应对

面对这种情况，设计师若说“好的，那您先考虑，我回头再与您沟通”，则是不理想的应对方式，丢掉客户的概率瞬间提升了约 50%，进而失去了签单最理想的时间窗口，后面跟进的难度倍增

正确应对

遇到这种情况，设计师可以直接与客户进行沟通，询问其考虑的理由。例如，可以说“您需要考虑哪些方面的因素呢？有什么顾虑么？”来试探客户的反应。有些客户可能会慢慢敞开心扉，进行交流；有些客户则依然会采用拒绝交流的方式，如回答“没什么顾虑，只是想再考虑两天”。这时设计师同样不能放弃，而是应该慢慢引导客户，例如，可以进行进一步询问，“您刚刚看了我们公司的一些往期设计案例，您很满意，报价也在您的心理预期，那么您还在担心什么呢？”将提问的前提更加具体化

以“最近不想装修”为理由拒绝的应对策略

情境分析

客户谈到最近是冬季，不是装修的理想季节，想再考虑一下

错误应对

只是跟客户一味强调装修不分季节，但说不出具体理由，会令客户觉得您只是想忽悠其装修

正确应对

应该从专业的角度跟客户讲解无论哪个季节装修都有其优缺点，并跟客户强调正因为现在是装修淡季，公司才会有更多精力为其进行更加优质的服务。可以这样和客户进行沟通：“很多人都觉得冬季是装修淡季，是因为施工条件比较恶劣。实际上，木材在冬季含水率较低，干燥的程度也很好，不易开裂变形。虽然一些施工工艺对温度有要求，但我们合作的施工队都非常有经验，可以处理得很好。而且正是因为现在是装修淡季，公司有更多的精力为您提供更周到的服务，装修材料费用也会节省不少。这个时候您可以利用较低的价格享受更高的服务品质，您觉得是不是更划算呢？”通过这样的沟通方式，在讲述冬季装修优点的同时也不回避其劣势，但跟客户保证用专业的服务完全可以避免施工问题的出现，给客户一种更加真诚的感受

五、与客户谈单时的回答技巧

1. 根据问题特点，选择回应的方式

在与客户进行交流时，设计师往往会遇到一些当场无法给出定论的问题，或者是一些比较敏感的问题，这时设计师一定要稳住心态，根据问题的特点巧妙地运用语言的艺术，为自己争取思考的时间。

01

对于一些敏感问题，不要急于彻底回答客户，应对回答的前提加以说明

例如：
客户询问客厅的详细报价，设计师可以通过讲解材料和工艺上的不同，来说明价格产生的依据

02

对于暂时无法明确的问题，不要确切回答，回答时给自己留有一定余地

例如：
客户对吊顶的造型提出异议时，设计师可以说“也许您的想法是对的，不过我非常想了解您的理由。”

03

遇到客户不合时宜的提问时，应学会终止问题，减少客户追问的兴致和机会

例如：
在沟通的初期，客户就对窗帘的样式反复提出自己的疑问和想法。这时设计师可以说“现在讨论窗帘的样式为时尚早，因为设计方案还没定下来。”

04

遇到还未考虑成熟的问题时，应明确告知客户，自己需要一定的思考时间，并会尽快给出答复

例如：
客户反复问起家中的横梁是否能够拆除时，由于设计师需要考虑承重和美观度的问题，可以告知客户自己需要研究设计方案后，才能给出答复

▲ 与客户谈单时的回答技巧

实用贴士

设计师解决问题时的先后顺序

① 应与客户先讨论容易解决的问题，不妨先透露一个使客户好奇且感兴趣的信息，然后再讨论容易引起争论的问题。

② 如果觉得有两个重要的信息要传达给客户，一个是他 / 她乐意听的，一个是他 / 她不乐意听的，则应先传达客户乐意接受的。

③ 尽量把正在解决和已经解决的问题连在一起考虑，并与客户进行沟通，这样更容易达成共识。

④ 可以同时谈论一个问题的两个方面，然后加以对比，这样的方式比只谈问题的一个方面更有效。

⑤ 善于强调有利于客户的问题，这样才能使客户更有安全感。

⑥ 设计师让客户做出对某一问题的结论时，可以尝试自己先清楚地说出来。

⑦ 对于一些重要性问题，可以重复说明，这样更能促进客户了解和接受。

2. 谈单过程中客户常见疑问的回答策略

Q1：你们公司和某公司比，有什么差别？

客户在进行装修时，往往会对比几家公司，最常问的问题是公司之间的差异性表现在何处。例如，公司规模、装饰用材、售后服务等。面对这一问题，设计师应尽量突出所在公司的优势，一定不要利用诋毁其他公司的方式来回答这个问题。

若设计师在小型设计公司就职，可以向客户传达公司的灵活性很高，从签单到施工，公司的批复环节减少，可以节省不少时间。若在中型设计公司就职，可以向客户传达公司更重视为客户服务的品质。若在大型设计公司就职，则只需让客户明白公司雄厚的实力，无论是人力资源、材料资源还是服务质量，水准都是非常高的。

Q2：某公司的设计方案和你们差不多，为什么他们的报价低？

同样不要贬低对方公司，而应巧妙地转移顾客的注意力。可以先认同客户的说法，并感谢客户如实告知，同时简单地为客户说明自己公司与对方公司选用产品的差异点，引导客户关注设计方案的独到之处，转移客户对于价格的关注，而是更加注重设计本身。

Q3：你们的报价可以再便宜点吗？

当客户主动谈到价格，并表明价格有点高时，事实上是有一定的签单意愿的，这时设计师要学会把握机会。可以和客户详细讲解本公司价格的组成部分，明确价格和品质紧密相连；努力将客户的注意力引向相对价格，而不是过多地考虑实际价格。所谓相对价格，就是与价值相对的价格。

若客户拿出其他公司的低价报价单时，应指出这份报价单中低价的原因以及和自己公司报价的差距在哪里，解释正是由于这些差别，可能会影响装修效果、装修质量等。另外，也可以为客户争取一些优惠和赠品。但不要操之过急，而是要遵循“速度慢、幅度小”的原则。

Q4：我不想要赠品，能不能折算成现金抵扣？

一般情况下，公司提供的赠品都是合作方提供的优惠产品，之所以用来赠送，一来是给客户带来一种额外增值的效果，二来也能体现出和其他公司的差异化。但遇到这种不想要赠品，而只关注低价的客户时，设计师应表明公司的定价是有统一标准的，不能擅自调价。而且到这个谈话程度时，客户实际上已经认可了价位，很多时候都是在做最后一搏。设计师可以说明赠品是额外回馈给客户的，而且有很多的优点，实用性也很强，让客户认识到赠品的价值，而不是觉得是个鸡肋产品。

Q5：你们做出的工程预算，今后会不会有大的变动？

需要跟客户解释工程预算和装修项目会有一定的联系。若客户确定装修项目在日后的施工过程中没有变动，则工程预算一般就不会有变动。但有时通过图纸做出的工程预算会与实际情况存在一定的偏差，这需要根据实际工程量进行最后决算，可以多退少补。同时需要跟客户说明，如果工程施工过程中对原设计进行了修改或增减，则会以变更的形式把价格变化报给客户认可，客户签字后才能施工。

Q6：你们公司用的材料怎么样？

装修建材的选用是很多客户都会非常关注的问题。若在小型或中型设计公司就职，设计师可以跟客户说正是因为公司要发展、扩大，需要拓展客户，在市场上争取份额，因此材料的质量一定是过硬的，并且价格也是最优惠的，不是为了要挣多少钱，更重要的是要攒口碑。若在大型设计公司就职，设计师可以向客户传达正是由于公司的规模大、实力过硬，不仅材料质量有保证，而且还能满足客户很多个性化的定制需求。

实用贴士

专供材料的解释方式

若设计师所在的公司不用专供材料，被客户问起时，可以跟客户解释由于专供材料没有参照物，所以其档次是无法界定的，质量可能没有保证。若设计师所在的公司有专供材料，则说明公司与供应商存在合作关系，在定制的同时还可以将利润值降到最低，令客户得到最大的优惠。

Q7：你们公司的产品质量会不会有问题？

很多设计师面对这个问题都会不假思索地回答："我们的产品质量绝对是不会有问题的。"但若客户继续追问"那万一有问题怎么办？"这时，设计师再只是一味强调本公司的产品没有问题，不但没有说服力，而且还会降低客户的信任度。

不妨尝试问客户以前是否有买到过质量不好的产品的经历，若客户回答有，则可以继续追问是什么产品，一般客户会开始"吐槽"。这时设计师应耐心倾听，并在客户说完之后巧妙地接上一句"那您这次就放心吧，我们一定不会让您再有类似不愉快的经历了。"由于客户压抑在心底的对以往的不满得到了释放，并且在倾诉的时候与设计师有了深层的互动，因此距离会拉近很多，也更容易对设计师说的话产生信任感。

若客户表达并没有遇到过这种不愉快的事情时，设计师则可以先表明客户太幸运了，同时跟客户谈论自己遇到过的类似经历，利用共情来感染客户，最后表明正是由于有过这种不愉快的经历，因此现在更加注重产品质量问题。说明自己在很多时候也是消费者，非常能理解客户的顾虑，正是对产品质量的高要求，所以在选择公司就职时，也十分关注公司产品等的质量问题。通过这种循序渐进的方式跟客户产生共情，更易打动客户。

第三节 探究客户心理，抓准签单关键点

设计师在与客户谈单时，除了掌握一定的语言沟通能力，以及话术的表达之外，在与客户的沟通、交流过程中，还应随时观察客户的各种表现，分析其话语背后的深意，做一个能够洞悉客户深层需求的“全面手”。

一、洞察客户的小动作与微表情

在与客户进行沟通时，要不时观察客户的小动作和微表情，这些不经意间流露出的态度，很可能代表着客户的某些内心活动。设计师掌握了这些客户特征，就能够更顺利地掌握客户心理，进而调整自己的谈单方式和节奏。

形式	表现	分析
握手方式	握手时用力很大，且目光直视对方	这类客户一般容易独断专行，处理事情果断有主见
	握手力度轻柔	这类客户一般会比较随性、豁达、容易相处
	握手时只用指尖轻触	这类客户一般比较敏感，防御性比较强
	紧握对方双手或上下摇动	这类客户比较热情且是非分明，比较容易冲动消费
	不愿意与人握手	这类客户的性格内向、保守，设计师在给出装修建议或搭配用色建议时，应尽量保持低调
眼神	以直勾勾的眼神注视	表示谈话的兴致不高，设计师应尽快向对方介绍设计方案的优势，如果客户仍然保持这种状态，则可以考虑改天再约
手势	用手摸脖子	表示客户对谈话内容不感兴趣，设计师应转移话题，找到更吸引客户的谈话内容点

续表

形式	表现	分析
站姿	谈话时两腿分开	表示客户在认真地与之交流，对于设计师提出的一些装修建议比较愿意接受
	谈话时双腿（双手）交并	表示客户带有一定的防御心理，谈单时需要多次跟进与交谈，才有可能令其产生认同感
	谈话时把腿架了起来	表示客户对设计师提出的建议不是很感兴趣，这时最好停止谈话内容或转移话题
	双手习惯性插入裤兜	这类客户的性格偏内向、保守，不轻易向人表露内心的情绪；同时这一姿势也是警觉性较高的表现
	一手插裤兜，另一只手放在身边	这类客户的性格比较复杂多变，且自我保护意识很强，与之交流时需要耐心引导
	站姿略显佝偻	这类客户的性格属于比较保守，对生活的期望度一般。对待这类客户时，设计师应将设计方案和积极向上的生活情趣联系在一起
	双目平视站立	这类客户的性格比较开朗、自信心充足、有较强的气场。设计师应更多地考虑客户的需求和意愿
	双手叉腰而立	这类客户比较自信，设计师与之交流时最好给他们留下足够的选择空间，让客户的自主性得到充分体现
	双手置于臀部后方	这类客户有非常强的自我意识，处事小心谨慎，性格倔强。设计师与之交流时语气要温和有耐心
	双手握于背后	这类客户一般具有较强的纪律性，最不能容忍的就是欺诈、隐瞒等行为；对于新观点和新思想比较容易接受。设计师可以提供一些带有创意的设计方案
	双脚合并，垂直站立	这类客户诚实可靠，但有些古板、墨守成规，对新鲜事物的接受、理解能力有些欠缺。设计师与之沟通的设计方案可以传统一些
	双腿并拢，双手交叉站立	这类客户大多谨小慎微、追求完美。设计师与之交流设计方案时，应全面、客观，切忌盲目夸大
	站立时不断变换姿势	这类客户在生活方面喜欢接受新的挑战，具有创新精神。为其做设计时，可以选择一些有创新元素、新款的产品，更容易获得他们的青睐

二、分析客户的显性需求与隐性需求

1. 客户需求的分类

设计师只有充分洞悉了客户的需求，才能与客户建立起信任关系，为签单的顺利进行起到推动作用，也为方案的有效设计提供保障。一般来说，客户的需求分为显性需求和隐性需求两种。

显性需求

- 显性需求也叫基本需求，指个体可意识、可表达的抽象或具体的需求
- 显性需求是客户可以直接讲述出来的需求，或者设计师可以直接观察到的需求。例如，客户表达说“我想要一个开放式的厨房”，有明确的目标
- 显性需求一般直接表明了客户的痛点，当这种需求被满足时，客户一般不会特别兴奋或惊喜，但不被满足时，客户则会产生不满

隐性需求

- 隐性需求也叫兴奋需求，是个体无意识、未表达出的需求，个体并不明确自身的需求目标是什么
- 隐性需求是客户未意识与发现的，因此需要设计师来探索和挖掘。例如，客户的显性需求表达的是“我想要一个开放式的厨房”，其隐性需求很可能是希望保持空间环境的通透、宽敞
- 隐性需求被满足时，客户一般会兴奋或惊喜，而不被满足时，客户也不会产生抱怨

2. 显性需求与隐性需求的关系

隐性需求实际上是显性需求的延续，且隐性需求的层次高于显性需求。简单来说，显性需求与隐性需求呈螺旋式上升结构，即“显性—隐性—显性”的循环，是从显性低层需求的满足，再到隐性需求的诞生，再到高层显性需求满足的过程。这中间的转换可以分为三个阶段：①完全隐性需求（未知状态）；②半隐性需求（隐性需求和显性需求的中间阶段，模糊状态）；③显性需求（清晰状态）。

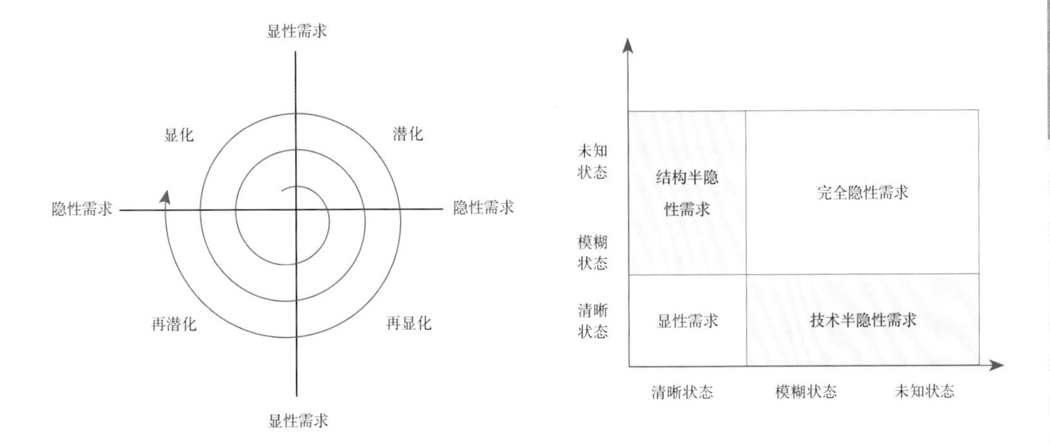

▲ 显隐性需求互化与隐性层次

3. 隐性需求的获取方法

实现隐性需求会给个体带来更高层次的满足感。因此，设计师在与客户沟通时，应充分挖掘客户的隐性需求，寻求差异化和个性化的设计。在客户隐性需求获取前，可以先通过客户信息采集获得前期需求预判，途径可分为三种：

SAY，通过语言沟通获取信息；
DO，通过观察理解用户行为；
MAKE，让用户进行参与绘图或者草图模型制作，获取其期望与隐性需求。

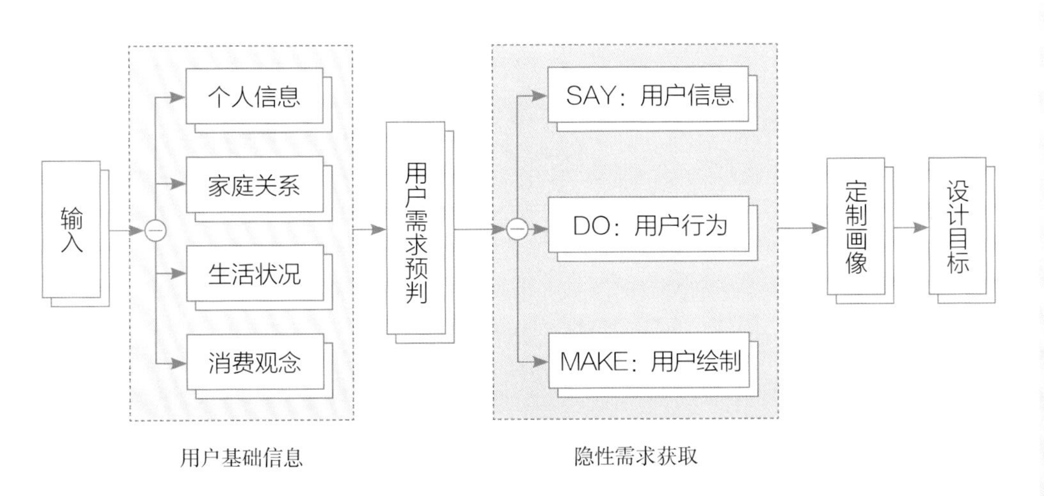

▲ 隐性需求的获取方法

获取客户隐性需求的实例解析

案例一

客户基础画像：

王女士

年龄：38 岁

职业：全职太太

家中居住情况：

三口之家，和丈夫、女儿共同居住

户型特征：

三室一厅，朝南有两间卧室，两间卧室的面积相差无几，但其中有一间卧室带阳台

个性特征：

性格温和，学历较高，为了女儿的成长放弃了自己的事业

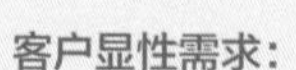

客户显性需求：

希望为女儿创造一个独立的空间

谈话过程中的关键信息：

① 提到自己小时候希望拥有一个大一点的独立空间

② 说到 12 岁的女儿比较喜欢植物

客户隐性需求分析：

一般情况下，家中的儿童房对应的是户型中的次卧位置。但通过王女士对自己童年期许的回忆，以及对女儿兴趣的关注，可以挖掘到王女士对于儿童房的隐性需求是宽敞、明亮，可以让女儿健康、快乐地成长；在一定程度上也可以弥补自己小时候对居住空间的一些遗憾

因此，在与王女士进行方案设计沟通时，可以建议将朝南的主卧留给女儿居住，利用主卧中的阳台为女儿打造一个梦幻小花园，让女儿自己动手去种植花草，锻炼动手能力。另外，南向的主卧面积充裕，可以规划出休息区、学习区，以及女儿专门的一处衣帽间，为女儿提供完全属于自己的独立、私密空间

案例二

客户基础画像：

张先生

年龄：47 岁

职业：某公司高管

家中居住情况：

三口之家，但女儿已经上大学，主要和太太共同居住

户型特征：

小复式，有挑高空间

个性特征：

儒雅、健谈、阅历丰富、情商高

客户显性需求：

希望空间具有文化底蕴，调性高

谈话过程中的关键信息：

① 对琴棋书画均有涉猎，平时喜欢写书法

② 相对于花鸟画，更喜欢描绘古人生活的画作，如《韩熙载夜宴图》《清明上河图》等

客户隐性需求分析：

根据客户的显性需求，可以得出新中式风格是受客户青睐的。但通过对客户喜爱的画作进行分析，并结合客户的职业特征，可以发现客户并不是一个像陶渊明一样的隐世之人，而是带有一种积极入世的态度。这就能够挖掘出客户的隐性需求是使空间在体现文化底蕴的同时，体现世俗社会的享乐

因此，在进行方案设计时，应摒弃过于素雅的新中式风格，在空间中呈现皇家色彩，例如运用中国红和帝王黄来彰显空间的贵气。在家具上可以选择定制款，将现代设计元素和古典造型进行融合，打造个性化的空间视觉效果。另外，书房中的书桌一定要选择大尺寸的，同时应多做一些展示柜放置客户的藏品

第二章 量尺及初步规划

现场测量不仅包括测量，还包括日照情况记录、风向记录、室内情况留影等诸多内容。如果在测量时忽略这些细节，会造成日后工作的不便，如要时不时前往项目现场补漏。同时，要做好初步的平面图绘制工作，以便工作的进一步开展。

第一节 原始空间尺寸测量

室内设计及装修过程中必须清楚原始空间的现况尺寸，才能绘制现况图，并绘制后续的施工图，从而进行合理设计，预算准确的工作量，最终令施工队进行严谨施工。

一、量房工具

测量类：激光测距仪（一般 40m 即可）、钢卷尺（7m）、布卷尺（大空间及户外大面积空间使用）。

记录工具：荧光笔（不同颜色 2~3 支）、四色圆珠笔、工程笔（避免用会晕开的签字笔）、硬纸夹板（夹 A4 或 A3 纸）、A4 及 A3 纸数张、预先做好记录的表格（依各公司内格式）。

拍照工具：广角相机或伸缩镜头相机、有拍照功能的智能手机。

二、量房步骤

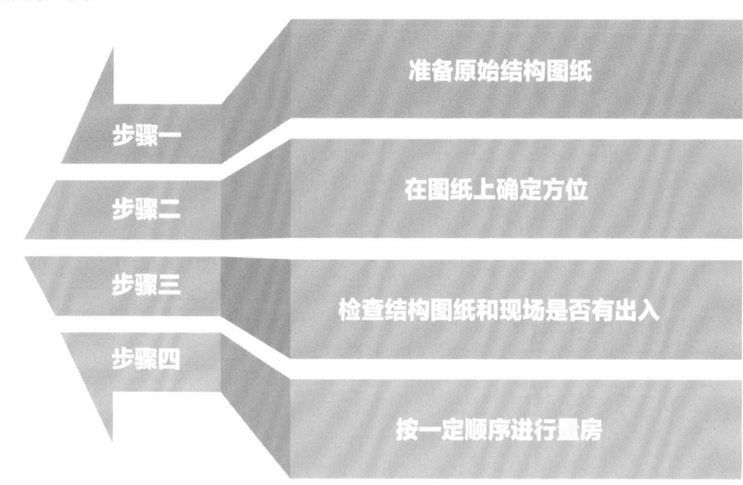

▲ 量房步骤

步骤一：准备原始结构图纸。新房一般会带有原始结构图，若遇到旧房等没有图纸的情况，则需现场绘制。

步骤二：在图纸上确定方位。需要在图纸上标注好北的方向。

步骤三：检查结构图纸和现场是否有出入。若遇到出入的地方，需要在图纸上标注并用文字注释说明。

步骤四：按一定顺序进行量房。选定起始点（通常由入户门开始）并顺时针丈量方向，最后丈量结束时回到起始位置（从哪开始就从哪结束）。参考顺序大致如下：玄关、餐厅、厨房、卫生间、客厅、卧室（次卧、主卧、儿童房）、书房、阳台。

三、量房的内容与要点

1. 量房需要记录的关键内容

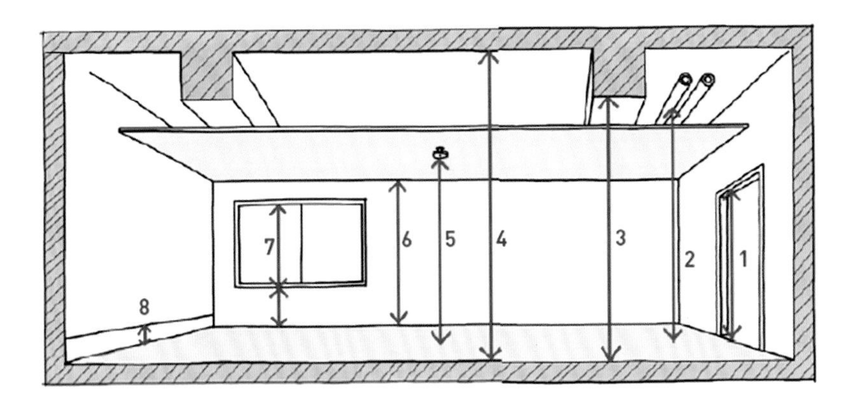

1—门高（含框）；2—管线高度（吊顶上方）；3—梁下高度；4—楼板下高度；5—消防洒水喷头下高度；6—吊顶下高度；7—窗台高度 + 窗户高度；8—踢脚板高度或地板垫高

▲ 高程测量重点

2. 量房时的要点

要点一：两人一组配合量房

最好由两人一组进行测量，准备纸本及不同颜色的笔进行区别记录。丈量时量测人员报数字，记录人员复诵一次后录入。并依照丈量方式顺时针拍照，每个空间最少两张照片，越多越好，要拍部分阳台和落地窗的剖面关系照片。

要点二：测量要细致不间断

测量空间长度时要紧贴地面测量，测量高度时则要紧贴墙体拐角处测量。此外，丈量时必须要连续不可间断，包括门及窗框（制定包外及内含规则）。

要点三：核实室内空间尺寸

测量好整体尺寸和分段尺寸并做好记录。如测量一面带门洞的墙时，不仅要记录好墙面的总长度，还要仔细记录门洞到墙的尺寸及门的宽度尺寸。另外，要把窗户的“离地高”和“高度”标出来，同时记录飘窗深度、窗台进深，这些尺寸关系会直接影响预算的准确性。

要点四：认真记录下沉尺寸

大多数卫浴会下落 400mm 左右，以方便走管道；顶面设备管道下落多少直接影响吊顶高度。这些尺寸差都应认真记录。

要点五：勘测房屋的物理状态

地面	其平整度的优劣对于铺地砖或铺地板等的装修施工单价会产生影响
墙面	墙面平整、无起伏、无弯曲；抹灰需牢固，若掉灰严重，后续腻子及乳胶漆容易脱落；检查墙面和墙面、墙面和地面、墙面和顶面是否垂直
顶面	用灯光试验检查是否有较大阴影，以明确其平整度；确保顶面无局部裂缝、水迹及霉变
门窗	查看门窗扇与墙体之间的横竖缝是否均匀、密实
厨卫	需将卫浴下水、地漏、洗脸盆下水、通风井道的位置在平面图中标记出来；检查地面防水状况
整体空间	现况环境物理及方位标示（准备指南针），如太阳、风的方向以及不好的景观、味道、私密性等问题的注明

要点六：做好量房前的沟通

量房前应了解房屋所在小区物业对房屋装修的具体规定。例如，水电改造方面的具体要求、阳台窗是否能封装等。并询问相关施工注意事项、时间、相关工程保证金费用，以及保护方式、进料路径和堆放物料位置。

四、现场记录的方法

若具有原始结构图，在图纸上直接记录即可，但若是二次装修的项目，则需要现场手绘记录。

第一步

观察户型轮廓，绘制大致空间样貌。要注意户型的对应关系，避免户型结构错误

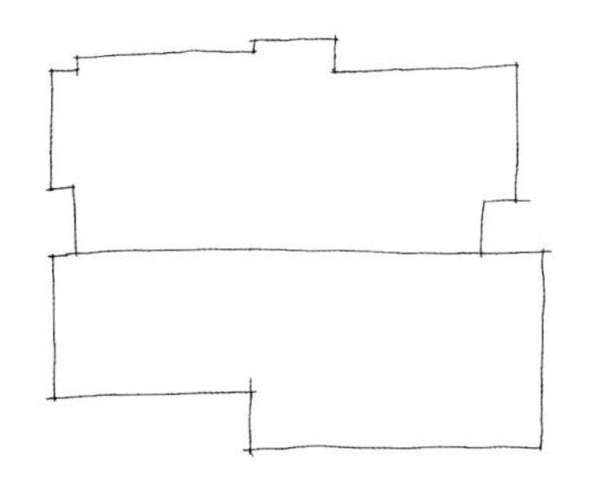

第二步

将墙体用双线连接，画出各个空间，需留出门洞、窗户，以及标注门的开启方向

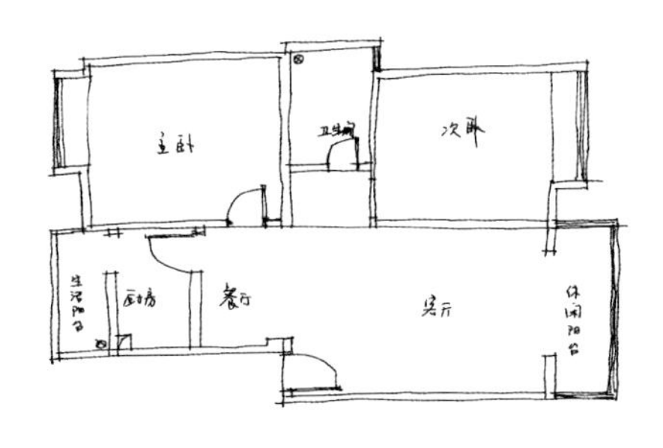

第三步

涂黑承重墙，标注管道位置，同时用虚线画出吊顶梁柱位置

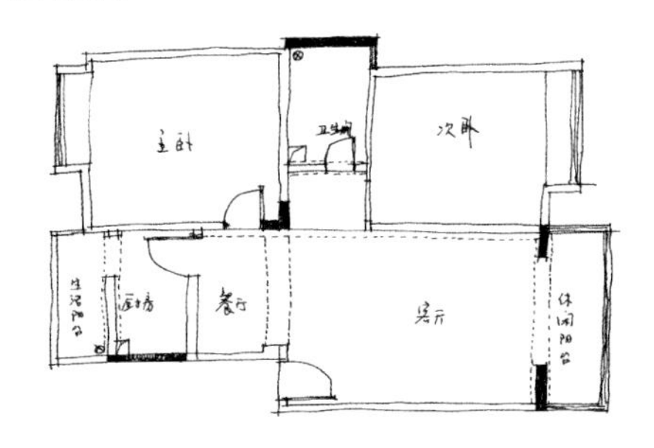

第四步

标注各房间尺寸，以及原顶面的高度

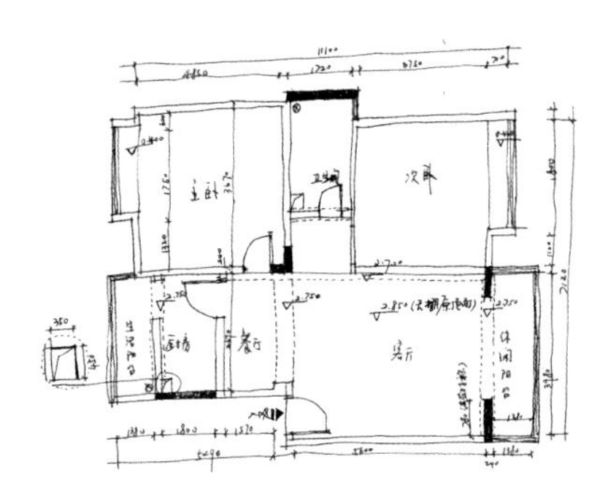

第五步

将无法详尽标注的尺寸在图纸四周进行记录

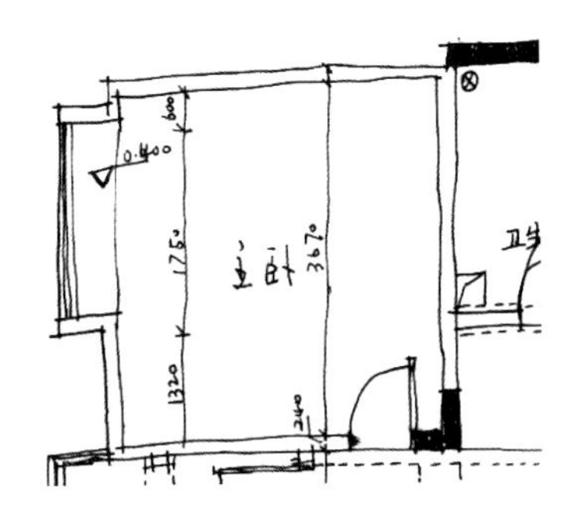

第六步

一些细节需要放大做出引注，同时标注梁的宽度及墙面距离

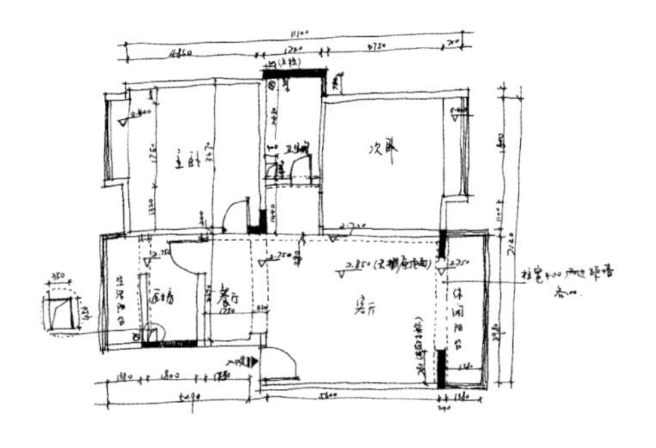

第二节 初步放图制作

原始结构图对整个室内设计而言既是开始又是进行合理设计的基础，同时也是做预算的依据之一。原始结构图通常以轴线标注，符合制图规范，是大多数设计师和公司采用的形式。

一、图纸制作步骤

步骤一：因现场无法测量轴线距离，所以可在测量手绘图画好后，通过建筑常识简单计算出轴线距离。

步骤二：根据量房现场手绘记录结果，用 AutoCAD 画出主要轴网，并标注轴网尺寸。

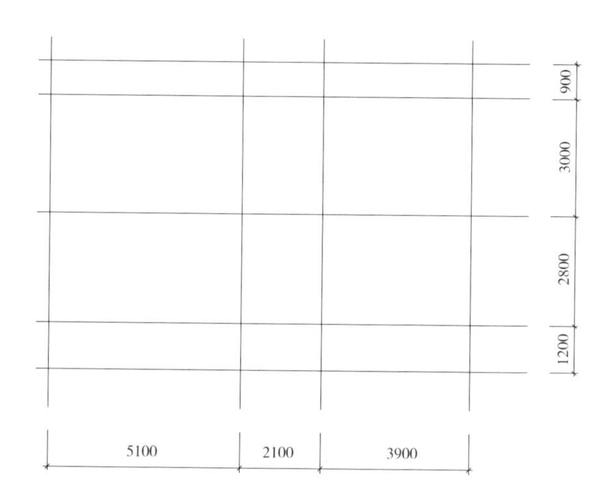

步骤三：用“双线（ML）”命令，将墙体宽度设为 240mm 或 120mm，打开交点和端点的捕捉设定，设置为居中对齐，画出主要的墙体。

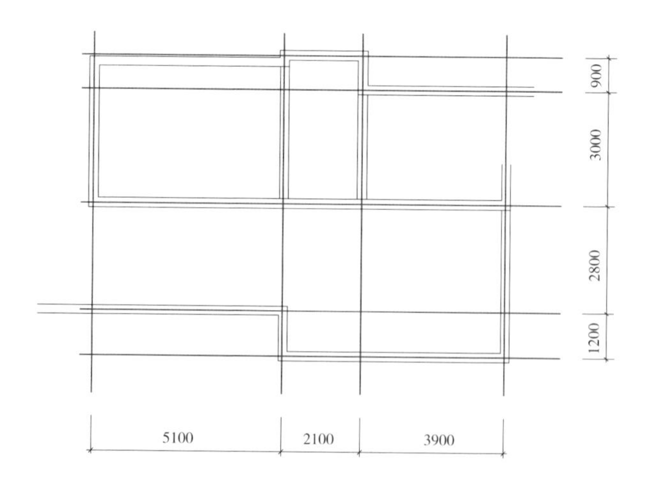

步骤四：确定主要墙线后，再补充一些次要的轴线及墙体。

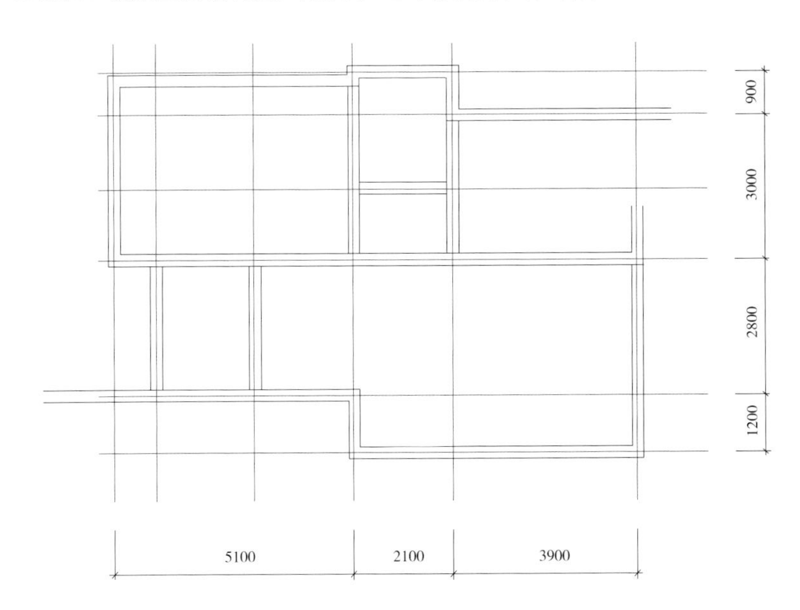

步骤五：通过“偏移”和“修剪”等命令进一步完善细节。

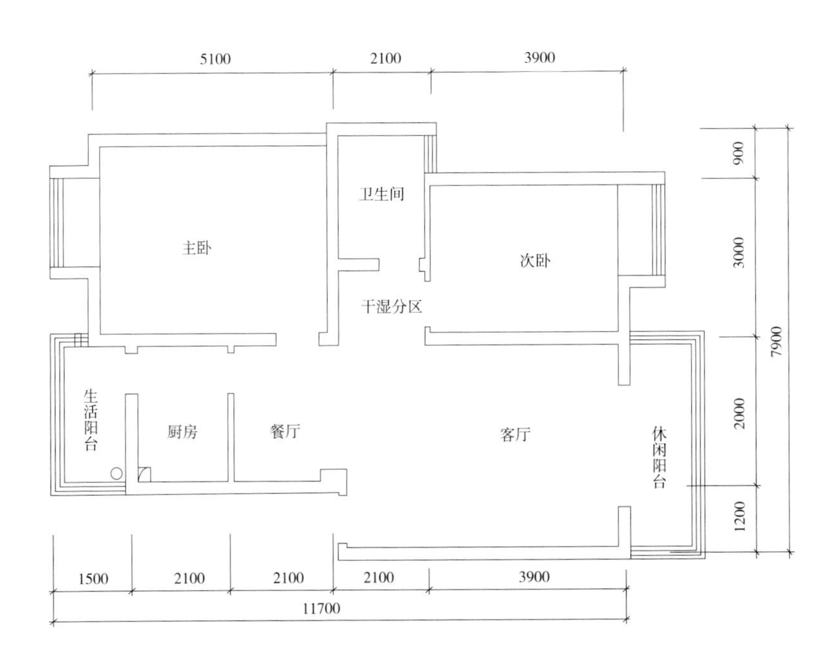

二、原始平面图的绘制要点

要点 1：轴线距离要遵循一定的模数

建筑设计中具有一定的模数规定，其中家居室内设计中一般按 300mm 为单位递增，其幅度范围为 3~75m。在画轴线距离时，一般会将测量的数据向上推到最近的一个建筑模数。例如：两面墙之间的测量距离为 4780mm，那么，两墙的轴线就是 4800mm。按照轴线距离要符合模数的要求，即在家居建筑中，轴线的距离一定是 300mm 的倍数，而 4800mm 是比实地测量 4780mm 大的最符合建筑模数的数字。

要点 2：轴线网不必一次性全部画出

主要轴网不必一下全部画出，因为在现场测量时内空标注十分烦琐，墙面较多，若将轴线网一次性全部画出容易混淆。可先将主要墙线画出后，再补充次要房间的轴线。

要点 3：快速轴网标注的方式

先在命令栏输入“QDIM”，然后按 Enter 键，命令栏会出现如下提示：选择要标注的几何图形。接着选择要标注的轴线，在标注纵向轴线时只能选择纵向轴线，可以将鼠标光标移动到下图中的 1 处并单击左键，然后移动到 2 处单击左键，同时确保要标注的纵向轴线都在虚线框内。然后向上移动鼠标光标，在恰当的位置单击左键，再用同样的方法标注出水平方向的轴线尺寸。

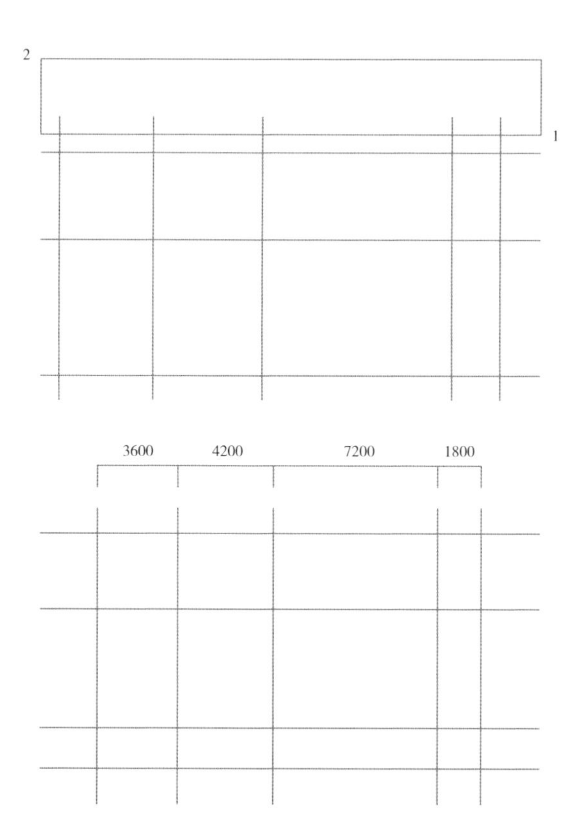

THREE 3

第三章

室内风格与色彩搭配的呈现

室内风格与色彩是营造居室氛围的两大要素。在进行室内风格的设计时，应结合居室面积、业主经济能力、居住的适用性等来选定适合业主的装饰风格。而在进行室内色彩搭配设计时，则应考虑不同色彩营造出的氛围是否能够吻合业主的性格与喜好，以及根据不同的居住空间应对色彩搭配进行适当调整，以期营造出最舒适的色彩环境。

第一节　室内风格常用元素速查

每种家居风格都具备其自身的特点，例如现代风格的造型以点线面和几何形状居多，日式风格常利用原木色来表现温馨、治愈的气息，中式风格的装饰应体现典雅之情等。掌握了不同室内风格的特定要素，就能够事半功倍地设计出符合业主喜好的家居氛围。

一、现代风格

形状图案

特点：

① 用直线表现现代的功能美；

② 以简洁的几何图形为主；

③ 可利用圆形、弧形等，增加居室造型感

点线面组合

几何结构

直线

弧形

抽象艺术图案

材料

复合地板

不锈钢

文化石

大理石

木饰墙面

玻璃

条纹壁纸

马赛克拼花

特点：

① 尊重材料的特性；

② 选材更加广泛；

③ 讲究材料自身的质地和色彩的配置效果

配色

特点：
① 可将色彩简化到最低程度；
② 也可使用强烈的对比色彩

无色系＋金属色

无色系组合

暖棕色系

强烈的色彩对比

低饱和度亮色点缀

家具

特点：① 家具线条简练，无多余装饰；② 柜子与门把手的设计尽量简化

线条简练的板式家具

造型家具

现代材质组合家具

太空椅

装饰

特点：
① 装饰体现功能性和理性；
② 简单的设计中也能感受到个性的构思

玻璃装饰品

金属工艺品

无框画

时尚灯具

金属落地灯

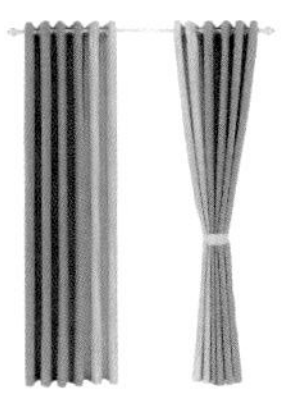
素色布艺

石膏艺术品

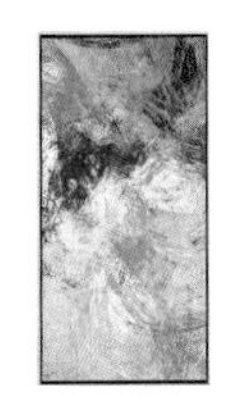
抽象艺术画

二、简约风格

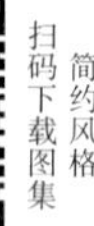

形状图案 特点：简洁的直线条最能体现风格特征

直线

直角

大面积色块

几何图案

材料

特点：

① 用材简单，不会用过多的材料搭配；

② 和美观度相比，更注重实用性

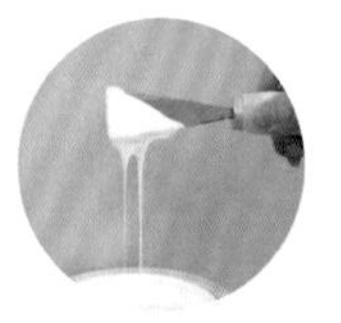

纯色涂料

纯色暗纹壁纸

条纹壁纸

抛光砖

通体砖

木饰面板

镜面 / 烤漆玻璃

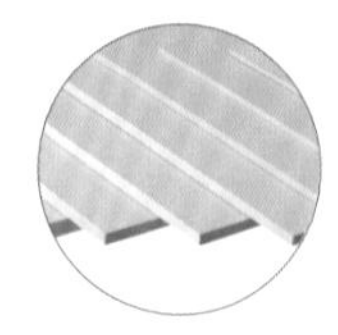

石膏板造型

配色

特点：

① 常大面积使用白色；

② 常用纯色或流行色装点空间

无色系组合

大面积白色

白色 + 木色

无色系 + 低饱和色彩

白色 + 灰色

无色系 + 亮色点缀

无色系 + 对比色

无色系 + 木色 + 单色点缀

家具

特点： ① 不占面积，以折叠、多功能等为主；② 力求为家居生活提供便利

直线条家具

多功能家具

巴塞罗那椅

折叠家具

装饰

特点：

① 尽量简约，但要到位；

② 以实用性为主

图案简单的布艺

造型简洁的工艺品

黑白装饰画

三、北欧风格

形状图案

特点：

① 注重流畅的线条设计；

② 善用线条、色块区分点缀

植物图案

条纹

扫码下载图集 北欧风格

几何图案

流畅的线条

材料

特点：

保留材质的原始质感

天然板材

白色文化砖

小尺寸墙砖

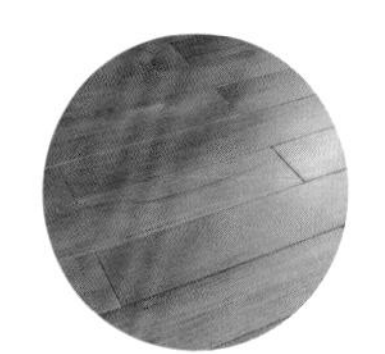

实木地板

配色

特点：

① 讲求浑然天成；

② 多使用中性色进行柔和过渡

无色系组合

白色＋明色调

白色＋木色

金色点缀

浊色调为背景色

无色系＋原木色

白色＋明黄色点缀

白色＋黑色＋木色

家具 特点：① “以人为本”是家具设计的精髓；② 完全不使用雕花，纹饰线条明朗，体量小，可使流通空间更顺畅

板式原木家具

布吉·莫根森沙发

熊椅

伊姆斯椅

装饰 特点：① 注重个人品位和个性化格调；② 装饰不会很多，但很精致

马卡龙几何吊灯

魔豆灯

几何图案的布艺

钓鱼落地灯

组合照片墙

水泥花盆＋大型绿植

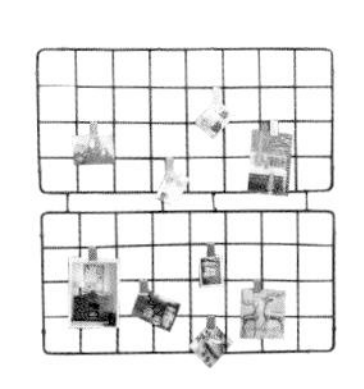

网格架

洞洞板

四、工业风格

形状图案 特点：① 给人视觉上的冲击力；② 非常规的构造结构

不规则线条

夸张的图案

木纹

兽纹

材料

特点：
① 保留原有建筑材料的部分容貌；
② 材料呈现粗糙的质感

裸露的砖墙

原始水泥墙

做旧质感的木材

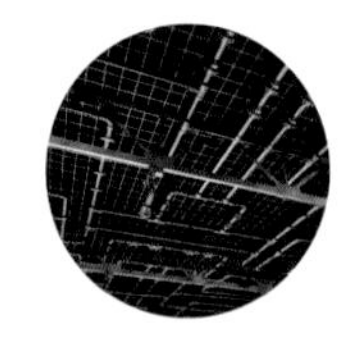

裸露的管线

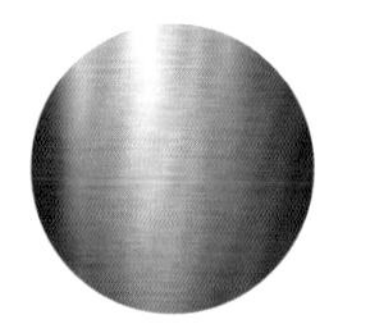

亮面金属

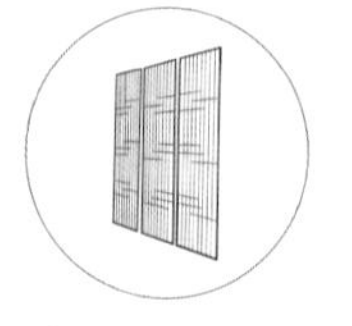

黑色铁艺线框隔断

磨旧感的皮革

仿古砖

配色

特点：

① 突显颓废与原始工业化；

② 冷静的色彩搭配；

③ 避免使用色彩感过于强烈的纯色

无色系 + 亮色点缀

水泥灰 + 黑色

无色系 + 砖红色

无色系 + 褐色

灰色 + 砖红色 + 彩色点缀

家具

特点：① 从细节上彰显粗犷、个性的格调；② 金属集合物，有焊接点、铆钉等公然暴露在外的结构组件

水管风格家具

皮质沙发

旧皮箱茶几

Tolix 金属椅

装饰

特点：① 多见工业造型的装饰；② 善用身边的陈旧物品

玻璃球灯

贾伯斯吊灯

爱迪生灯泡吊灯

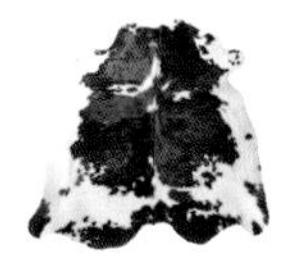

毛皮地毯

水管装饰

自行车装饰

齿轮装饰

工业模型

五、日式风格

日式风格
扫码下载图集

形状图案

特点：
① 简洁的造型线条；
② 较强的几何立体感

横平竖直的线条

简单的几何图案

浅淡山水图案

樱花图案

清波花纹图案

扇形图案

圆形图案

圆拱门

材料

特点：
自然界的材质大量运用于居室

原木

白色乳胶漆

藤艺材质

纯色棉麻

配色

特点：

① 多偏重于原木色；

② 沉静的自然色彩

白色 + 木色 + 黄绿色系

木色 + 白色 + 灰色

原木色为主色

浊色调点缀

白色 + 浅木色

家具

特点：① 家具低矮且不多；② 设计合理、形制完善、符合人体工程学

传统日式茶桌

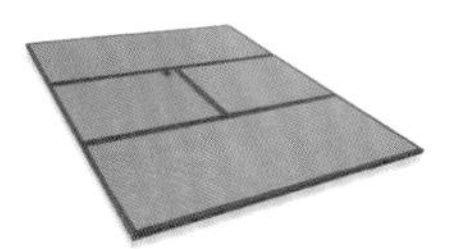

榻榻米

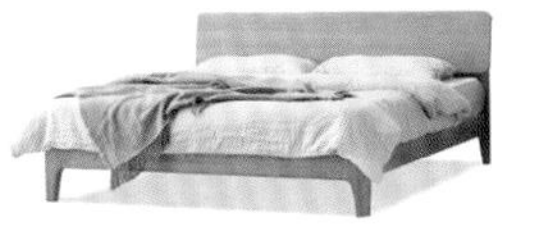

低矮家具

原木 + 布艺家具

装饰

特点：

① 常见和风装饰，包括招财猫、和服人偶等；

② 能够体现日式侘寂韵味的枯木装饰也经较常用

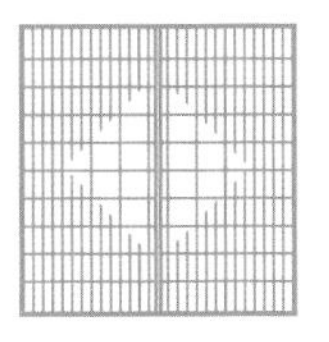

障子门

布艺半帘隔断

和服人偶工艺品

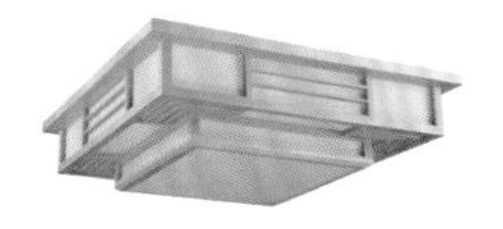

木线条灯具

浮世绘装饰画

日式招财猫

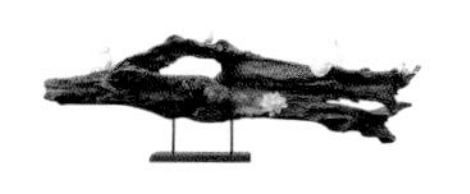

枯枝 / 枯木装饰

六、中式古典风格

形状图案

特点：

① 吸取我国传统木构架建筑特色；

② 镂空造型是中式家居的灵魂

中式雕花图案

古典建筑造型

书法装饰

福禄寿字样

回字纹、冰裂纹

镂空造型

花鸟图案

材料 特点：① 以木材为主要建材；② 充分发挥木材的物理性能；③ 独特的木结构或穿斗式结构

木材

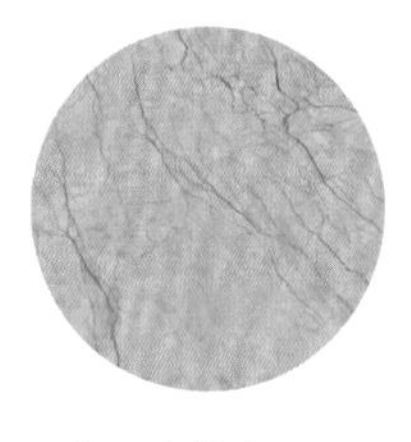

金丝米黄大理石

青砖

中式花纹壁纸

配色

特点：

① 运用色彩装饰手段营造意境；

② 善用皇家色

青砖色点缀

中国红

皇家色点缀

棕色系

黄色系

家具

特点：

① 中式古典雕花与纹饰的体现；

② 讲究“对称原则”

架子床

明清桌椅

坐墩

博古架

榻

隔扇 / 中式屏风

圈椅

装饰

特点：追求修身养性的生活境界

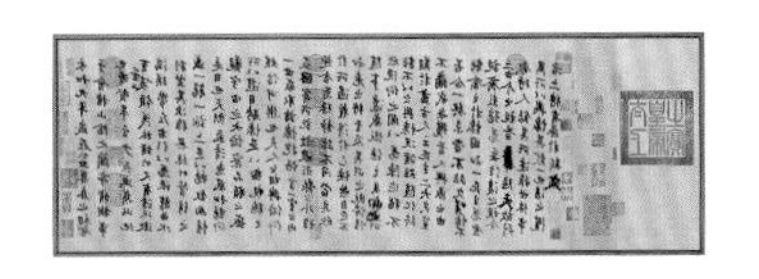

书法装饰

木雕花壁挂

宫灯

带有中式纹样的布艺

七、新中式风格

新中式风格
扫码下载图集

形状图案

特点：

①“梅兰竹菊”图案常作为隐喻；

② 简洁硬朗的直线条运用广泛

中式雕花吊顶

中式镂空雕刻

直线条

“天圆地方”的体现

传统中式纹样

花鸟图案

山水图案

“四君子”图案

材料

特点：① 主材常取材于自然；② 不必过于拘泥于传统，可与现代材质巧妙兼容

木材

竹木

石材

中式风格壁纸

配色

特点： ① 色彩自然、搭配和谐；② 以苏州园林和京城民宅的黑色、白色、灰色为基调；③ 以皇家住宅的红色、黄色、蓝色、绿色等为局部色彩

白色＋黑色＋灰色

无色系＋皇家色（暖色）

无色系＋皇家色（冷色）

棕色系＋无色系

家具

特点：
① 线条简练的中式家具；
② 现代家具与古典家具相结合

简化线条的中式家具

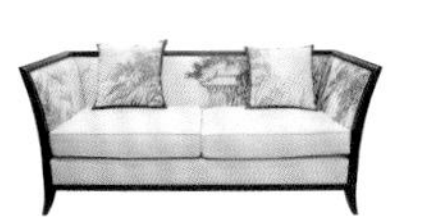

水墨布艺沙发

无雕花的古典家具

装饰

特点：
装饰细节上崇尚自然情趣

青花瓷台座的台灯

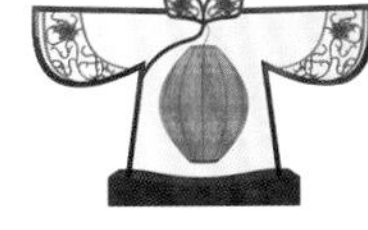

中式特色灯具

花鸟挂画

鸟笼装饰

笔挂

水墨山水画

中式花纹的布艺

中式宫廷饰品

八、欧式古典风格

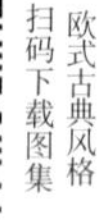

形状图案 特点：① 具有造型感，多带有弧线；② 常见涡卷与贝壳浮雕装饰

欧式雕花纹样

花纹石膏线

欧式花纹

藻井式吊顶

材料

特点：

① 建材与家居整体构成相吻合；

② 石材拼花最能体现该风格的雍容大气

石材拼花

仿古砖

车边镜面玻璃

护墙板

欧式花纹壁布

软包

天鹅绒

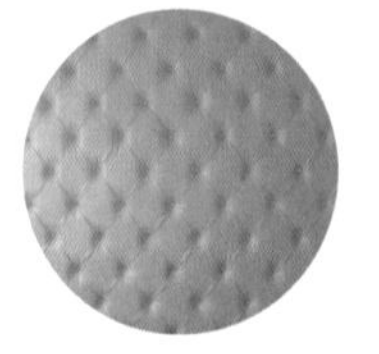

拉扣皮革

配色 特点：① 色彩鲜艳、浓烈，光影变化丰富；② 要表现出欧式古典风格的华贵气质；③ 黄色系被广泛运用

浓艳的配色

金色点缀

无色系 + 银色

浓郁的色彩对比

家具 特点：① 厚重凝练、线条流畅；② 细节处雕花刻金；③ 完整继承和表达欧式风格的精髓

雕花繁复的兽腿家具

色彩鲜艳的沙发

欧式四柱床

贵妃沙发床

装饰

特点：
① 多带有欧式图案；
② 常见古典式装饰或物件

镀金漆装饰品

繁复的相框 + 油画

水晶吊灯

西方人物雕像

西方贵族人物画

罗马帘

欧式大花羊毛地毯

壁炉

九、新欧式风格

新欧式风格
扫码下载图集

形状图案 特点：① 形状与图案轻盈优美；② 少量弧线与平直表面结合

装饰线

欧式花纹

弧线型

简化的欧式雕花

材料

特点：

① 石材依然较常用，色彩更淡雅；

② 保留欧式古典风格的选材特征，但更简洁

雕花简化的吊顶

茶镜

欧式花纹壁纸

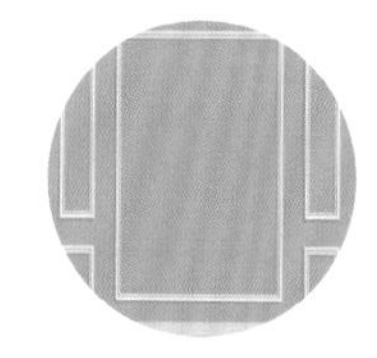

线条利落的护墙板

雕花装饰线

金属线条装饰

色彩淡雅的石材

拼花木地板

配色 特点：① 常选用白色或象牙白做底色；② 多选用浅色调

淡雅色调组合

象牙白 + 鲜艳、亮丽的色彩

象牙白为主色

无色系 + 其他配色 + 金色点缀

家具

特点：

① 家具线条简化，更具现代气息；

② 保留传统材质、色彩和大致风格；

③ 摈弃过于复杂的肌理和装饰

猫脚家具

旧皮箱茶几

绒布高背椅

装饰

特点：

① 空间注重装饰效果；

② 用室内陈设品来增强历史文化特色；

③ 会照搬古典陈设品来烘托室内环境氛围

小型水晶吊灯

帐幔

成对出现的壁灯

水晶 + 全铜落地灯

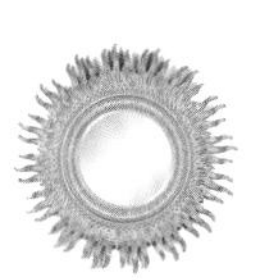

星芒装饰镜

天鹅陶艺品

欧式风格茶具

国际象棋

十、美式乡村风格

形状图案

特点：① 多有地中海样式的拱门；② 随意涂鸦的花卉图案为主流特色；③ 线条随意，但注重干净、干练

格栅吊顶

圆润的线条（拱门）

自然花纹图案

人字形吊顶

材料

特点：
运用天然木、石等材质的质朴纹理

自然裁切的石材

实木线条

红砖墙

彩色仿古砖

硅藻泥墙面

木饰面板

实木地板

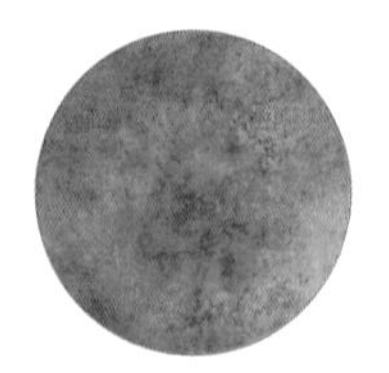

仿古地砖

配色 特点：① 以自然色调为主；② 源自美国国旗配色的比邻色点缀

褐色系为主色

白色 + 褐色 + 蓝色

褐色系 + 绿色

白色 + 褐色 + 红色 + 蓝色

家具 特点：① 体积庞大，质地厚重，实用性较强；② 保有木材原始的纹理和质感，刻意添上仿古斑痕和虫蛀痕迹；③ 颜色多仿旧漆

硬木雕花家具

拉扣皮沙发

皮质 + 木框架沙发

硬木四柱床

装饰

特点：
① 带有岁月沧桑感的配饰；
② 带有自然韵味的绿植、花卉

金属装饰品

鸟类图案棉麻抱枕

大花图案棉麻布艺

鹿角灯

鹰形工艺品

铁艺枝灯

大型绿叶盆栽

十一、现代美式风格

形状图案 特点：①简化线条与圆润造型的结合；②美国文化图腾作为装饰图案

圆润的线条

平直线条

拱形垭口

花鸟图案

材料

特点：
天然材料是必不可少的室内建材

木方

自然裁切的石材

花纹壁纸

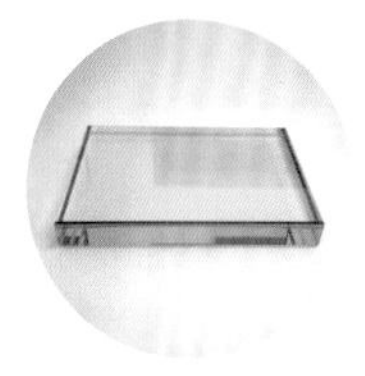

少量现代材质

本色的棉麻

铁艺

红砖墙

实木复合地板

配色

特点：

① 色彩相对传统；

② 常用旧白色作为主色；

③ 将大地色运用在家具和地面之中

近似色点缀

旧白色 + 木色

旧白色 + 浅木色 + 绿色

旧白色为主色

比邻色点缀

家具

特点：① 注重实用性，兼具功能性与装饰性；② 线条更加简化、平直，但也常见弧形的家具腿部；③ 少有繁复雕花

棉麻布艺沙发

装饰简单的皮沙发

腿部圆润的木家具

彩色擦漆木家具

装饰

特点：

比美式乡村风格更精致、小巧的装饰

禽类动物摆件

小型装饰绿植

木板壁挂装饰

麻绳吊灯

自然图案的棉麻抱枕

铁艺装饰品

棉麻布罩灯具

十二、法式乡村风格

形状图案 特点：① 尽量避免使用水平直线；② 力求体现丰富的变化性

多变的曲线

鸟类造型

自然纹饰

圆拱造型

材料

特点：
天然材料是必不可少的室内建材

彩色涂料

木皮饰面板

花砖

拼花木地板

雕花硬木

镀金铁艺

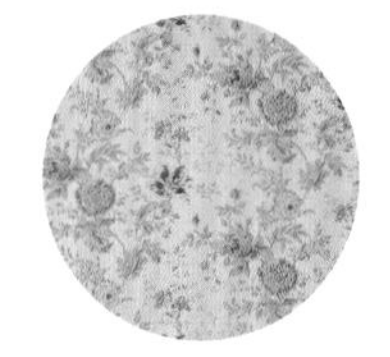

碎花布艺

丝绒

配色

特点： ① 柔和、高雅的配色设计；② 用浓郁色彩营造出甜美的女性气息；③ 遵循自然类风格的质朴配色

褐色＋紫色

自然色彩＋鲜艳、亮丽的色彩

旧白色＋褐色＋蓝色/紫色点缀

旧白色＋自然色彩

家具

特点：

① 摒弃奢华、繁复，但保留了纤细美好的曲线；

② 线条富于张力、细节华丽

纤细的尖腿家具

手绘家具

带有女性韵味的家具

装饰

特点：

① 充满淳朴和清雅的氛围；

② 色彩亮丽或有雕琢精美的花纹；

③ 常用怀旧装饰物

花朵造型灯具　法式蕾丝灯

法式挂毯

木质钟表

埃菲尔铁塔装饰

向日葵图案铁皮花桶

藤编花篮＋薰衣草

十三、韩式田园风格

韩式田园风格
扫码下载图集

形状图案 **特点：**碎花图案的大量运用

格纹

花边

条纹

碎花图案

材料

特点：

① 取材天然；

② 实木材质涂刷清漆较少，一般在材料表面涂刷色漆

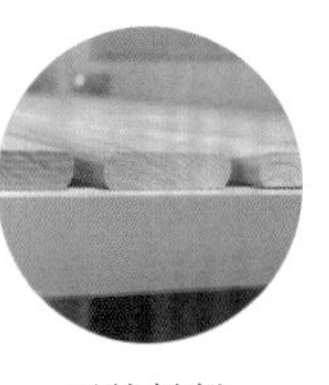

天然材料

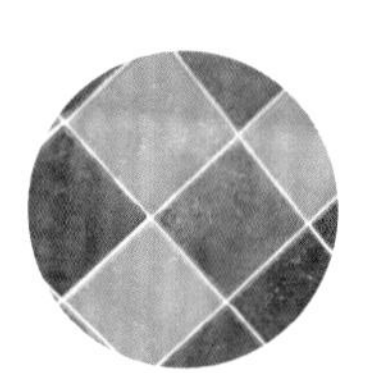

彩色仿古砖

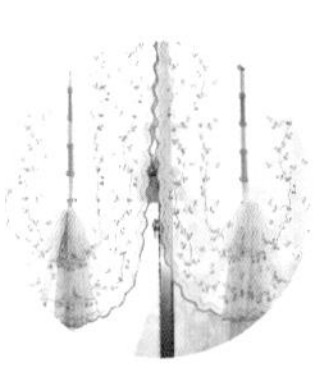

轻纱

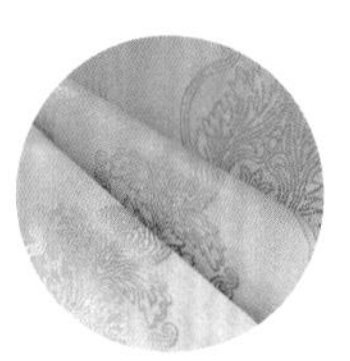

花纹壁布

纯棉布艺

大花壁纸

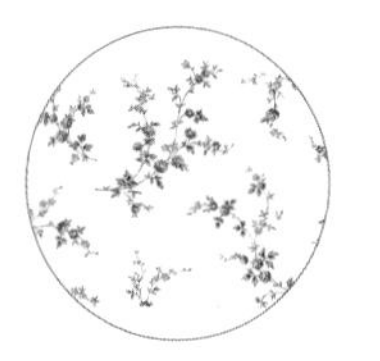

碎花壁纸

铁艺装饰

配色

特点：

① 明媚的配色；

② 带有自然气息的色调；

③ 强调色彩的深浅变化与主次变化

浊色调的粉色 + 蓝色搭配

白色 + 清雅色调

白色 + 绿色系 + 红粉色系

明亮的色调

白色 + 粉色系

家具

特点：① 讲求舒适性；② 多以白色为主；③ 相互搭配的家具应具有同样的设计细节

白色清漆木家具

碎花布艺家具

带裙边的布艺家具

自然色彩的木家具

装饰

特点：

① 精细的后期配饰融入设计风格之中；

② 样式复古的造型

花鸟造型的吊灯

复古图案灯座的台灯

清爽、雅致的布艺

彩绘陶罐

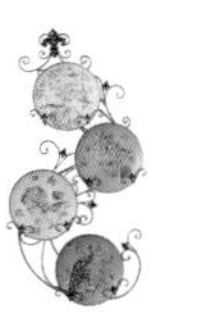

盘状挂饰

彩绘玻璃台灯

蕾丝田园台灯

十四、地中海风格

形状图案 特点：① 不修边幅的线条；② 流畅的线条，常见圆弧形

条纹 / 格纹

流畅的线条

拱形

马蹄造型

材料

特点：
天然材料是必不可少的室内建材

手绘墙

马赛克

仿古砖

彩色仿古砖

白灰泥墙

原木

海洋风壁纸

铁艺栏杆

配色　特点：① 以清雅的白蓝色为主；② 来自大自然最纯朴的色彩；③ 纯美、自然的色彩组合

黄色 + 蓝色

蓝色 + 白色

白色 + 褐色 + 蓝色

白色 + 蓝色 + 绿色

家具　特点：① 做旧处理的家具，集装饰与应用于一体；② 低矮、柔和的家具；③ 低彩度、线条简单，且修边浑圆的木质家具

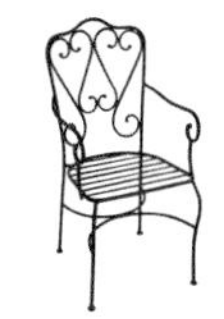
锻打铁艺家具

擦漆木家具

蓝白色布艺家具

船型家具

装饰

特点：
① 以海洋风的装饰元素为主；
② 少有浮华、刻板的装饰；
③ 非常注意绿化

地中海吊扇灯

铁艺 + 彩绘玻璃吊灯

地中海拱形窗

圣托里尼装饰画

铁艺装饰品

瓷器挂盘

海洋风装饰

红陶花盆 + 绿植

十五、东南亚风格

形状图案 特点：① 热带风情为主的花草图案；② 禅意风情的图案

佛像图案

东南亚火焰纹

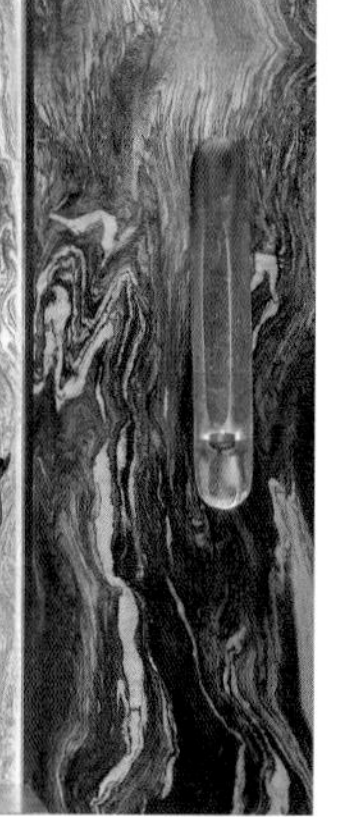

东南亚民族纹样

芭蕉叶图案

材料

特点：
广泛地运用天然原材料

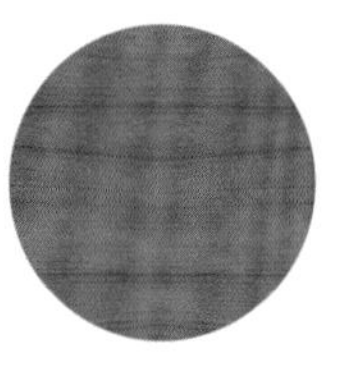
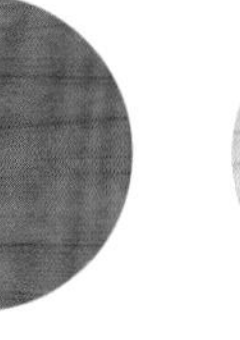

木材

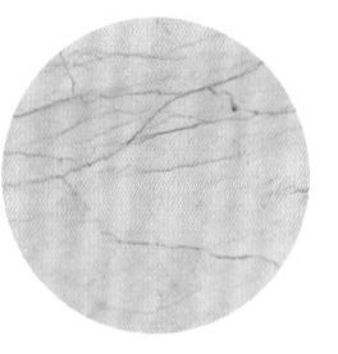

石材

藤

麻绳

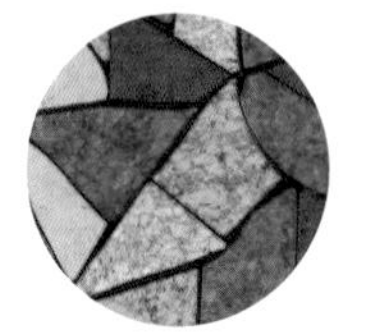

彩色玻璃

黄铜

金属色壁纸

绸缎绒布

配色

特点：

①大胆用色，但最好做局部点缀；

②夸张艳丽的色彩冲破沉闷感；

③色彩回归自然

白色（主色）+ 对比色

大地色 + 多彩色

大地色 + 紫色

大地色 + 金色 / 橙色

白色 + 大地色 + 绿色

家具

特点：

①常使用实木、棉麻以及藤条材质；

②以纯手工编织或打磨为主；

③多数只是涂一层清漆作为保护

木雕家具

混合材质家具

泰式雕花家具

装饰

特点：别具一格的东南亚元素

木皮灯具

佛手灯

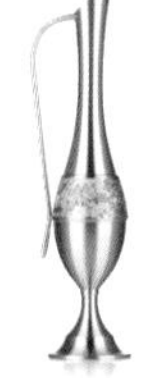

锡器

佛像饰品

异域风情装饰画

大象饰品

东南亚特色花纹壁挂

泰丝抱枕

第二节 色彩搭配定位分析

色彩搭配在室内设计中是非常重要的一环，好的色彩设计会起到事半功倍的效果，不仅能够提升空间格调，也在一定程度上满足居住者对室内环境的需求。因此，了解不同色彩的情感意义，不同人群对色彩的偏好，以及色彩搭配技巧十分重要。

一、色相情感与空间应用

色彩的情感意义	空间配色宜忌
红色：原色之一，它象征活力、健康、热情、朝气、欢乐，使用红色能给人一种迫近感，使人体温升高，引发兴奋、激动的情绪；纯色的红色最适合用来表现活泼感	✓ 适合用在客厅、活动室或儿童房中，增加空间的活泼感 ✗ 鲜艳的红色不适合大面积使用，以免让人感觉刺激
粉色：为时尚的颜色，有很多不同的分支和色调，从淡粉色到橙粉色，再到深粉色等，通常给人浪漫、天真的感觉，让人第一时间联想到女性	✓ 粉色可以使激动的情绪稳定下来，有助于缓解精神压力，适用于女孩房、新婚房等 ✗ 粉色一般不会用在以男性为主导的空间中，会显得过于甜腻
黄色：原色之一，给人轻快、充满希望、有活力的感觉，能够让人联想到太阳，用在家居中能使空间具有明亮感；它还有促进食欲和刺激灵感的作用	✓ 具有促进食欲和刺激灵感的作用，可尝试用在餐厅和书房，也特别适用于采光不佳的房间 ✗ 浊色调和暗色调的黄色会给人带来凋零的感觉，不适合大面积出现在儿童房和老人房中
橙色：融合了红色和黄色的特点，比红色的刺激度有所降低，比黄色热烈，是最温暖的色相，具有明亮、轻快、欢欣、华丽、富足的感觉	✓ 较适用于餐厅、工作区、儿童房；用在采光差的空间能够弥补光照的不足 ✗ 若空间不大，应避免大面积使用高纯度橙色，容易使人兴奋
蓝色：给人博大、静谧的感觉，是永恒的象征，纯净的蓝色文静、理智、安详、洁净，能够使人的情绪迅速地镇定下来	✓ 作为卫生间装饰能强化神秘感与隐私感 ✗ 采光不佳的空间应避免大面积使用明度和纯度较低的蓝色，容易使人感觉压抑、沉重

色彩的情感意义	空间配色宜忌
绿色：是蓝色和黄色的复合色，能够让人联想到森林和自然，代表着希望、安全、平静、舒适、和平、自然、生机，是一种非常平和的色相，能够使人感到轻松、安宁	✓ 大面积使用绿色时，可以采用一些对比色或补色的点缀品，来丰富空间的层次感 ✗ 一般来说绿色没有使用禁忌，但若不喜欢空间过于清冷，应尽量少和蓝色搭配使用
紫色：象征神秘、热情、温和、浪漫及端庄优雅，明亮或柔和的紫色具有女性特点；紫色能够提高人的自信，使人精神高涨	✓ 紫色适合小面积使用，若大面积使用，建议搭配具有对比感的色相，效果更自然 ✗ 紫色不太适合体现欢乐氛围的居室，如儿童房；另外，男性空间也应避免艳色调、明色调和柔色调的紫色
褐色：又称棕色、咖啡色、啡色、茶色等，是由混合少量红色及绿色，橙色及蓝色，或黄色及紫色颜料构成的颜色；褐色属于大地色系，可使人联想到土地，使人心情平和	✓ 常用于乡村、欧式古典家居，也适合老人房，可带来沉稳感；可以较大面积使用 ✗ 若体现空间活力和时尚感，则不宜大面积使用褐色
白色：明度最高的色彩，能给人带来洁白、明快、纯真、洁净的感受，用来装饰空间时，能营造出优雅、简约、安静的氛围；同时，白色还具有扩大空间面积的作用	✓ 设计时搭配温和的木色或用鲜艳色彩点缀，可以令空间显得干净、通透 ✗ 大面积使用白色容易使空间显得寂寥
灰色：给人温和、谦让、中立、高雅的感受，具有沉稳、考究的装饰效果，是一种在时尚界不会过时的颜色；灰色用在居室中能够营造出具有都市感的氛围	✓ 高明度灰色可以大量使用，大面积纯色可体现出高级感，若搭配明度同样较高的图案，则可以增添空间的灵动感 ✗ 使用低明度的灰色时应避免压抑感，最好不要用于墙面
黑色：明度最低的色彩，能给人带来深沉、神秘、寂静、悲哀、压抑的感受；黑色用在居室中能带来稳定、庄重的感觉，同时黑色非常百搭，可以容纳任何色彩，怎样搭配都非常协调	✓ 可作为家具或地面主色，以形成稳定的空间效果 ✗ 若空间的采光不足，不建议在墙上大面积使用，易使人感觉沉重、压抑

二、居住人群与空间配色需求

1. 居住者年龄对空间用色的影响

据实验心理学研究，人经历不同的生活体验，对色彩的感知也会慢慢出现变化。人类最初对色彩产生感觉大约在出生后 1 个月，伴随着年龄增长、生理及心理的逐渐成熟，对色彩的认识和理解能力也会随之提高。

儿童：空间较适合比较鲜艳的颜色，如红色、绿色、黄色、蓝色和橙色等纯色调色彩；而像白色、黑色和灰色则很少会大面积用到。

青年：青年人对于潮流、时尚接受度较高，一些夸张的色彩都能被其接受；室内配色时，对比色、多彩色的设计可以突出其个性，达到与众不同的色彩表现效果。

老人：老年人由于生活经验的积累，具有丰富的精神生活及内心世界，对色彩的喜爱除了来自生活的联想以外，还有更多的文化因素左右其喜好；室内配色一般优美而不失典雅、大方。

2. 不同居住人群对空间配色的需求

男性空间：男性给人的印象是阳刚、有力量的，在设计时可以运用蓝色或者黑色、灰色等无色系结合表现，也可将高明度或浊色调的黄色、橙色、红色作为点缀色，但需控制比重，通常来说居于主要地位的大面积色彩，除了白色、灰色外，不建议明度过高。

配色禁忌

避免过于柔美、艳丽的色彩

过于淡雅的暖色及中性色具有柔美感，不适合大面积用于男性居住空间的环境中；鲜艳的粉色、红色具有女性特点，也应避免。

▲无色系大面积使用，强烈的明暗对比体现雅致格调，适合带有文艺气息的男性

▲浊色调绿色搭配无色系点缀亮色，时尚不乏生机，适合追求潮流的都市男性白领

▲浊暖色展现出厚重、坚实的男性气质，适合 35 岁左右的成功男士

女性空间：女性家居在使用色相方面基本没有限制，即使是黑色、蓝色、灰色也可以应用，但需要注意色调的选择，避免过于深暗的色调及强对比。另外，红色、粉色、紫色等具有强烈女性色彩的颜色在家居空间中运用十分广泛，但同样应注意色相不宜过于暗淡、深重。

配色禁忌

避免大面积暗色系

女性空间虽可用冷色表现，但要避免大面积使用暗沉的冷色，这类配色可做点缀色，或用在地毯等地面装饰上。另外，暗色系暖色具有复古感，运用时要避免与纯色调或暗色调的冷色同时大面积使用，以防产生强对比，安全的方式是组合色相相近的淡色调。

▲大胆使用明亮的糖果色，再用白色调和，这种配色适合追求艺术、时尚的都市女性

▲ 高明度的明浊色作为背景色，能够表现出女性优雅、高贵的气质

▲橙色为主色，搭配大面积灰色；温暖中具有格调，适合理智、知性的女性

女孩房：暖色系定调的颜色倾向，会令人联想到女孩子的房间。另外，女孩房也适合用混搭色彩来达到丰富空间配色的目的。除了暖色调，浅灰色、咖啡色、卡其色这类中立色彩也可以出现在女孩房中。

▲干净、通透、以白色为背景色的房间中，加入高明度单暖色，再用波点图案点缀，形成亮丽且不失简洁的空间环境

▲女孩房同样适用冷色系，只需保证色调为明色调和淡色调即可，这样的配色较适合学龄中的女孩

▲白色为背景色，粉色作为主角色及配角色，甜美不失干净，适合学龄前的小女孩，也适合处于青春期的女孩

男孩房：可延续单身男性的家居配色，只需在色彩搭配上更加灵活、多样即可，可选择卡通人物、汽车等图案丰富空间配色。另外，配色应针对不同年龄段区别对待，3~6 岁活泼好动，可选择常规的绿色系、蓝色系；青春期的男孩则会排斥过于活泼的色彩，趋近于男性的冷色及中性色较适合。

▲棕色等中立色彩没有明显性别倾向，塑造出冷静又不失生活气息的感觉

▲由于蓝色本身带有男性气质，所以男孩房使用蓝色时，在色调上没有什么限制

▲多色混搭表现儿童活泼、天真的特点，特别适合活泼好动阶段的儿童

老人房：老年人一般喜欢相对安静的环境，舒适、安逸的配色较适宜，如米色、米黄色、暗暖色等。在柔和的前提下，也可使用暗色调的对比色来增添层次感和活跃度。为防止配色单调，还可以在床品类软装上做文章，如选择拼色或带图案的床单，图案以典雅花型为主。

配色禁忌

避免色调太过鲜艳

无论使用什么色相，色调都不能太过鲜艳，否则容易令老人感觉头晕目眩，并使老年人的心脏功能有所下降，色调鲜艳很容易令人感觉刺激，不利于身体健康。

▲浊色调及暗色调的蓝色可用作老人房中的软装色彩，特别是在夏天能够缓解燥热感

▲恰当使用色相对比可活跃老人房气氛，但色相对比要柔和，避免使用纯色

▲墙面与家具、家具与布艺的色调可对比明显，以避免发生磕碰

婚房：婚房除了选择一种色彩作为主色调外，还需要有一种小变化。喜欢感情热烈的，以暖色系中的红色、黄色、褐色为主体；喜欢田园诗趣的，以冷色系中的绿色、蓝色等为主体。另外，采用面积、明暗、纯度上的对比来活跃色彩气氛，更是恰到好处。

▲黄色和橙色系符合新婚夫妇追求甜蜜的诉求。纯色调或明色调的黄橙色能极大限度地活跃氛围，却并不十分刺激

▲多色组合配色时，宜选择明度较高、纯度较低的色彩作为大面积用色；其中，白色是很好的背景色

▲以红色作为背景色可充分体现出喜庆氛围。若希望空间沉稳一些，则可以选择低明度或低纯度的红色，如深红色

三代同堂：客厅、餐厅等公共空间（玄关和过道等小空间的配色一般应与客厅配色相协调）的色彩设计应兼顾所有成员的喜好。由于老人较偏爱沉稳色彩，而孩子又需要鲜艳色彩促进大脑发育，因此大面积背景色要温馨、舒适，并以淡雅色调为主，主角色则可以选择厚重色彩，再用少量亮色做点缀，活跃空间气氛。

配色禁忌

过于刺激的配色方式

强烈的撞色和明度较高的三原色搭配等色彩设计，虽然能够令空间配色显得生动活泼，但不建议在三代同堂的居室中使用，容易影响老人和孩子的平和心态。

▲大地色为主色，塑造出稳定感；再搭配浊色调的紫色、蓝色，带来色彩变化，适合以青年人为主体的三代同堂家庭

▲具有对比感的冲突型及互补型配色用在软装上，这种配色形式具有现代感，适合具有艺术氛围的三代同堂的家庭

▲若三代之间的年龄差距不是特别大，可用淡雅的暖色系作为空间主色，塑造出温馨而又舒适的氛围

三、常用配色技法

1. 调和配色法

面积调和：通过将色彩面积增大或减少来达到调和目的，使空间配色更美观、协调。具体设计时，色彩面积比例尽量避免 1 : 1，最好保持在 5 : 3~3 : 1；如果是三种颜色，可以采用 5 : 3 : 2 的方式。但这不是一个硬性规定，需要根据具体对象来调整空间色彩分配。

✗

▲ 白色和蓝色的比例大致平分，且将蓝色用于对立的两面墙，缺乏稳定感

✓

▲ 以蓝色作为空间中的大比例用色，再用白色、灰色、黑色、红色调和，配色有层次、有重点

重复调和：在进行空间色彩设计时，若一种色彩仅小面积出现，与空间中的其他色彩没有呼应，则空间配色会缺乏整体感。这时不妨将这一色彩分布到空间中的其他位置，如家具、布艺等，形成共鸣重合的效果，进而促进整体空间的融合感。

✗

▲ 卧室台灯为偏橙色的藤编材质，空间中没有与之呼应的配色，缺乏整体感

✓

▲ 将橙色分布在抱枕、床巾和地毯之中，使之产生色彩呼应，空间整体感增强

秩序调和：既可以是通过改变同一色相的色调形成的渐变色组合，也可以是一种色彩到另一种色彩的渐变，例如红色渐变到蓝色，中间经过黄色、绿色等。这种色彩调和方式可以使原本强烈对比、刺激的色彩关系变得和谐、有秩序。

▲ 抱枕的色彩虽然丰富，但从紫色到蓝色的渐变较为平和，不显凌乱

▲ 地毯为不同色调的蓝色，同一色相的渐变效果令配色在统一中不乏变化

互混调和：在空间设计时，如果出现两种色彩不能很好融合的现象，可以尝试互混调和。例如，选择一种或两种颜色的类似色，形成三种或四种色彩，利用类似色进行过渡可以形成协调的色彩印象。添加的同类色非常适合作为辅助色，当作铺垫。

▲ 红色和蓝色为准对决型配色，紧凑而实用，但作为软装配色时，显得有些单调

▲ 加入红色和蓝色的类似色，配色更加自然、稳定，且十分丰富

同一调和：包括同色相调和、同明度调和，以及同纯度调和。其中，同色相调和即在色相环中 60° 之内的色彩调和，由于其色相差别不大，因此非常协调。同明度调和是使被选定色彩的各色明度相同，便可达到含蓄、丰富和高雅的色彩调和效果。同纯度调和是被选定色彩的各饱和度相同，基调一致，容易达成统一的配色印象。

◀ 床品与整体空间的色相差过大，空间流于散漫、不安定

◀ 使用同相型配色营造出家庭的温馨、和谐

◀ 淡色调绿色餐椅在整体偏沉稳的空间中，由于明度差过大，显得较为轻浮，缺乏稳定感

◀ 将餐椅的颜色调整为孔雀绿，其浓色调缩小了与家具、地板之间的明度差，空间配色稳定，有视觉焦点

◀ 座椅接近暗色调的蓝色，与空间中的有彩色棕色系既有色相对比，又有强烈的色调对比，给人不安定感

◀ 将座椅的色调与棕木色系靠近，统一成暗浊色调，且降低了色相差，整体配色更加和谐

群化调和：将相邻色面进行共通化，即将色相、明度、色调等赋予共通性，如将色彩三属性中的一部分进行靠拢得到统一感。在配色设计时，只要群化一个群组，就会与其他色面形成对比；另一方面，同组内的色彩会因统一而产生融合。群化使强调与融合同时发生，相互共存，形成独特的平衡，使配色兼具丰富感与协调感。

色调、明度均不统一，配色显得杂乱

按照色彩相近的明度进行群化，配色具有统一性

选取粉色和绿色群化为两种色调，既有融合又有对比

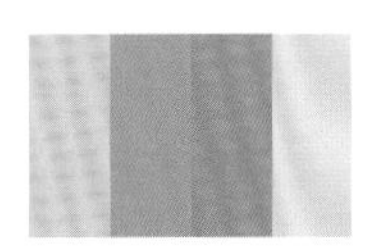

选取粉色和黄色群化为邻近色，群化效果明显且整体融合

▲ 卧室中的布艺配色过于杂乱，色彩缺乏归纳，显得有些喧闹

▲ 虽然橙色和蓝色的对比感很强，但通过色调变化，群化分成冷色和暖色对比，对决中有了平衡，兼顾活力与协调

2. 对比配色法

有彩色和无彩色对比：家居配色中十分常见。若以黑色为主色搭配有彩色，空间氛围具有艺术化特征；以白色为主色搭配有彩色，空间视觉焦点以有彩色来实现；以灰色为主色搭配有彩色，空间氛围高级、精致；而若以有彩色为主色，无彩色作为调剂，空间氛围则具有鲜明的特征与个性。

▲黑色主色 + 有彩色

▲灰色主色 + 有彩色

▲白色主色 + 有彩色

▲有彩色主色 + 白色

冷色、暖色对比：合理地将冷色与暖色组合在一起，既能丰富空间配色层次，又能使空间变得灵动而有活力。在具体设计时，并非所有冷色和暖色都可以随意地进行搭配，需要遵循一定的配色规则。例如，同一居室内不得超过三种冷暖色对比，否则会显得杂乱。

▲ 冷色（蓝）+ 暖色（红）

▲ 冷色（蓝）+ 暖色（橙）

色调对比：在家居空间中，即使运用多个色相进行色彩设计，但若色调一样也会令人感觉单调，单一色调极大地限制了配色的丰富性，不妨尝试利用多色调的搭配方式。其中，两种色调搭配可以发挥出各自的优势，从而消除彼此的缺点，使室内配色显得更加和谐。三种色调搭配可以表现出更加微妙和复杂的感觉，令空间的色彩搭配具有多样的层次感，形成开放型的空间配色。

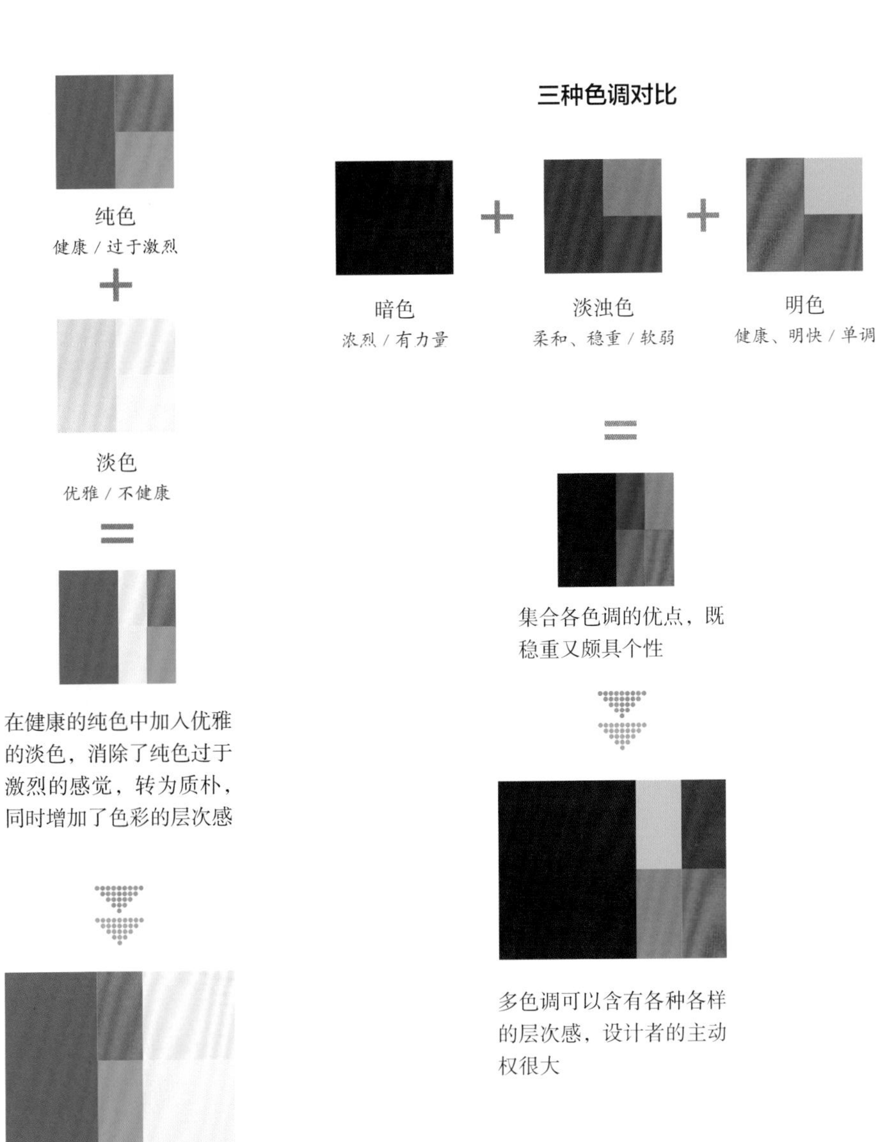

3. 突出主角配色法

提高纯度： 想要使空间中的主角色变明确，提高纯度最有效。空间中的主角色变得鲜艳，可拥有强势的视觉效果。

同背景色，提高主角色纯度的配色区别

当主角色的纯度较低，与背景色差距小时，效果内敛而缺乏稳定感

提高主角色的纯度后，整体主次层次更分明，具有朝气

加强明度差： 拉开空间中主角色与背景色之间的明度差，可起到突显主角色主体地位的作用。

同背景色，拉开明度差的配色区别

黄色和橙色为近似色，两者同为纯色的情况下，明度差小，效果稳定

黄色和蓝色为对比色，两者同为纯色的情况下，明度差大，效果活泼

减弱背景色与配角色： 通过抑制背景色或配角色来突显主角色。前者适用于空间中易改变的背景色，如窗帘、地毯等软装。若墙面等固定界面的背景色过于突出，直接调整主角色更方便。

抑制背景色

背景色的纯度比主角色更高，比较抢眼

降低背景色的纯度并提高其明度，主角色的主体地位更突出

抑制配角色

配角色的面积大且纯度高，比主角色更突出

将配角色的纯度降低后，主角色变得更突出

增加点缀色： 若不想对空间做大改变，可以为空间软装增加一些点缀色来明确其主体地位。

点缀色数量引起的色彩区别

主角色与背景色的明度接近，点缀色为白色和绿色，主角色的主体地位不突出

在点缀色中增加了绿色的对比色，使色彩数量增加，主角色就变得比较突出

第四章

室内空间格局优化

住宅空间是人们为满足家庭生活需要，利用自己掌握的物质技术手段创造的人造环境。因而，在设计时除了要考虑空间的平面布局和人的行动路线，还要考虑不同空间的家具和设施的形体、尺度及其周围留有活动和使用的最小余地，从而最大限度地满足人的需要。

第一节 空间格局的构成与布置

室内空间的格局构成可以概括为居住、厨卫、交通及其他四个部分。不同的功能空间有其相应的尺寸和位置，但又必须有机地结合在一起，共同发挥作用。

一、空间功能构成与家庭活动模式

一套住宅需要提供不同的功能空间，应包括：睡眠、起居、进餐、炊事、便溺、洗浴、工作学习、储藏以及户外活动空间。住宅的功能是居住者生活需求的基本反映，分区要根据其生活习惯进行合理组织，把性质和使用要求一致的功能空间组合在一起，避免与其他性质的功能空间相互干扰。

备注：

由于住宅平面受到原有户型的影响，功能分区只是相对的，会有重叠的情况，如烹饪和就餐、起居和就餐，设计时可以灵活处理。

▲住宅空间的功能构成

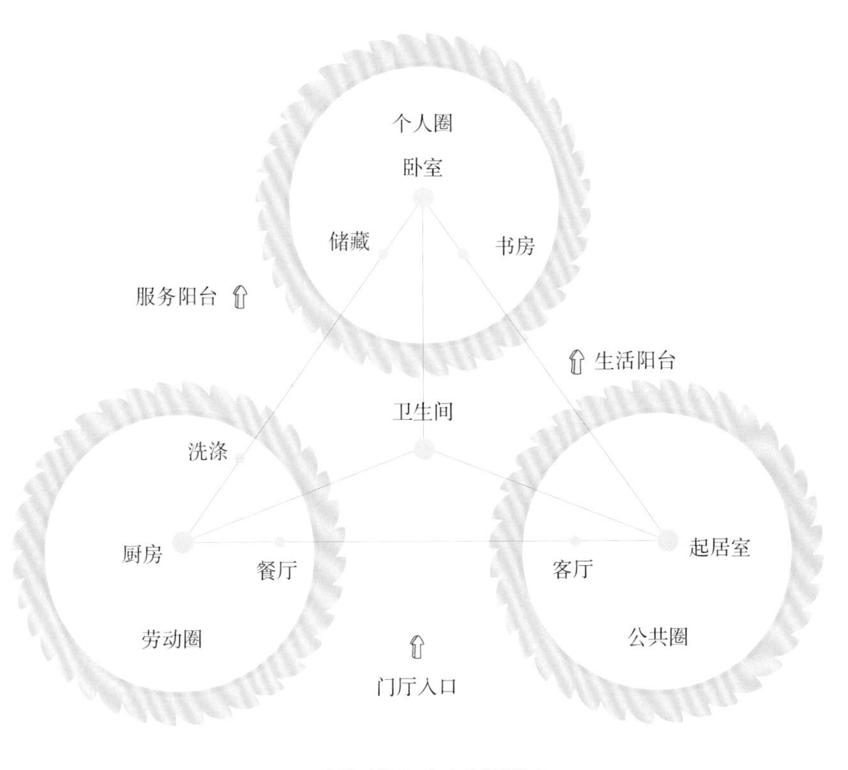

▲ 功能空间与家庭生活模式

公共活动空间：家庭活动包括聚餐、接待、会客、游戏、视听等内容，这些活动空间总称为公共空间，一般包括玄关、客厅、餐厅。

私密性空间：是家庭成员进行私密行为的功能空间，其作用是在保持亲近的同时保证单独的自主空间，从而减小居住者的心理压力。主要包括卧室、书房、卫生间等。

家务活动辅助空间：家务活动包括清洗、烹调等，居住者会在这个功能空间内进行大量劳动。在设计时应把每一个活动区域都布置在一个合理的位置，使得动线合理。主要包括厨房、卫生间等。

二、空间格局的布置方式

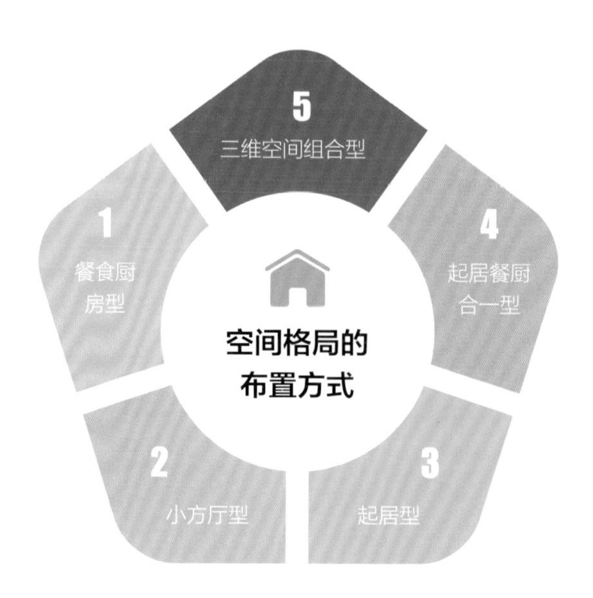

1. 餐食厨房型（DK 型）

DK 型

- 厨房和餐厅合用，适用于面积小、人口少的住宅
- 平面布置方式要注意厨房油烟的问题和采光问题

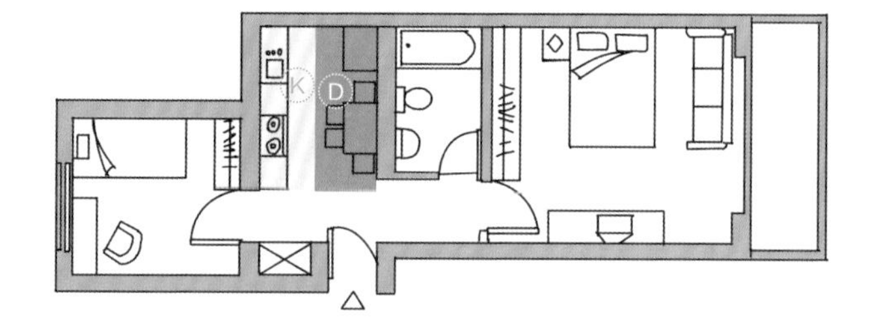

D·K 型

- 指厨房和餐厅适当分离设置，但依然相邻，从而使得流线顺畅
- 燃火点和就餐空间相互分离可防止油烟

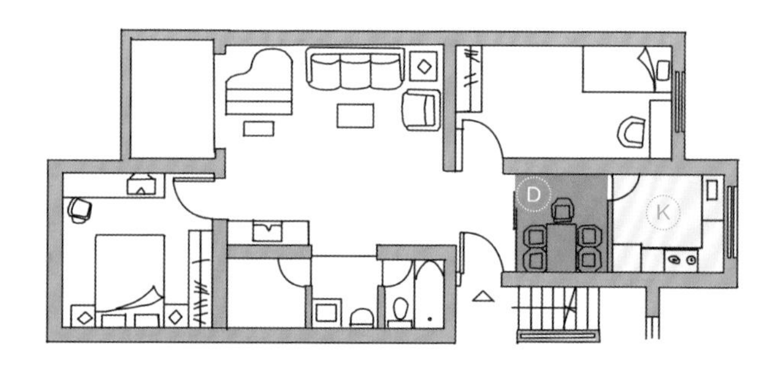

2. 小方厅型（B·D 型）

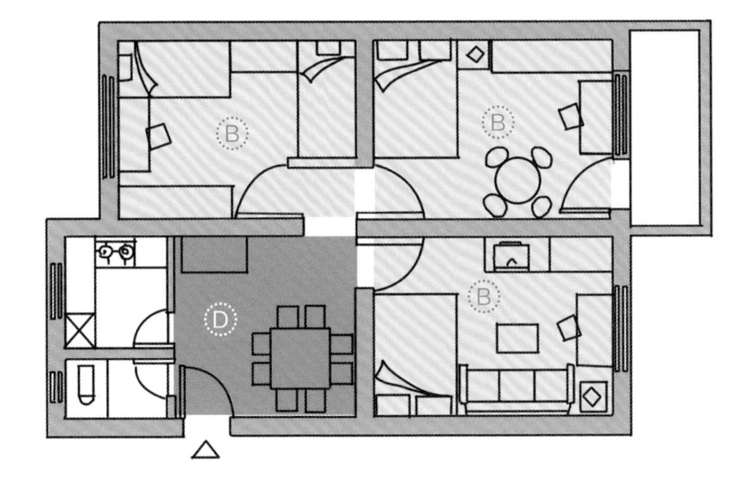

- 把用餐空间和休息空间隔离，兼做就餐和部分起居、活动功能，起到联系作用，克服部分功能间的相互干扰
- 此组织方式有间接遮挡光照、缺少良好视野、门洞在方厅集中的缺点，所以适用于人口多、面积小、标准低的情况

3. 起居型（LBD 型）

以起居室（客厅）为中心，作为团聚、娱乐、交往等活动的地点，相对面积较大，协调了各个功能间的关系，使家庭成员和睦相处。起居室布置方式有三种。

L·BD 型

- 将起居和睡眠分离

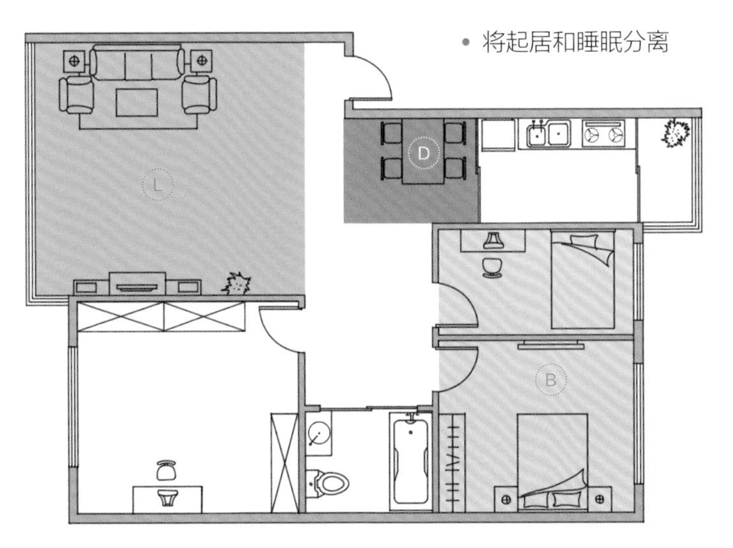

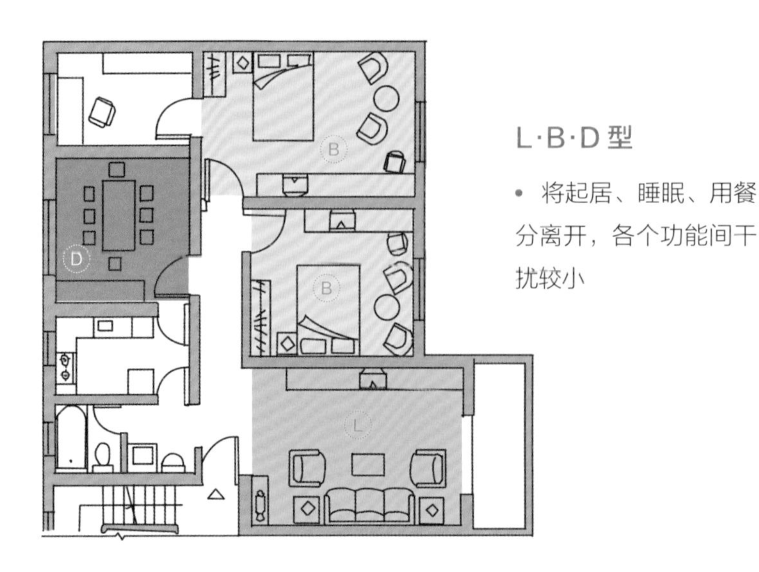

L·B·D 型

- 将起居、睡眠、用餐分离开，各个功能间干扰较小

B · LD 型

- 将睡眠独立，用餐和起居放置在一起
- 动静分区明确，是目前比较常用的一种布置方式

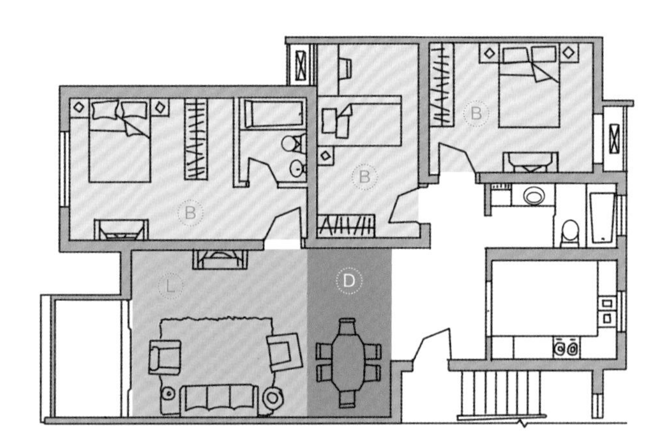

4. 起居餐厨合一型（LDK 型）

- 将起居、餐厅、炊事活动设定在同一空间内，再以此为中心安排其他功能。
- 由于油烟的污染，一般常见于国外住宅。但随着科技的进步和经济水平的发展，国内使用频率也大幅度增加

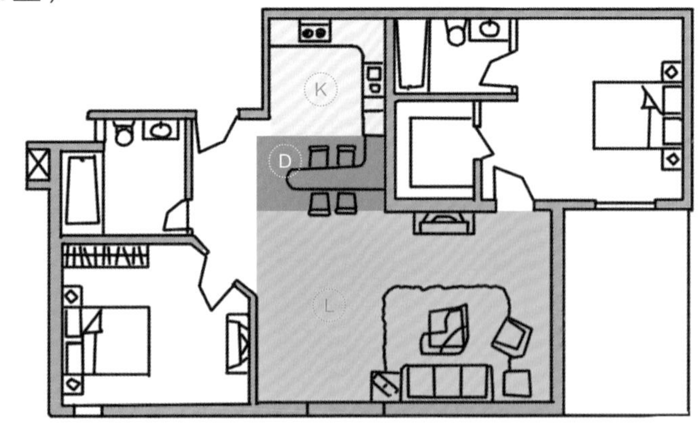

5. 三维空间组合型

这种住宅的布置方式是某些功能的分区有可能不在一个平面上，需要进行立体型改造，通过楼梯来相互联系。

变层高的布置方式

- 住宅在进行套内分区后，将使用率高的区域布置在层高较高的空间内，如会客
- 可将次要空间布置在层高较低的空间内，如卧室

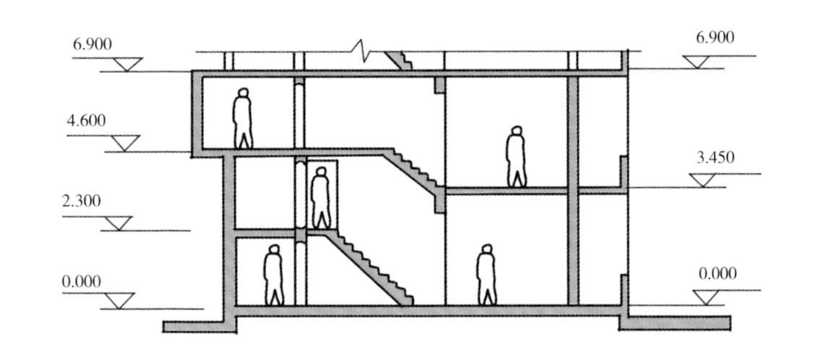

复式住宅的布置方式

- 将部分功能在垂直方向上重叠在一起，充分利用空间
- 需要较高的层高才能实现

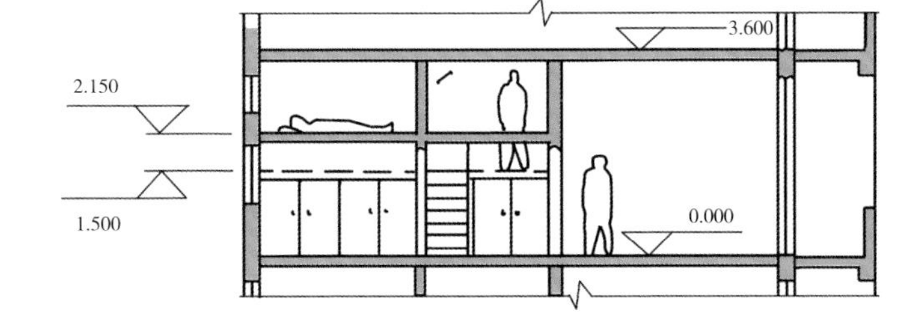

跃层住宅的布置方式

- 指住宅占用两层的空间，通过公共楼梯来联系各个功能空间
- 在一些顶层住宅中，也可将坡屋顶处理为跃层，充分利用空间

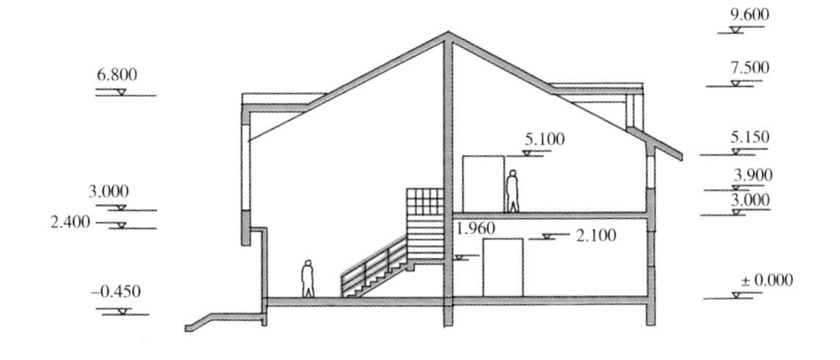

第二节 空间格局缺陷的破解

无论是新房装修还是旧房改造，由于居住者的特有需求，在空间格局方面往往会遇到需要调整的情况；而一些空间的原始格局也会或多或少地存在一定缺陷，这就需要破解改造技巧。

一、采光不良

/ 案例剖析 /

格局缺陷

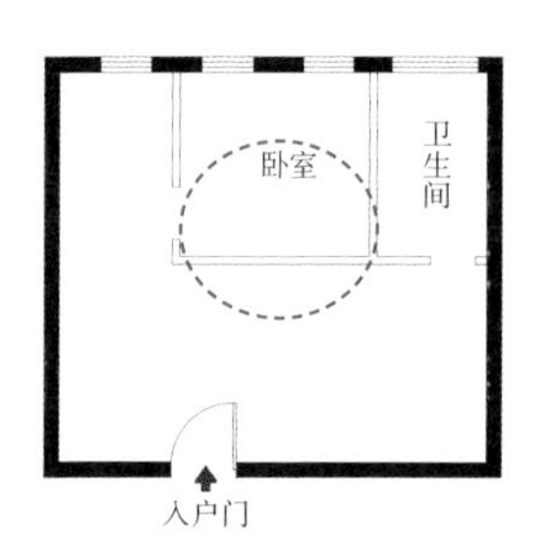

此户型是单面采光，卧室和卫生间用隔墙分隔出来，公共区域只能依靠一面窗来采光，显得非常阴暗，让人感觉压抑、没活力。

将卧室墙面敲掉，改成玻璃墙和推拉门，并将玻璃的中间部分进行磨砂处理，除了遮挡卧室的部分视线外，最大化地引进了光线，改变昏暗的原状。

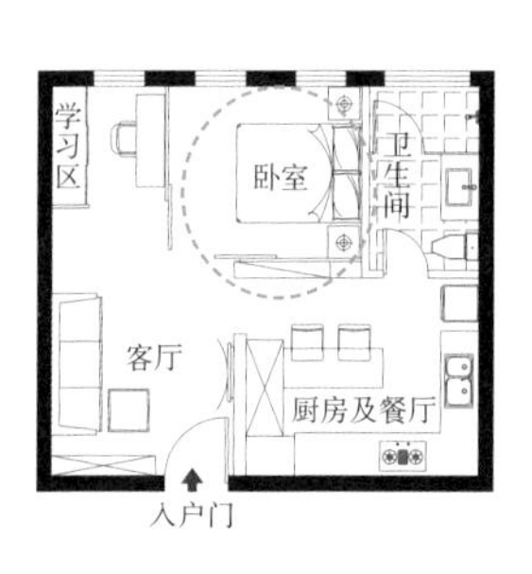

① 墙体改造——把一些无用隔墙拆除，让光线蔓延到室内。
② 空间挪移——将诸如客厅等主要室内空间重新规划在室内阳光充裕的区域。
③ 色彩弥补——室内空间以浅色系为基调，也可以结合多元灯具直接补光。
④ 材质反射——利用镜面、光亮的瓷砖和玻璃推拉门提升室内亮度。

二、过道狭长

/ 案例剖析 /

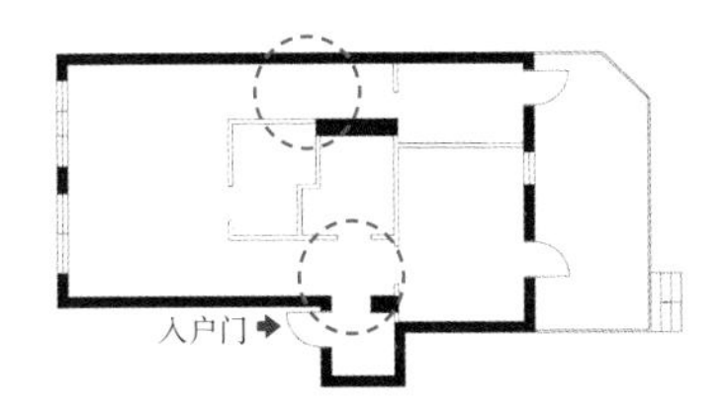

这是一个整体呈长条形的户型，由于厨房和卫生间的位置在中间，所以公共区两侧出现了两条非常狭长的过道区域，破坏了整体比例。

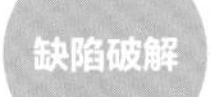

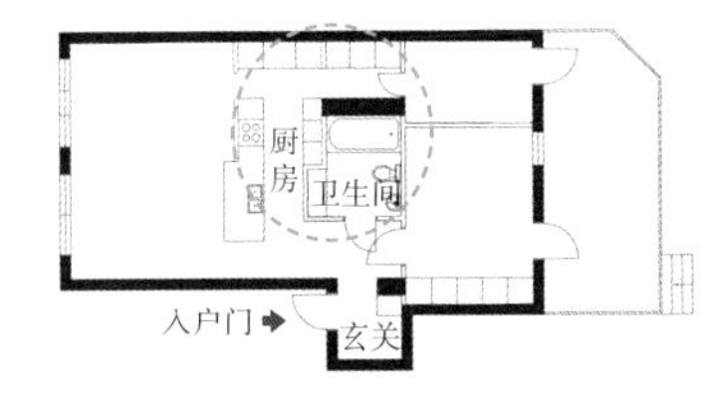

由于现有厨房面积比较窄小，所以仅保留了一道墙壁，厨房其余部分的隔墙全部敲除后，狭长的区域就消失了。且将原来通向次卧的过道利用起来，用短隔墙做几道间隔，将橱柜嵌入其中，增加了厨房面积。

① 巧设造型墙——将原有生硬的隔墙拆除，再设计一面造型墙，可避免狭长过道带来的逼仄感，也能为空间带来美观的视觉享受。

② 色彩弥补——不方便拆除的隔墙可利用后退色来营造视觉上的扩大感。

三、零小空间

案例剖析

原户型中的卧室较多，但主卧隔壁的次卧室面积较小，利用率很低。另外，厨房的面积也较小，还被分成了两部分，中间有一个门联窗，内侧非常窄小。

缺陷破解

将主卧和次卧之间的隔墙砸掉，合并成一个空间。由于卧室与客厅的隔墙延长，使电视墙的比例更舒适。另外，为了扩大厨房面积，使橱柜更好摆放，砸掉了中间的门联窗，使空间变成一个整体。

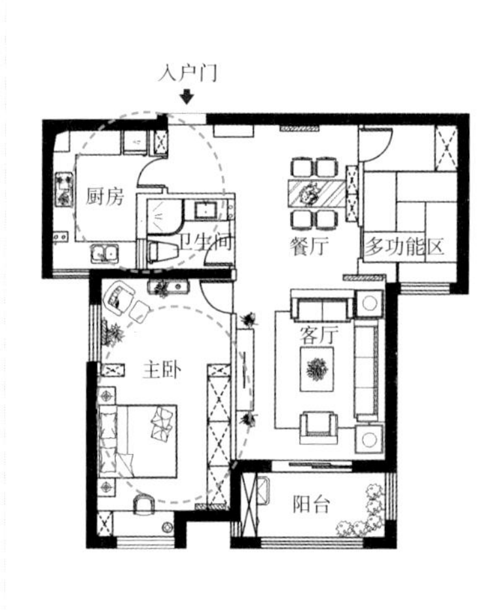

类似户型的**破解方法**

① 隔墙改造——巧借邻近空间的面积，使狭小空间变开阔。

② 色彩弥补——利用具有膨胀感的色彩涂饰墙面，在视觉上放大小空间。

四、畸形空间

/ 案例剖析 /

格局缺陷

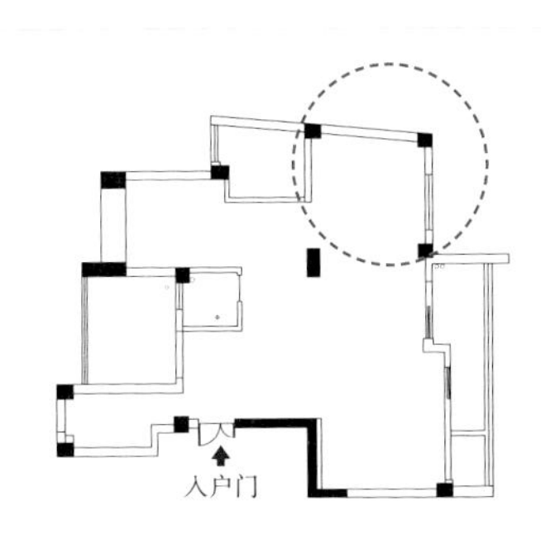

原户型中的一侧墙面为斜边，既给人带来不好的视觉体验，又不利于家具的摆放。

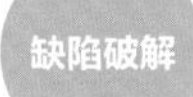

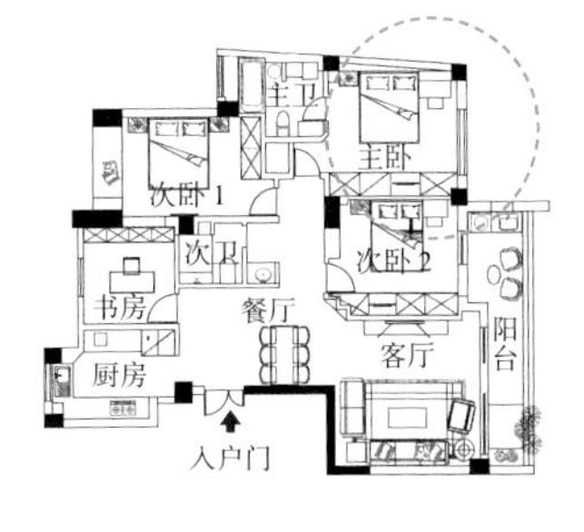

利用造型柜找平墙面，既形成了方正的空间，方便床和床边柜的摆放，又为主卧增加了一定的储物功能。

① 巧建隔墙——依空间斜面建造可以拉正空间的墙面，形成规整格局（建议较大空间使用）。

② 隔墙拆除——可将无用的非承重隔墙拆除，建造开放式空间。

③ 改变门的开启位置——有的不规则空间是因为门的开启方向所导致，可改变居室门的位置建造规整格局。

五、分区欠妥

/ 案例剖析 /

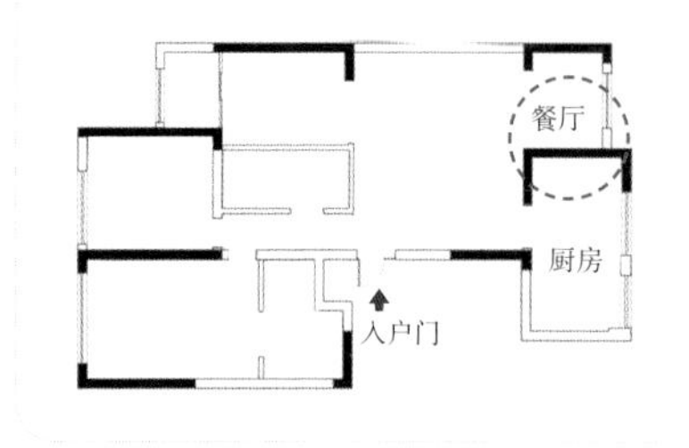

原有布局中将客厅旁没有阳台的小空间作为餐厅，不仅面积较小，而且厨房和餐厅之间虽然只有一面墙，却要经过两道门，如果菜肴的汤汁比较多，难免会洒到地上，非常不卫生。

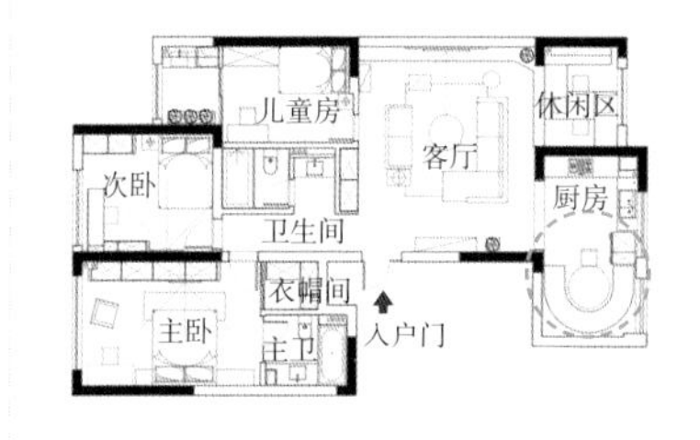

将餐厅移到厨房中，缩短两者之间的距离；且将原餐厅做成地台式休闲区，还可收纳部分物品。

① 有效合并空间——拆除不必要的隔墙，使两个原本拥挤的空间变成一个宽敞的空间，将产生家务动线的空间并为一室。

② 功能空间互换——理顺家居动线，将产生居住动线、家务动线、访客动线的空间进行重新界定。

六、功能空间不足

案例剖析

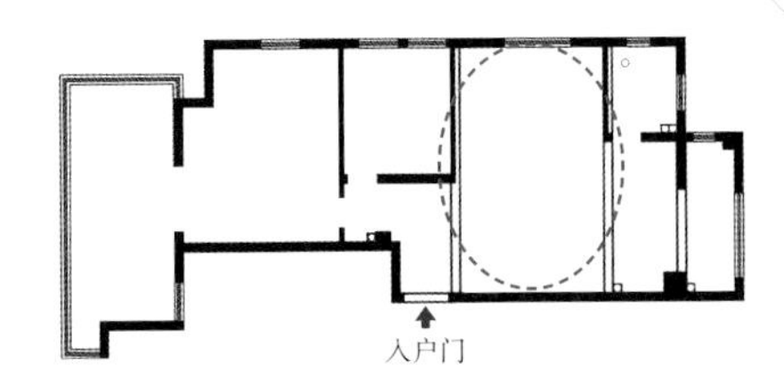

原始户型在格局上没有太大问题，但由于居住者需要父母来帮忙照看上小学的孩子，因此需要多出一间卧室。

缺陷破解

利用面积比较充裕的客厅来压缩出一间卧室。但由于加建了隔墙，导致开放式客餐厅的采光受到影响，因此厨房选用了通透的玻璃隔断拉门，来避免产生阴暗空间。

类似户型的破解方法

① 增加隔墙——找出室内较充裕的空间加设隔墙，使居室多出一间房。

② 建造多功能空间——根据需求为一个室内空间注入多种使用功能。

③ 隔断分隔——使用通透性较强的隔断将一个大空间进行分隔，使之拥有多种用途。

七、储物功能不足

/ 案例剖析 /

格局缺陷

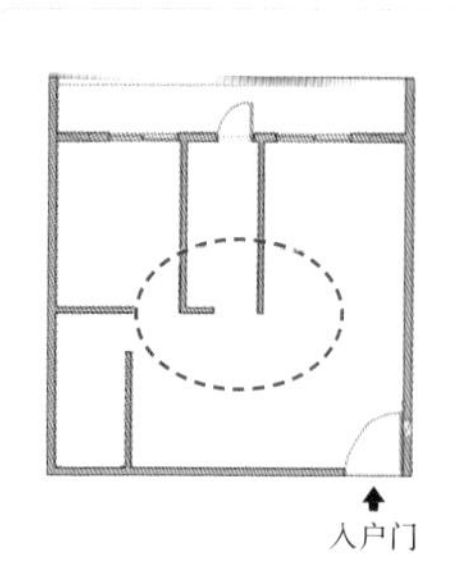

这是一个方正的小户型，餐厅和客厅从平面图上看是一个 L 形，相对来说都比较宽敞，急需解决的问题是因为卧室面积小没有足够的储藏区，导致东西堆得到处都是。

缺陷破解

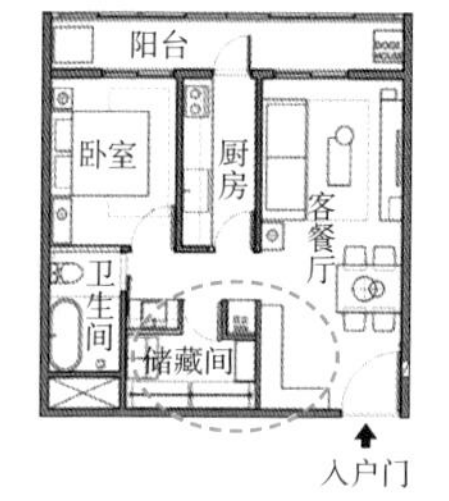

将原来餐厅部分的面积缩小，使整个公共区变成一个一字形。原有餐厅的一部分用隔墙间隔起来，做成一个面积较小但独立的步入式储藏间。玄关左侧预留出足够的空间来摆放收纳柜，放置最近比较常用的衣物。

类似户型的**破解方法**

① 增加柜子——找出家中一切可以设置柜子的区域，如飘窗、餐厅卡座区域等；也可以充分结合墙面做隐形收纳柜。

② 做榻榻米——在合适的区域制作榻榻米，满足储物与休憩的双重需求。

③ 定制家具——结合空间情况定制家具，既能提升储物量，也能充分匹配空间。

第五章

室内动线与人体工程学

居住空间的设计离不开动线与人体工程学，好的动线设计能够提高生活质量，节约时间；不合理的动线设计会造成居室面积的浪费及功能区域的混乱。而适宜的人体工程学尺寸可以满足居住者的生理及心理要求，达到令居住空间舒适的目的。

第一节 室内格局与动线

室内动线是指人们在住宅中的活动线路，它根据人的行为习惯和生活方式把空间组织起来。室内动线应符合居住者的日常生活习惯，尽可能简洁，避免费时、低效的活动。

一、室内动线的分类

1. 主动线和次动线

主动线：所有功能区的行走路线，如客厅到厨房、大门到客厅、客厅到卧室，为空间中常走的路线。

次动线：在各功能区内部活动的路线，如在厨房内部、卧室内部、书房内部等。

备注：

一般包括家务动线、居住动线、访客动线。不同角色的家庭成员在同一空间不同时间下的行动路线，也是室内空间的主要设计对象。

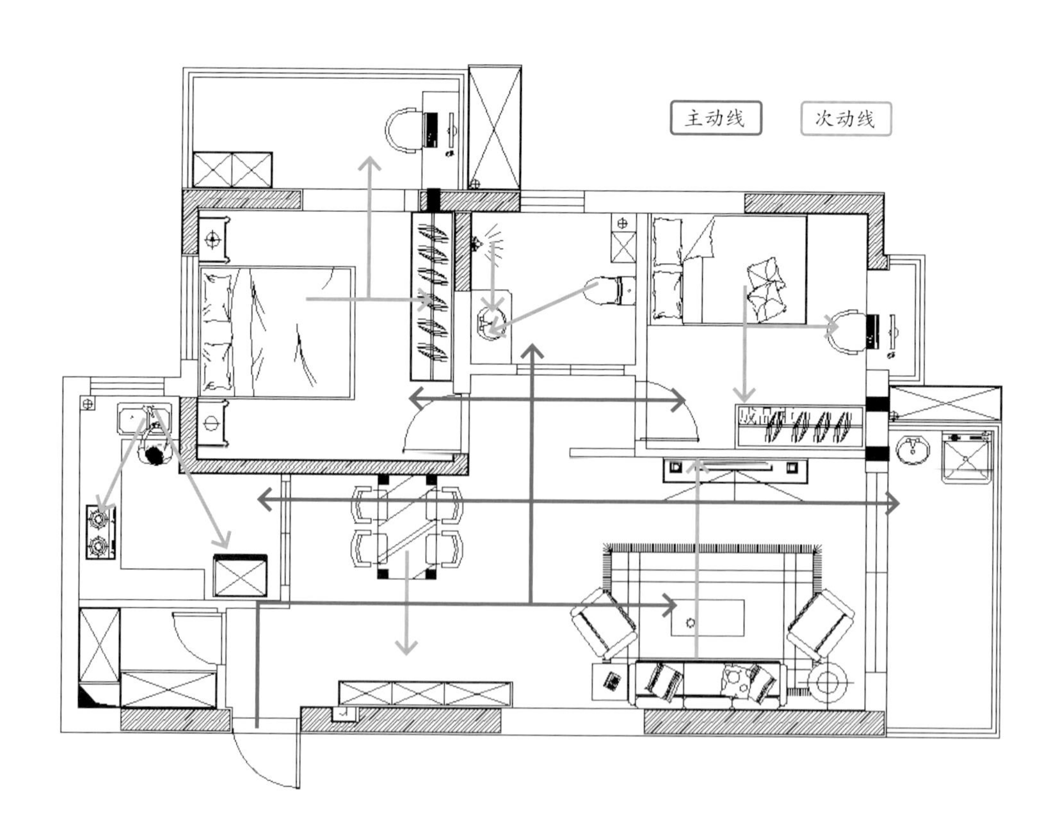

2. 好户型和差户型的动线分析

动线较好的户型：一般从入户门进客厅、卧室、厨房的三条动线不会交叉，而且做到动静分离，互不干扰。

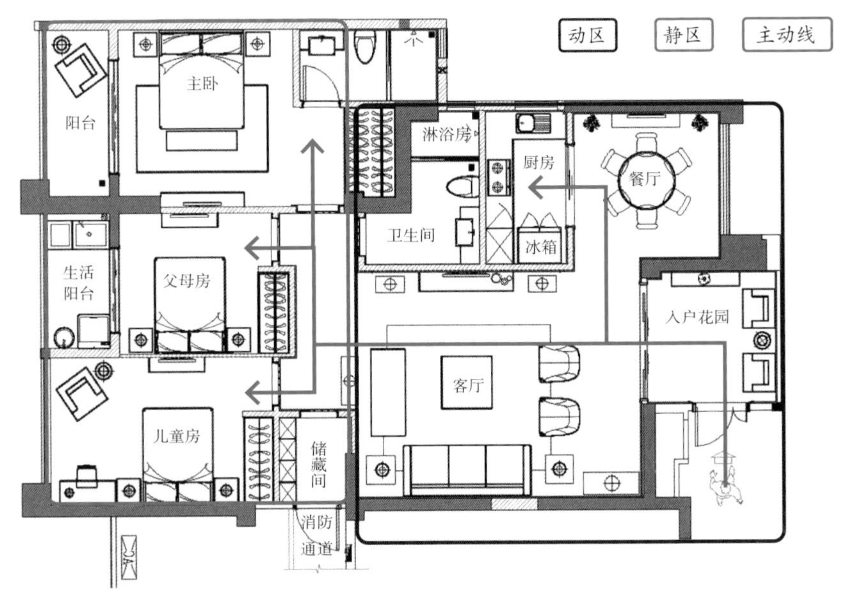

▲ 从入户花园到客厅、到餐厅、到主卧、到厨房、到儿童房、到客卧，原本需规划六条主动线，但现在用一条贯穿的主动线来整合这六条主动线。重叠一部分主动线可以节省空间，创造空间的最大使用效率

动线较差的户型：如进厨房要穿过客厅，进主卧要穿过客厅，客厅变成公共走廊，非常浪费空间；或厨房布置在户型较深的位置；卫生间距离主卧太远或正对入口玄关处，让人一进门就会闻到异味等。

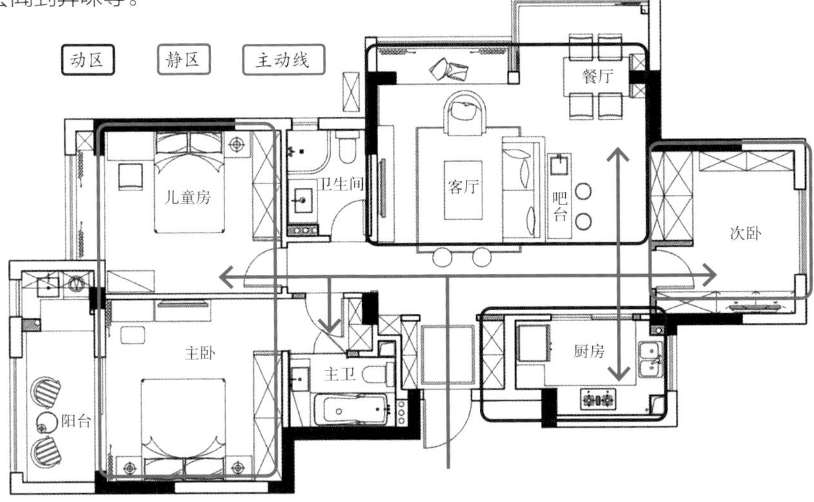

▲虽然空间主动线有一定重叠，但餐厅到厨房的移动相对比较麻烦，在实际生活中，如果在厨房做饭，然后到餐厅就餐，这条动线太长、不方便，来回移动会浪费时间

3. 家务动线、居住动线和访客动线

家务动线：在家务劳动中形成的移动路线，一般包括做饭、洗晒衣物和打扫，涉及的空间主要集中在厨房、卫生间和阳台。

居住动线：家庭成员日常移动的路线，主要涉及书房、衣帽间、卧室、卫生间等，要尽量便利、私密。即使家里有客人在，家庭成员也能很自在地在自己的空间活动。

访客动线：客人的活动路线，主要涉及门厅、客厅、餐厅、公共卫生间等区域，要尽量避免与家庭成员的休息空间相交，以防影响他人工作或休息。

备注：

家务动线在三条动线中用得最多，也最烦琐，一定要注意顺序的合理安排，设计要尽量简洁，否则会让家务劳动的过程变得更辛苦。

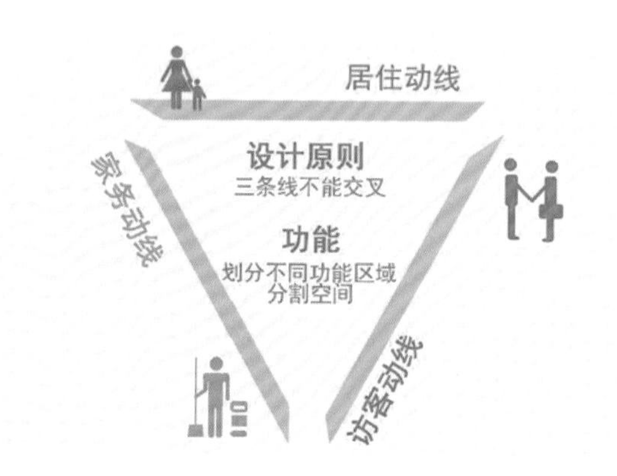

备注：

大多数户型的阳台需要通过客厅到达，家庭成员在家时也会时常出入客厅，访客来访同样会在客厅形成动线，因此不要把客厅放在空间的主动线轨迹上。

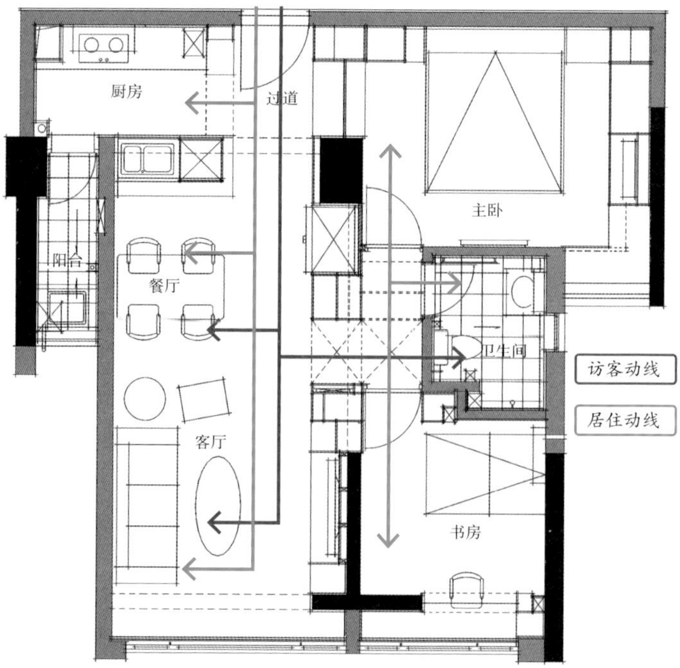

厨房
过道
阳台
餐厅
客厅
主卧
卫生间
书房
访客动线
居住动线

二、室内动线的布局方案

1. 根据空间重要性确定主动线

依照空间重要性排列，即按照通常意义上的功能定位，对住宅进行大致的功能动线分析，通过草图梳理出主动线的序列，并对不合理的地方进行更改，避免浪费空间。

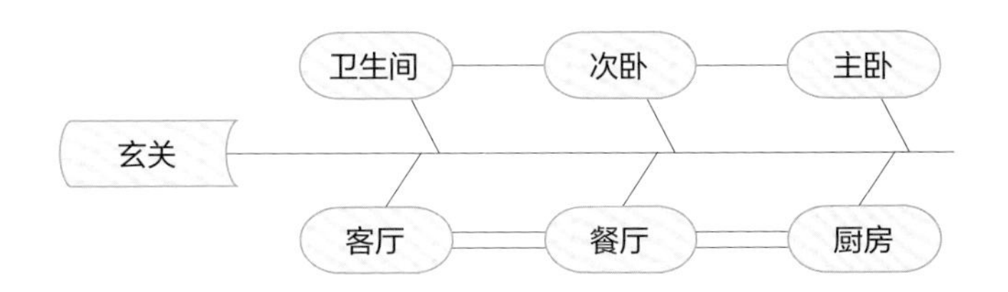

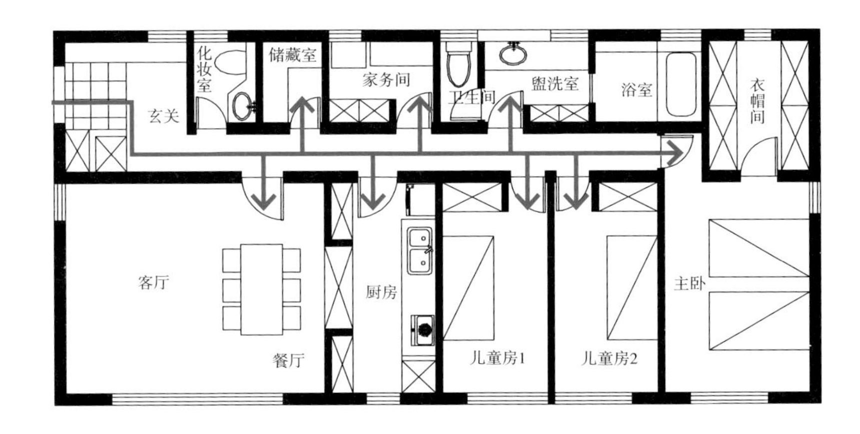

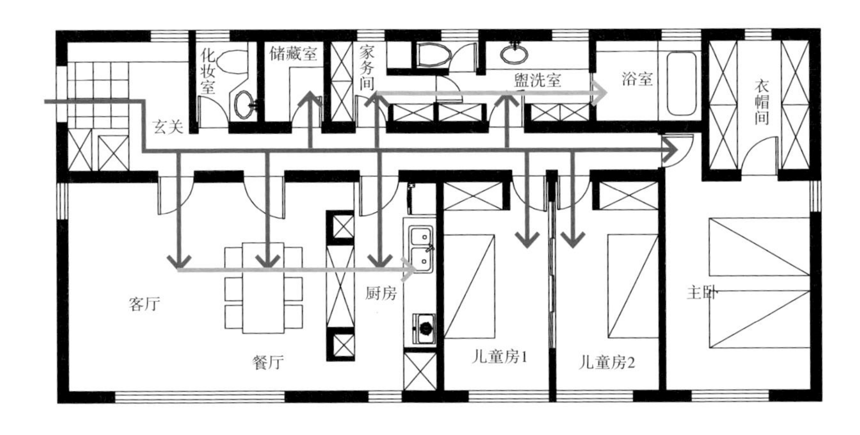

2. 依生活习惯安排空间顺序

每个家庭、每个居住者都有不同的生活习惯，会对空间有不一样的需求，因此便有了不同的空间顺序，从而导致动线的不同。因此，在规划动线之前须先了解住宅使用成员的生活习惯，才能做好空间顺序的安排，打造符合居住者使用的顺畅动线。

例如，家中书房的规划一般有独立式和开敞式两种。如果是在家办公或在阅读时对环境要求较高的居住者，独立式书房不易被打扰；如果对于阅读氛围要求并不高，同时也想在阅读时能兼顾一些其他活动，比如照看孩子等，则可以选择开敞式书房。在动线安排上，左图的独立式书房由于是大家共用，所以规划在公共区域，动线安排在次动线上；右图的开敞式书房与客厅的动线整合在一起，适合兼顾多种需求的场景。

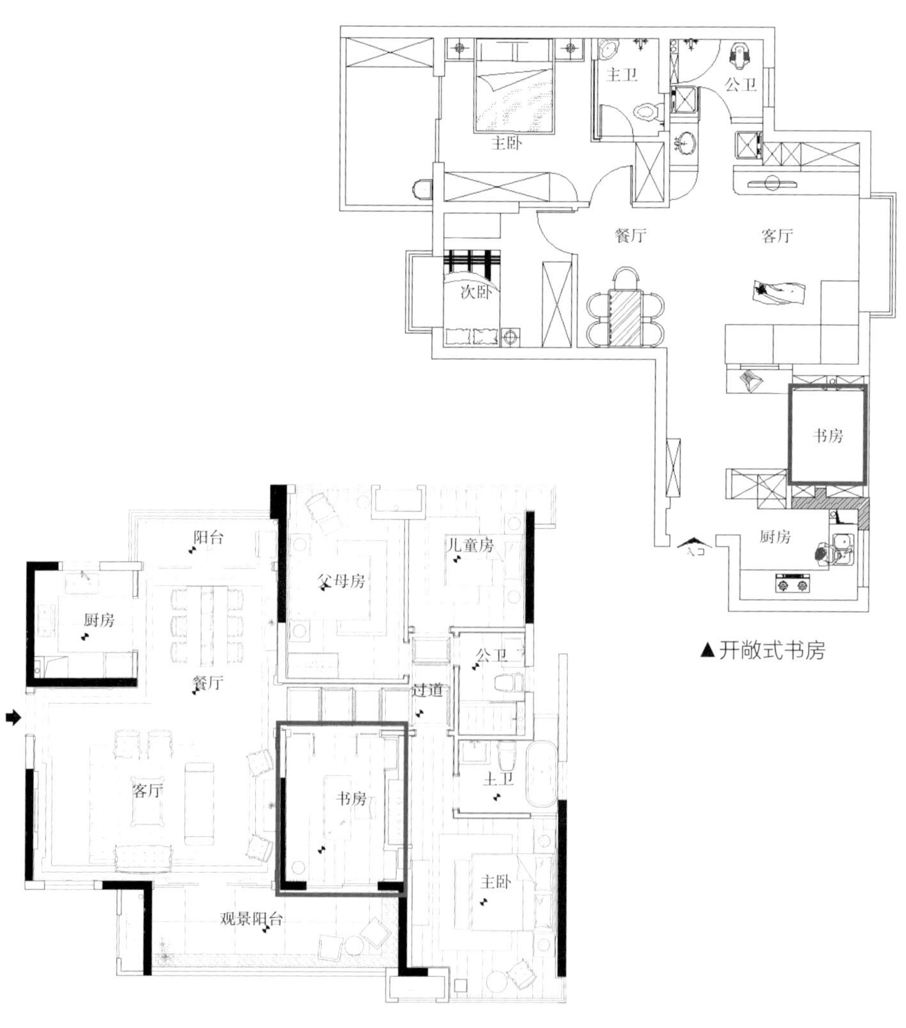

▲开敞式书房

▲独立式书房

3. 区分公私区域安排格局配置

面对一个空间时，可以先将其区分为公共区域和私人区域，然后再从公共区域开始安排格局配置。公共区域通常有客厅、餐厅，或再多一个弹性空间如书房；若确定了客厅或餐厅的大小，作为弹性空间的书房只能缩小，这样就能得出公共区域各空间的大小。再以书房连接作为私人区域的三个房间，面积大一点的为主卧室，另外两个面积较小的是次卧。当格局确定好之后，就可以定出动线，两个空间的相交处就是动线。

第一步

初步分解公共区域和私人区域

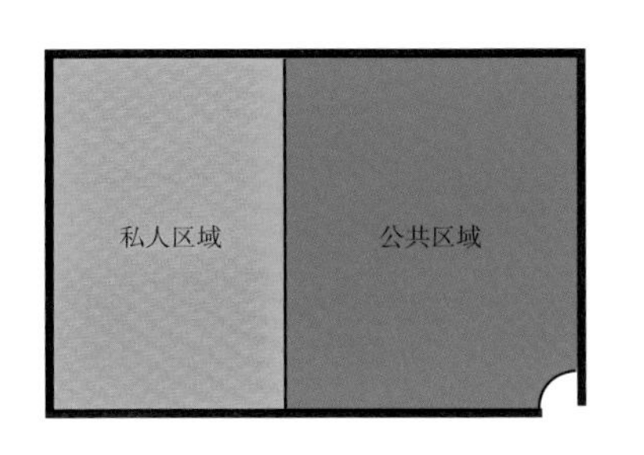

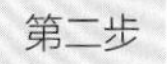

大体划分出公共区域的配置情况

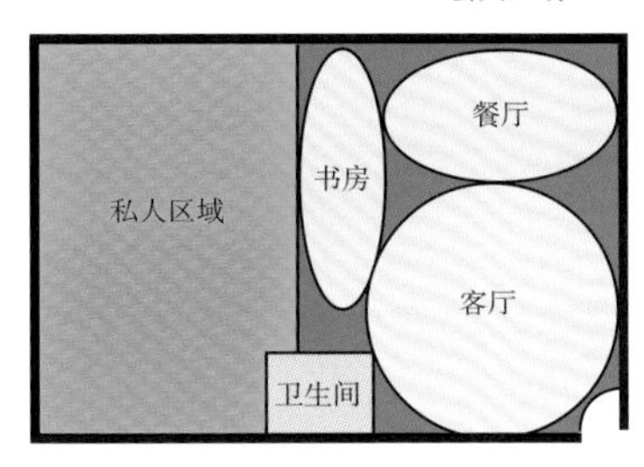

第三步

大体划分出私人区域的配置情况

私人区域 公共区域

主卧 书房 餐厅 次卧 次卧 客厅 卫生间

第四步

勾勒墙面并确定出主要动线

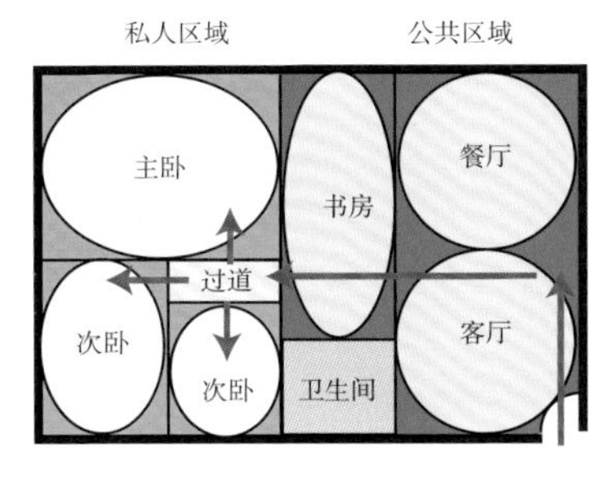

4. 共用动线，重叠主次动线

动线可分成从一个空间移动到另一个空间的主动线，以及在同一空间内具有包括移动性与功能性的次动线。而将多个具有移动性的主动线整合在一个主动线内，或是将具有移动性的主动线与具有功能性的次动线重叠在一起，都能共用动线。这种方式不仅可以让动线更加明快流畅，而且还能节省不必要的空间，使空间变大，视觉宽敞度相对也会增加。

主动线 + 主动线的重叠： 将空间与空间移动的主动线尽量重叠，可节省空间。例如，玄关—客厅—主卧—厨房—次卧—书房，本来需要五条主动线，现在可用一条贯穿的主动线来整合这五条移动的主动线，创造空间的最大使用效率。

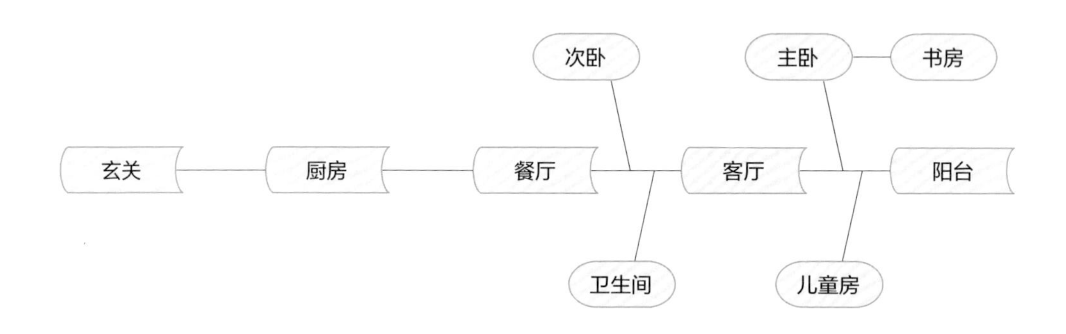

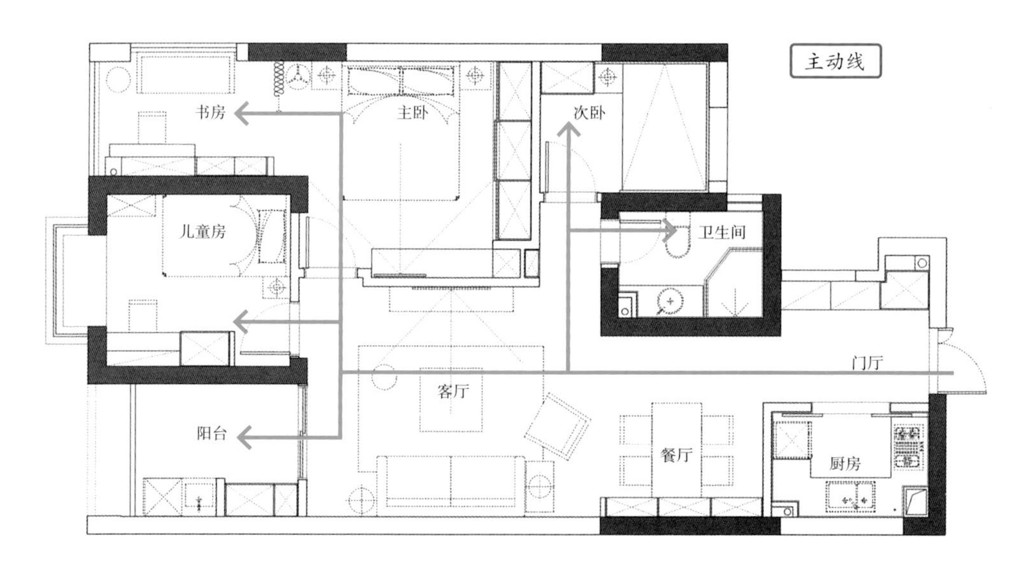

▲将厨房、餐厅、客厅与阳台的主动线重叠，然后通过客厅两边限定出的虚拟过道将其他功能空间的主动线串联起来，形成较为简单的网状动线结构

主动线 + 次动线的重叠：主动线与次动线重叠不仅节省空间，更能创造流畅的动线。

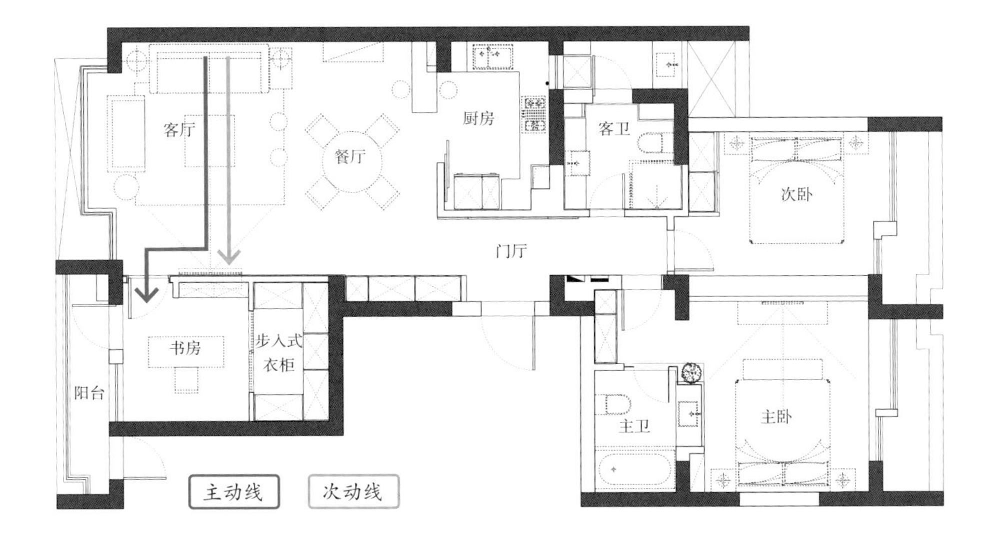

▲将从客厅移动到书房的主动线，与在客厅使用电视柜时的次动线整合在一起，就是主动线与次动线重叠

主动线 + 主动线 + 次动线的重叠：将主动线与主动线以及次动线全部整合在一起，则可打造不论是空间到空间的移动行走，还是在空间使用功能上的最佳流畅动线。

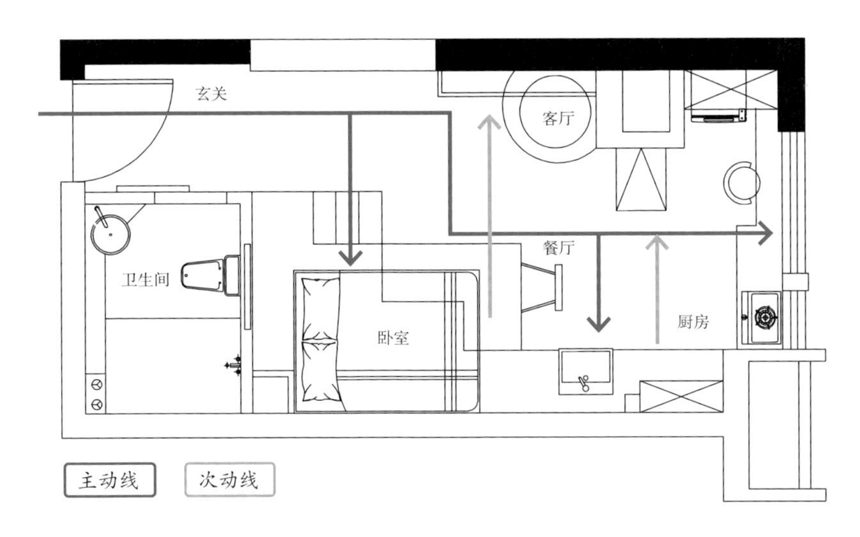

▲用一条共用过道整合所有的动线，将玄关—客厅—餐厅—厨房—卧室—卫生间等空间移动的主动线全部整合在这个过道中，而这个过道还整合了使用客厅电视与餐厨前面的功能性次动线

5. 门的开法决定动线方向

开门的方向决定了人运动的方向，对动线有着很大的影响。常见的开门方向有两种，分别是外开和内开，选择时须考虑到空间环境以及人的动作，这样才能创造方便、舒适的动线。

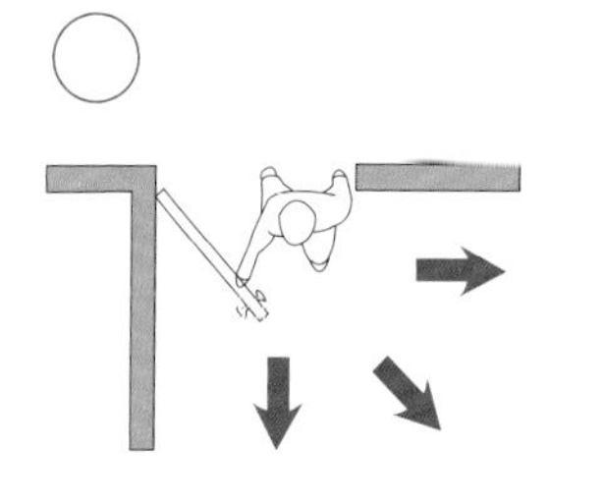

门内开

- 门最好顺着墙开
- 门半开时也能顺畅地走进去，且行走的动线是多方向的
- 若不沿墙，则在开门时产生一条过道，浪费套内空间

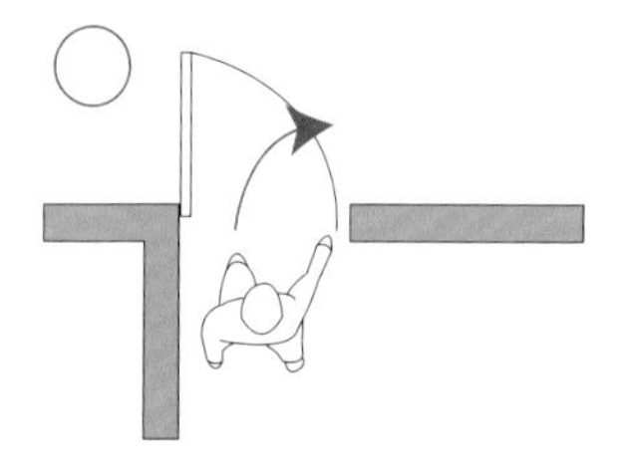

门外开

- 可采用顺墙而开的方式
- 在进出时相对于不顺墙开的方式，会有宽敞的感觉

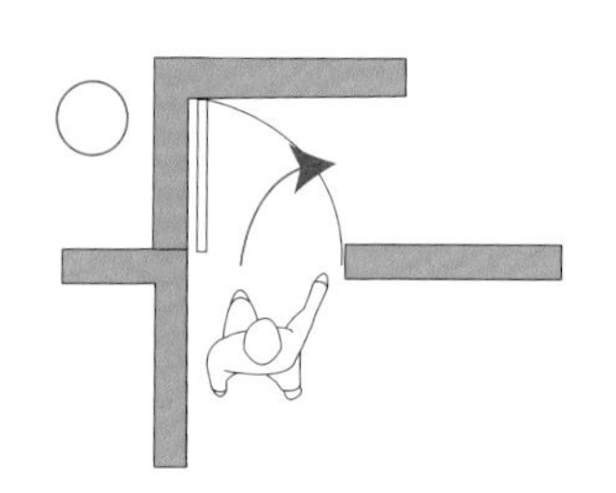

门外开

- 顺墙向外开，能够顺畅地走出去
- 若不顺墙而开，而是往另一边的开法，动线会受到阻碍，导致行走不便

6. 增加灵活变化的动线

虽然直线动线行走明快、节省空间，但有时反而失去空间的变化趣味性。例如，根据空间格局的特性规划出回字形动线，和直线动线有机结合就能让行走路线有两种变化方式，增强空间转换的趣味性。

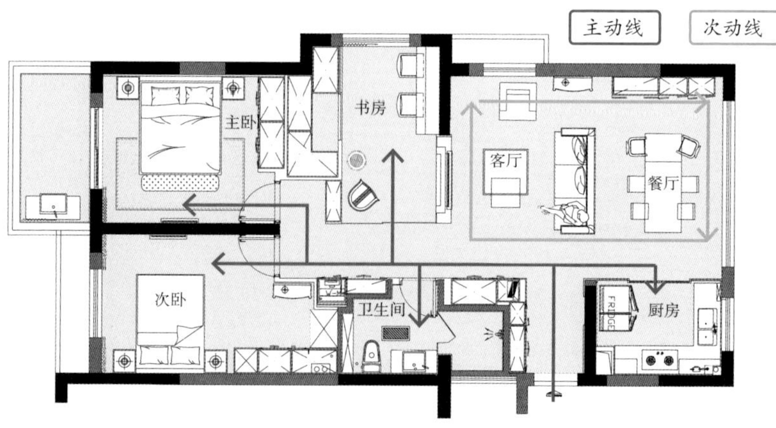

7. 预留未来的动线

空间是人生活其中并要使用的，因此规划动线时不仅要考虑到现在居住成员的需求，还要预先设想到未来成员的增减以及成员的年龄增长等因素，同时也要为未来可能的各种格局变化预留动线。

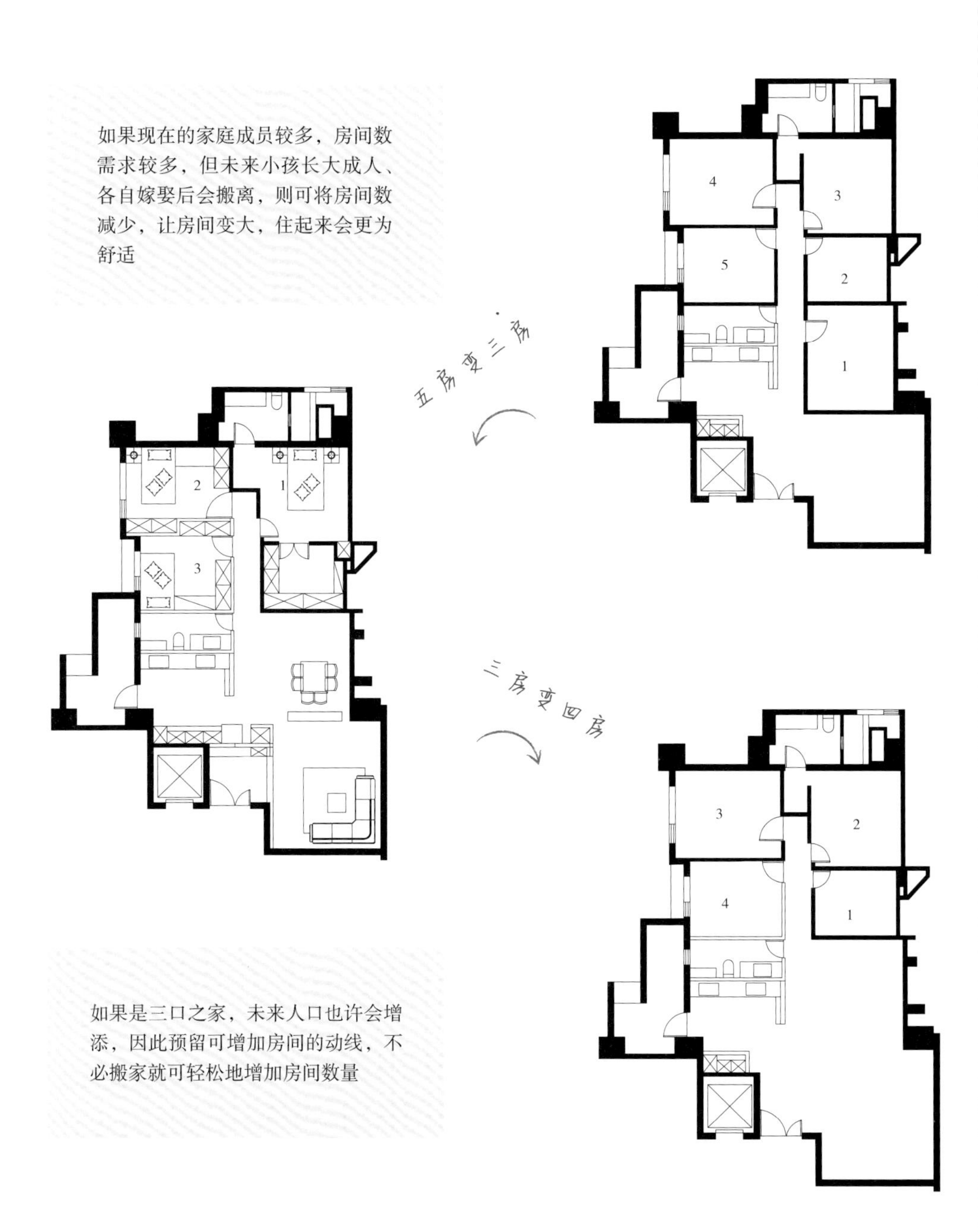

如果现在的家庭成员较多，房间数需求较多，但未来小孩长大成人、各自嫁娶后会搬离，则可将房间数减少，让房间变大，住起来会更为舒适

如果是三口之家，未来人口也许会增添，因此预留可增加房间的动线，不必搬家就可轻松地增加房间数量

第二节 室内人体工程学

室内人体工程学的目的是要创造人在室内空间中活动的最佳适应区域，创造符合人的生理和心理尺度要求的各种生活用具，创造最佳听觉、视觉、触觉等条件，以满足人的生理及心理的合理性要求，达到舒适的目的。

一、人体工程学尺度

1. 室内设计中的尺度

室内设计中最基本的问题就是尺度。为进一步合理地确定空间造型尺度以及操作者的作业空间、动作姿势等，必须对人体尺度、运动范围、活动轨迹等尺度参数有所了解。

备注： 人在不同的室内空间进行各种类型的工作和生活时，从中产生的工作和生活活动范围的大小就是动作范围，这是确定室内空间尺度的主要根据之一。

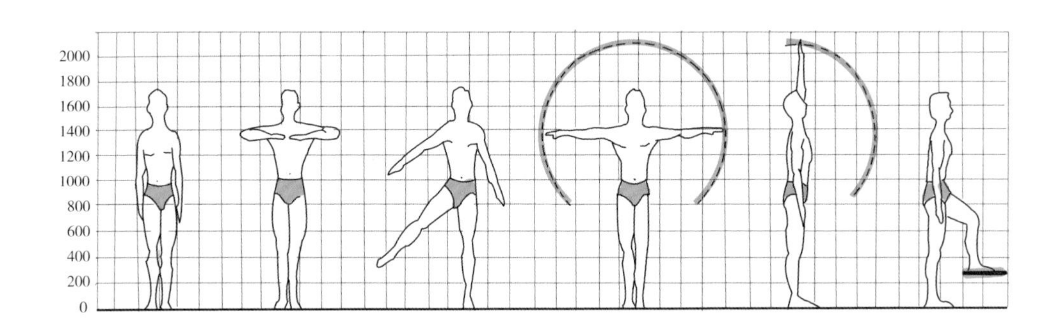

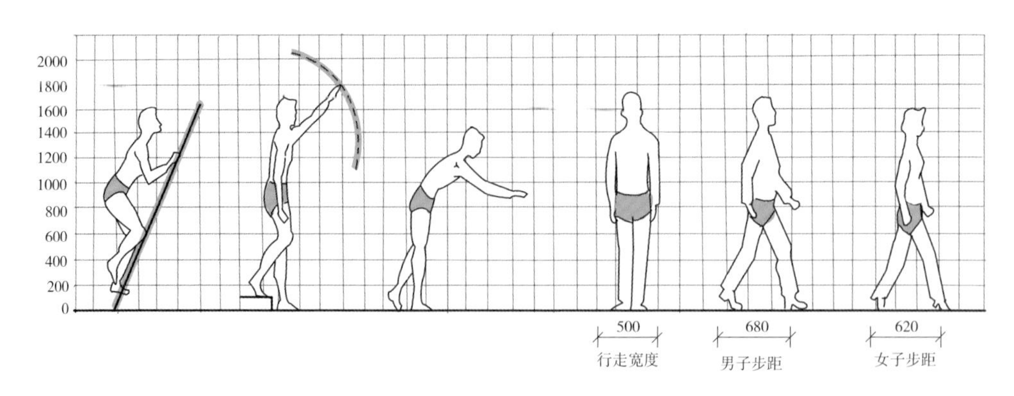

▲本图中人体活动所占的空间尺度是以实测的平均数为准，特殊情况可按实际需要适当增减

2. 人体尺度

人体尺度是指人体在室内完成各种动作时的活动范围。设计师要根据人体尺度来确定门的高宽度、踏步的高宽度、窗台和阳台的高度、家具的尺度及间距、楼梯平台与室内净高等尺度。

人体基本尺度：人体基本尺度是人体工程学研究的最基本的数据之一。主要以人体构造的基本尺度（又称为人体结构尺寸，主要是指人体的静态尺寸。如：身高、坐高、肩宽、臀宽、手臂长度等）为依据。

实用贴士

人体基本尺度的作用

通过研究人体对环境中各种物理、化学因素的反应和适应力，分析在环境中生理、心理以及工作效率的影响因素，确定人在生活、生产和活动中所处各种环境的舒适范围和安全限度。

人体基本动作尺度：指人体处于运动时的动态尺度，因其是处于动态中的测量，在此之前，我们可先对人体的基本动作趋势加以分析。

坐椅姿势	倚靠、高坐、矮坐、工作姿势、稍息姿势、休息姿势等
平坐姿势	盘腿坐、蹲、单腿跪立、双膝跪立、直跪坐、爬行、跪端坐等
躺卧姿势	俯卧、侧卧、仰卧等

我国成年人的人体尺度

单位：mm

项目	性别	第 5 百分位	第 50 百分位	第 95 百分位
身高	男	1583	1678	1775
	女	1483	1570	1659

续表

项目		性别	第 5 百分位	第 50 百分位	第 95 百分位
眼高	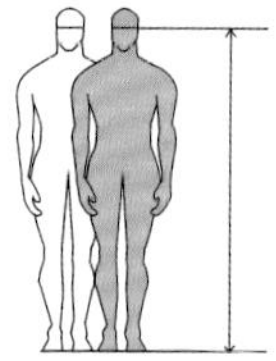	男	1464	1564	1667
		女	1356	1450	1548
肩高	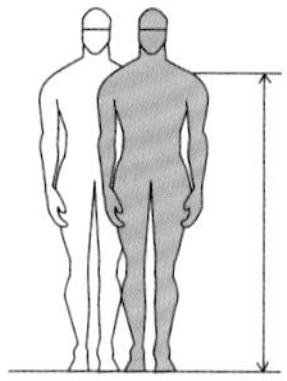	男	1330	1406	1483
		女	1213	1302	1383
肘高	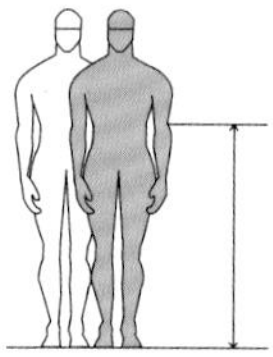	男	973	1043	1115
		女	908	967	1026
胫骨点高	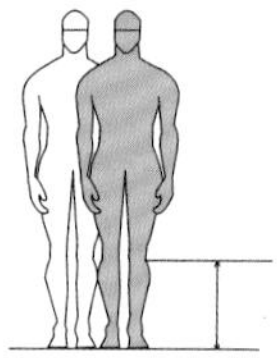	男	392	435	479
		女	357	398	439
肩宽	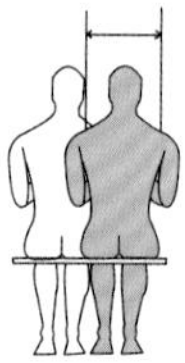	男	385	409	409
		女	342	388	388
立姿臀宽	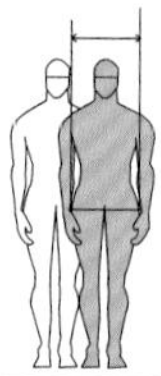	男	313	340	372
		女	314	343	380
立姿胸厚		男	199	230	265
		女	183	213	251

续表

项目		性别	第 5 百分位	第 50 百分位	第 95 百分位
立姿腹厚		男	175	224	290
		女	165	217	285
立姿中指指尖上举高		男	1970	2120	2270
		女	1840	1970	2100
坐高		男	858	908	958
		女	809	855	901
坐姿眼高		男	737	793	846
		女	686	740	791
坐姿肘高		男	228	263	298
		女	215	251	284
坐姿膝高		男	467	508	549
		女	456	485	514
小腿加足高		男	383	413	448
		女	342	382	423

续表

项目		性别	第 5 百分位	第 50 百分位	第 95 百分位
坐深		男	421	457	494
		女	401	433	469
坐姿两肘间宽		男	371	422	498
		女	348	404	478
坐姿臀宽		男	295	321	355
		女	310	344	382

注： 第 5 百分位指 5% 的人适用该尺度，第 50 百分位指 50% 的人的适用该尺度，第 95 百分位是指 95% 的人的适用该尺度，可以简单对应成小个子身材，中等个子身材，大个子身材。

二、动线设计中的人体工程学

常态个体站立空间：个体站立时的空间是通行动线设计的主要依据，但由于不同季节或者不同的人体情况的差异，会对通行动线设计有一定的影响。一般依照一定的常规尺度来确定空间中的动线。

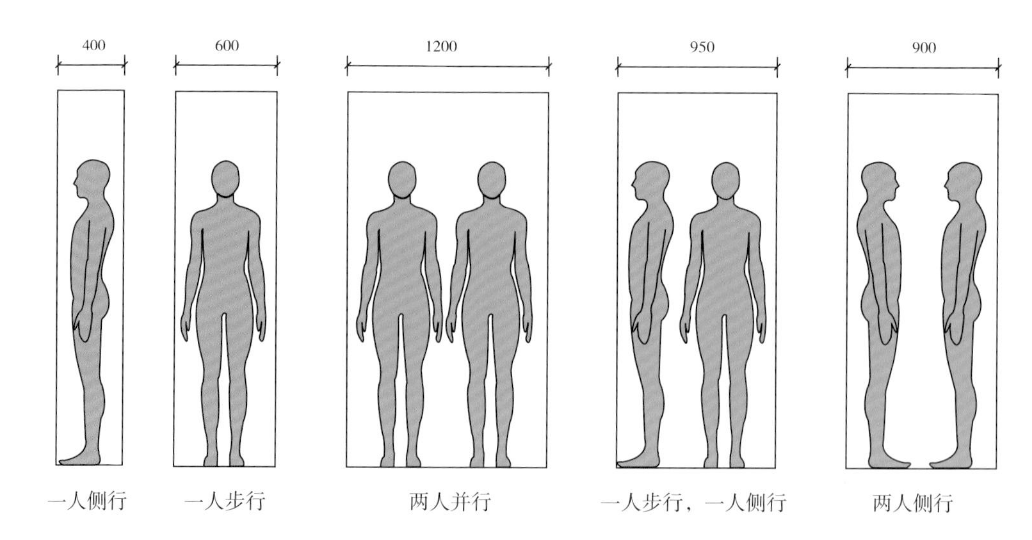

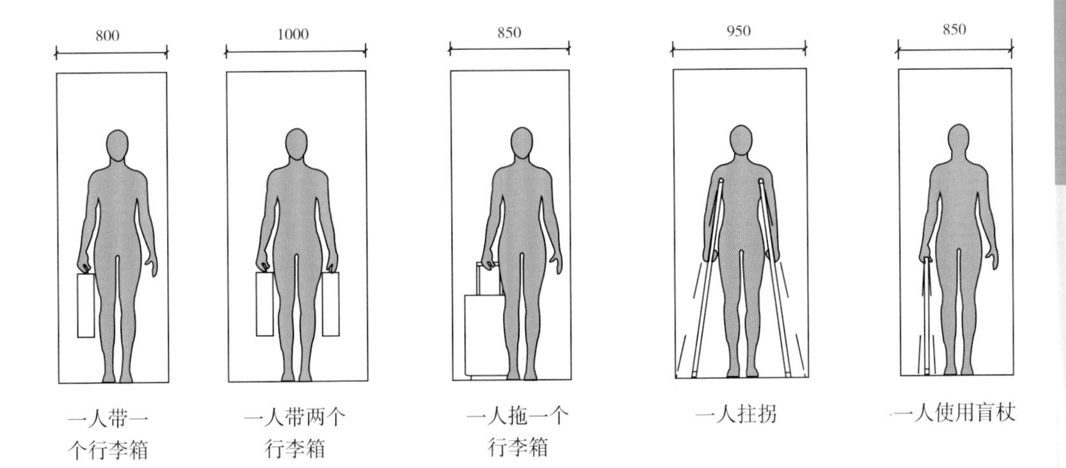

特殊人群的行动空间：若使用者行动不便需要靠轮椅通行时，在住宅的入口处应有不小于1500mm×1500mm的轮椅活动面积，套内的动线尽量设计成直交的形式，避免曲线设计。

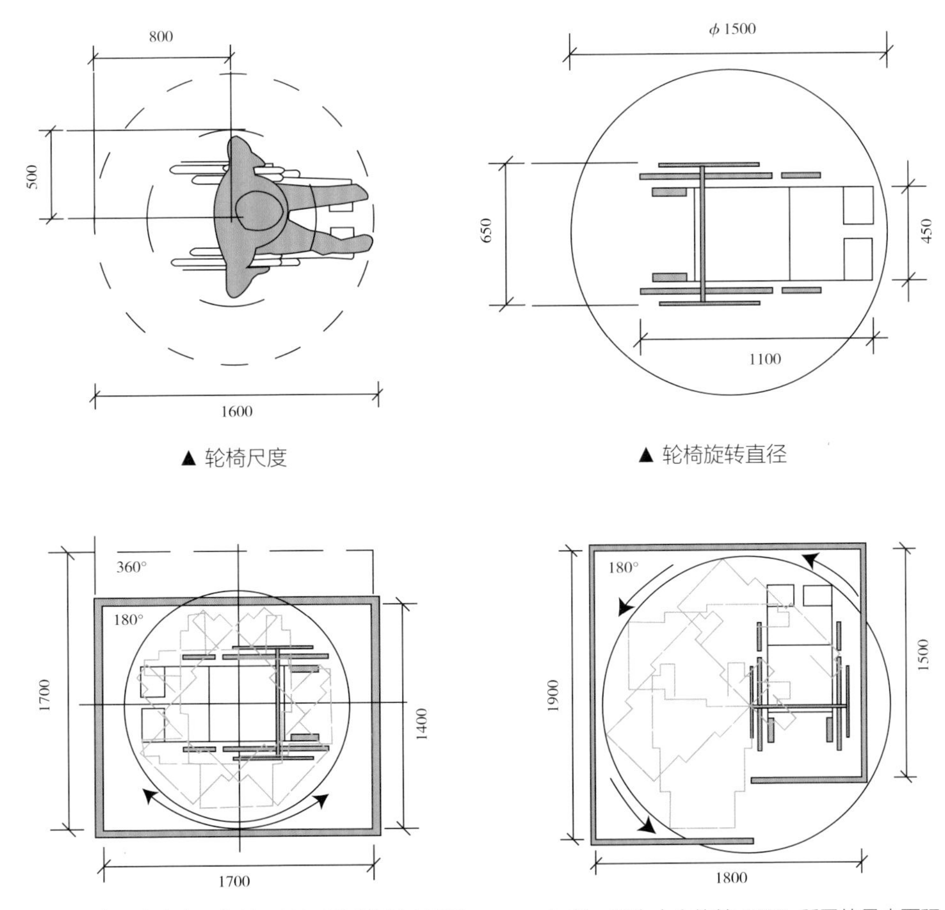

▲ 轮椅尺度

▲ 轮椅旋转直径

▲ 以两轮中央为中心，旋转 180° 所需的最小面积

▲ 以一轮为中心旋转 180° 所需的最小面积

带休闲功能过道的通行宽度：家居空间中一些带休闲功能的过道，由于家具摆放的形态不同，对整体区域的尺度需求也不同；另外，要充分考虑人的行动和坐姿所需要的尺度。

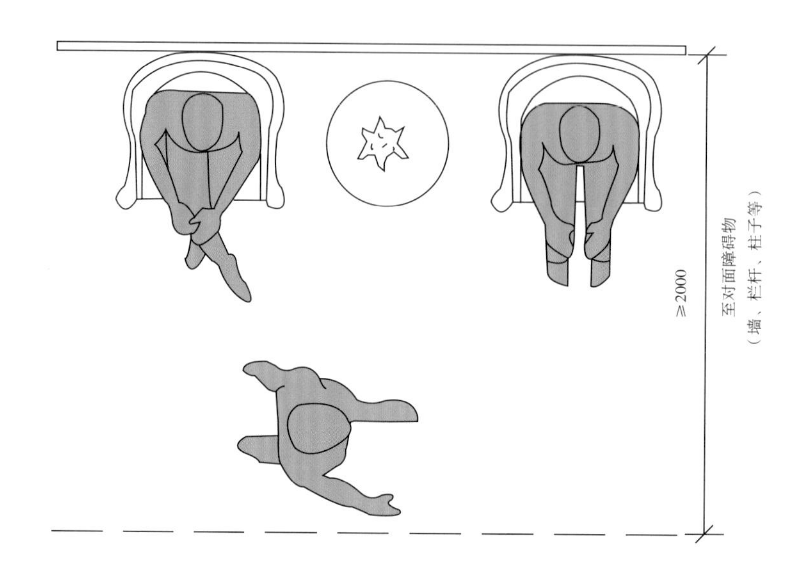

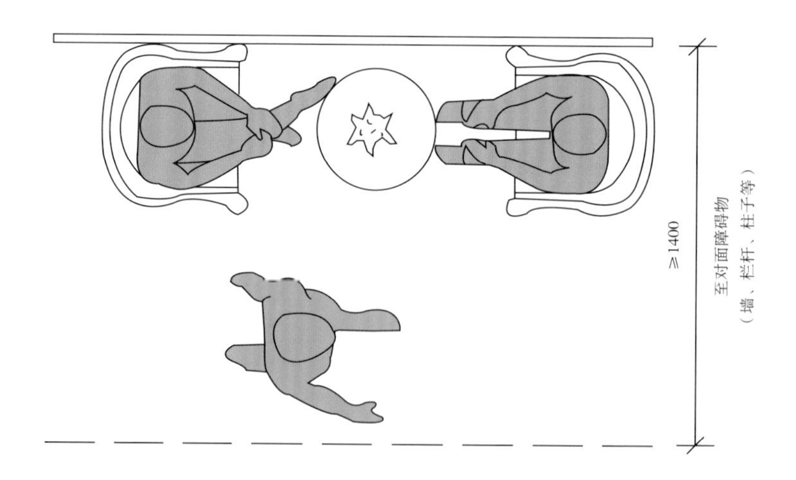

第六章

室内功能空间设计

家居空间主要包括客厅、餐厅、卧室、厨房、卫生间等，每一个空间都有属于自身的特定功能。只有了解不同空间的格局、布局重点，以及色彩搭配、照明方式等关键设计，才能令家居环境达到和谐。

第一节 玄关设计

玄关是住宅中室内与室外之间的一个过渡空间，也是进入室内换鞋、更衣或从室内去室外的缓冲空间。在住宅中虽然面积不大，但使用频率较高。

一、格局要点与极限面积

格局要点

· 面积往往有限，功能分配能省则省

· 最好有放置鞋柜的空间

极限面积

· 1.5m^2（1.5m × 1m）

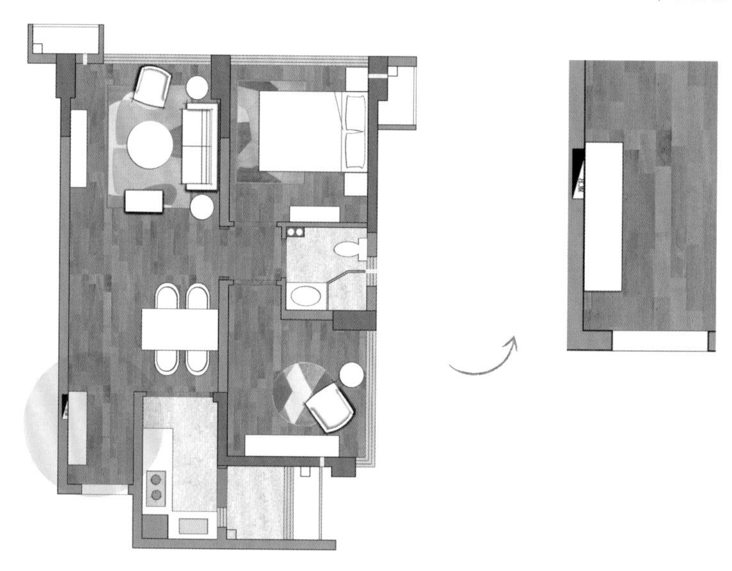

实用贴士

墙地顶的材料选用

墙面

常用材料为壁纸、乳胶漆，一般需结合客厅材料选择。

地面

材料耐磨、易清洗。常用铺设材料有玻璃、木地板、石材或地砖等。

顶面

需和客厅吊顶结合考虑，可做一个小型造型吊顶。

二、常见布局方式

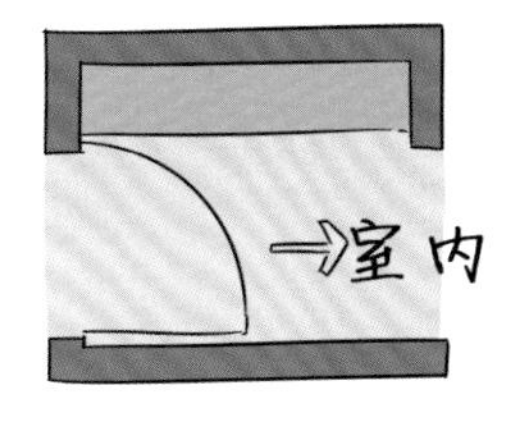

独立式玄关

- 自成一体，面积较大
- 可利用一整面墙体设置鞋柜或装饰柜，增加家居的收纳功能

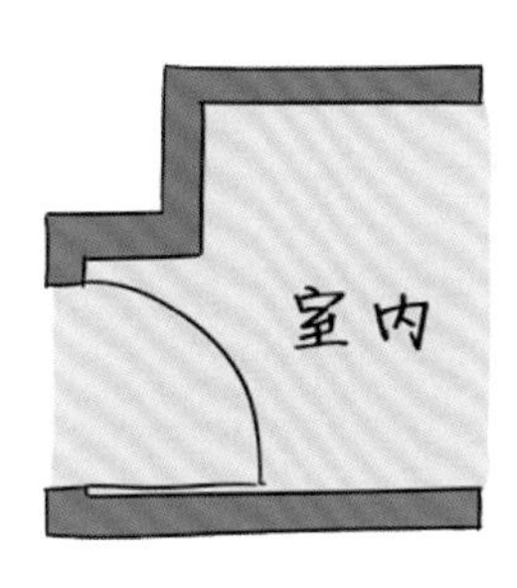

邻接式玄关

- 一般与客厅或餐厅相连，没有较明显的独立区域
- 设计形式上较为多样，但要考虑与整体家居的风格保持统一

包含式玄关

- 直接包含于客厅之中
- 只需稍加修饰即可，不宜过于复杂、花哨

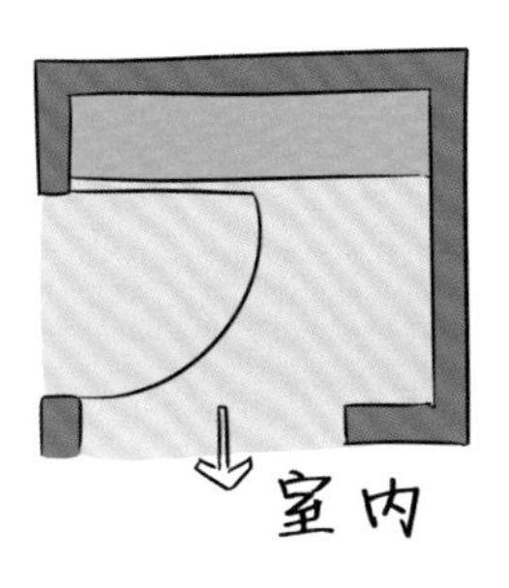

隔断式玄关

- 区分玄关和其他空间
- 利用镂空木格栅、珠线帘等作为隔断，装饰效果较强

三、常用家具尺寸

1. 鞋柜

高度	• 一般不超过 800mm
宽度	• 根据所利用的空间宽度合理划分
深度	• 家里最大码鞋子的长度，通常尺寸为 300~400mm
层板高度	• 通常设定在 150mm（可移动）

注：如果想在鞋柜里摆放一些其他物品，如吸尘器等，深度需在 400mm 以上。

2. 鞋架

简易鞋架	• 一般为 300mm × 600mm × 600mm（高度可增可减）
装饰鞋架	• 一般是 300mm × 600mm × 800mm

四、动线尺寸规划

玄关的动线尺寸要保证可以完成换鞋动作，一般来说，鞋柜前要留有 500mm，保证可以蹲下来拿取日常出入穿的鞋。

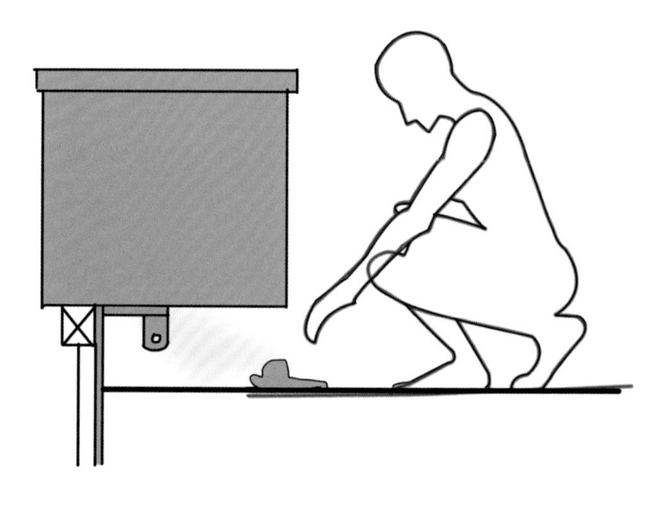

五、玄关照明设计

玄关需要均匀的环境光，除了在顶部设置主光源之外，还可在空白的墙壁上安装壁灯，既有装饰作用，又可照明。另外，玄关还应利用重点照明突出玄关的装饰重点，达到吸引目光的目的。需要注意的是，玄关要避免只依靠一个光源提供照明，而要具有层次。在色温方面，暖色和冷色的灯光都可在玄关内使用；暖色制造温情，冷色会显得更加清爽。

/ 玄关照明设计剖析 /

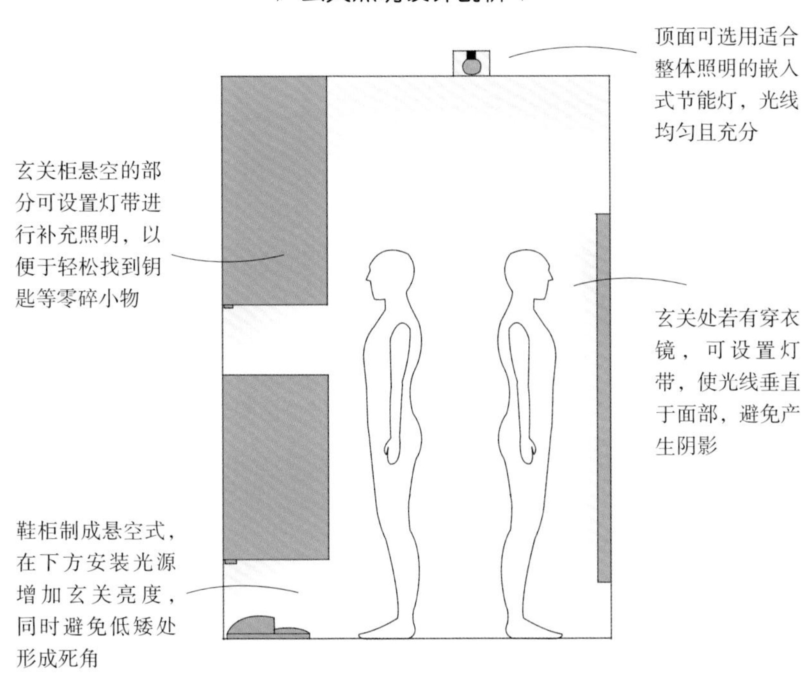

六、玄关色彩设计

√适宜配色

·应以清爽的中性偏暖色调为主。
·与客厅一体的玄关，可保持和客厅相同的配色，但依然以白色或浅色为主。
·最理想的颜色组合为吊顶颜色最浅，地板颜色最深，墙壁颜色介于两者之间做过渡。

X 禁忌配色

·避免过于暗沉的色彩大面积运用。
·避免色彩过多，导致眼花缭乱的视觉观感。

第二节 客厅设计

客厅是家庭的核心地带，其主要功能是团聚、会客、娱乐休闲，也可以兼具用餐、睡眠、学习的功能，但要有一定的区分。

一、格局要点与极限面积

格局要点

· 不宜设置在角落

· 面积宜大不宜小，可与弹性空间开放式地结合

· 处于所有空间的第一顺位

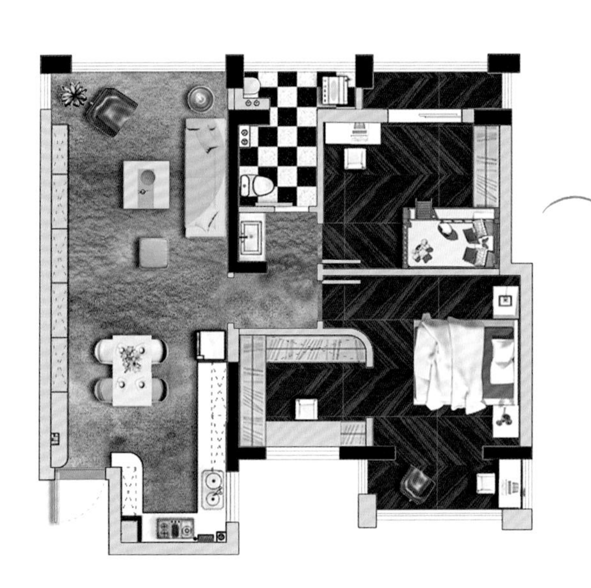

极限面积

· 16.20m^2（3.6m×4.5m）

实用贴士

墙地顶的材料选用

墙面

着眼整体，对主题墙重点装饰以集中视线。

地面

要适用于绝大部分或全部家庭成员，不宜选择过于光滑的材料。

顶面

避免造成压抑昏暗的效果。

二、常见布局方式

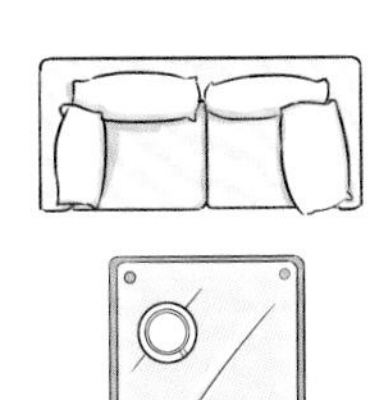

沙发 + 茶几

- 适用空间：小面积客厅
- 适用装修档次：经济装修
- 适用居住人群：新婚夫妇
- 要点：家具元素比较简单，可以在款式选择上多花点心思，别致、独特的造型能给小客厅带来视觉变化

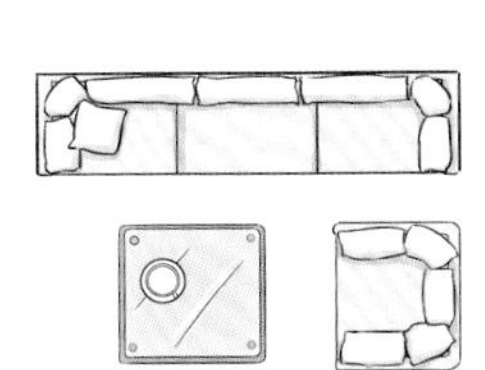

三人沙发 + 茶几 + 单体座椅

- 适用空间：小面积客厅和大面积客厅均可
- 适用装修档次：经济装修、中等装修
- 适用居住人群：新婚夫妇、三口之家
- 要点：可以打破空间简单格局，也能满足更多人的使用需要；茶几形状最好为正方形

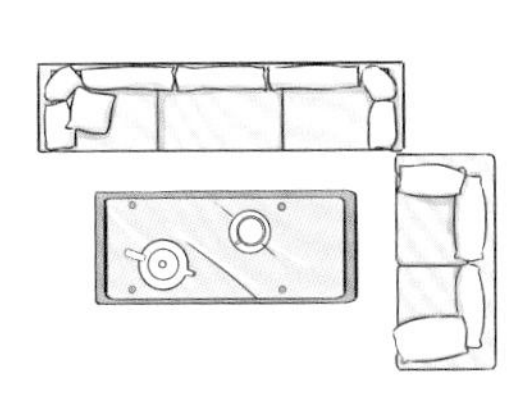

L 形摆法

- 适用空间：大面积客厅
- 适用装修档次：经济装修、中等装修、豪华装修
- 适用居住人群：新婚夫妇、三口之家 / 二胎家庭、三代同堂
- 要点：最常见的客厅家具摆放形式，组合变化多样，可按需选择

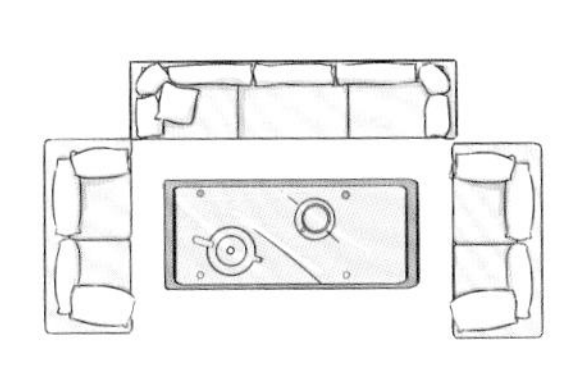

围坐式摆法

- 适用空间：大面积客厅
- 适用装修档次：中等装修、豪华装修
- 适用居住人群：新婚夫妇、三口之家 / 二胎家庭、三代同堂
- 要点：能形成聚集、围合的感觉；茶几最好选择长方形

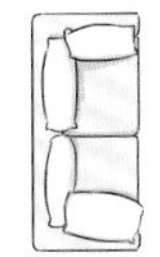
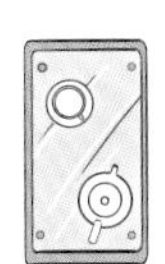
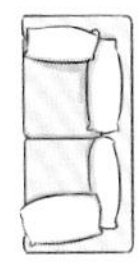

对坐式摆法

- 适用空间：小面积客厅和大面积客厅均可
- 适用装修档次：经济装修、中等装修
- 适用居住人群：新婚夫妇、三口之家 / 二胎家庭
- 要点：面积大小不同的客厅，只需变化沙发的大小就可以了

三、常用家具尺寸

1. 电视柜

常见高度	• 一般来说，电视柜比电视长 2/3，高度为 400~600mm
常见厚度	• 电视大多为超薄和壁挂式，电视柜厚度多为 400~450mm

注： 目前家庭装修中电视柜的尺寸可以定制，主要根据电视大小、房间大小，以及电视与沙发之间的距离来确定。

2. 双人沙发

外围宽度	• 一般为 1400~2000mm
深度	• 大约有 800~900mm
凹陷范围	• 人坐上沙发后，坐垫凹陷的范围一般在 80mm 左右为好

注： 这些数字代表波动区间，在这个范围内或是相近尺寸皆属合理。

3. 三人沙发

座面深度	• 一般为 800~900mm
后靠背倾斜度	• 以 100°~108° 为宜
两侧扶手高度	• 为 620~650mm

注： 三人沙发一般分为双扶三人沙发、单扶三人沙发、无扶三人沙发三类。

4. 茶几

小型长茶几	• 长 600~750mm，宽 450~600mm，高 380~500mm（380mm 最佳）
大型长茶几	• 长 1500~1800mm，宽 600~800mm，高 380~500mm（330mm 最佳）
方茶几	• 宽有 900mm、1050mm、1200mm、1350mm、1500mm 几种；高为 330~420mm
圆茶几	• 直径有 900mm、1050mm、1200mm、1350mm、1500mm 几种；高为 330~420mm

四、通行动线尺寸

适宜的通行动线能够为客厅带来更好的居住体验。当正坐时，沙发与茶几的间距最小可设置为 300mm，但通常以 400~450mm 为最佳标准。沙发左右可留出 400~600mm 的距离摆放边桌或绿植。

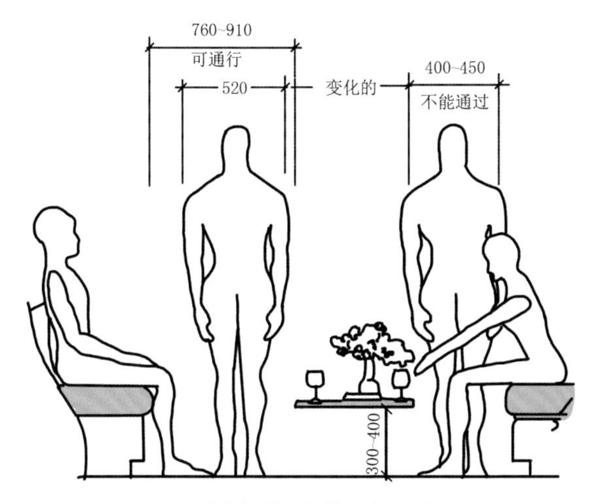

▲ 沙发与茶几间的通行尺寸

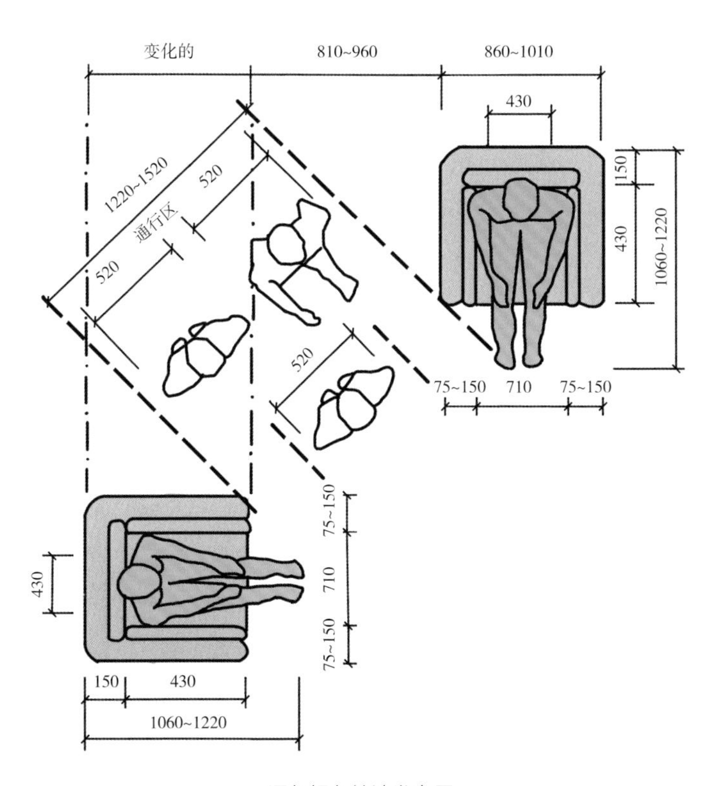

▲ 可通行拐角处沙发布置

五、拿取动线尺寸

客厅的组合柜主要用于日常用品的展示和储藏，由于拿取物品时需要弯腰或蹲下，因而需要在柜子前方预留一定空间，如站立拿取物品的距离最好预留 330mm，蹲下拿取物品时的预留尺寸则可以根据主要使用者的性别来确定。

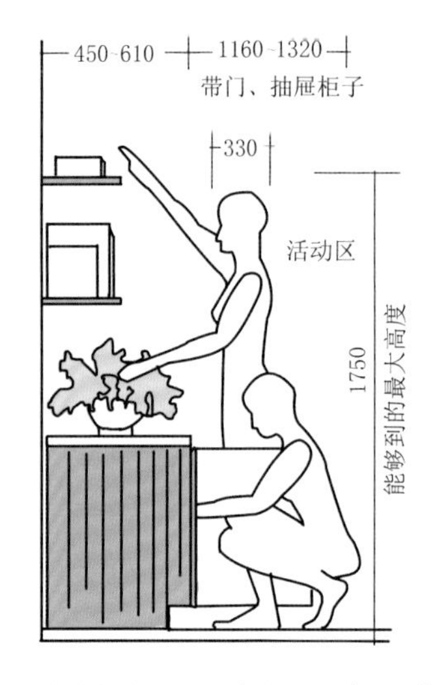

▲ 靠墙组合柜拿取动线尺寸（女性）

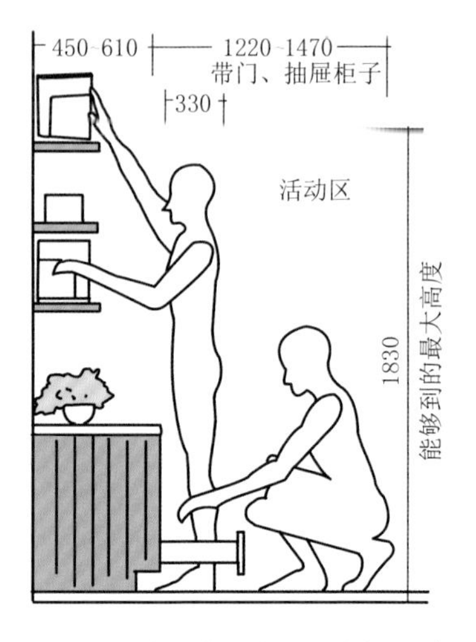

▲ 靠墙组合柜拿取动线尺寸（男性）

六、视听动线尺寸

看电视时，离得太近或太远都容易造成视觉疲劳。为保证良好的视听效果，沙发与电视的间距应根据电视种类和屏幕尺寸来确定。由于现在科技快速发展，电视显示技术日新月异，720P 以内的电视已被淘汰，进入到 1080P、2K、4K 的高清时代，因此可按照如下公式计算。

最大电视高度 = 观看距离 ÷1.5

最小电视高度 = 观看距离 ÷3

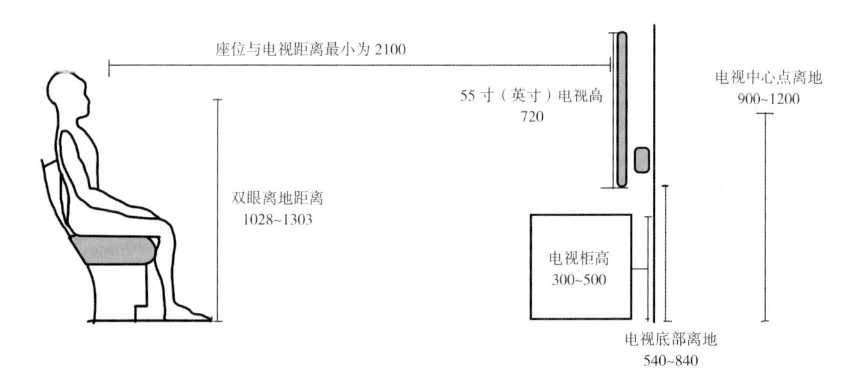

注：当使用主体为老人时，电视和座位之间的间距要稍微小一些，以保证老人能看清。

七、客厅照明设计

客厅的平均照度不宜太高，主要区域的平均照度应为 75~100lx。在进行视听活动时，则需要较低的照度水平，因而客厅需要调光装置来满足人在客厅中对灯光照度的需求。主体照明应选择稳重大气、温暖热烈的灯光效果，可使人感到亲切；次要照明可以选择明度一般的暖色光或冷色光灯具辅助，来增强空间感和立体感。

/ 客厅照明设计剖析 /

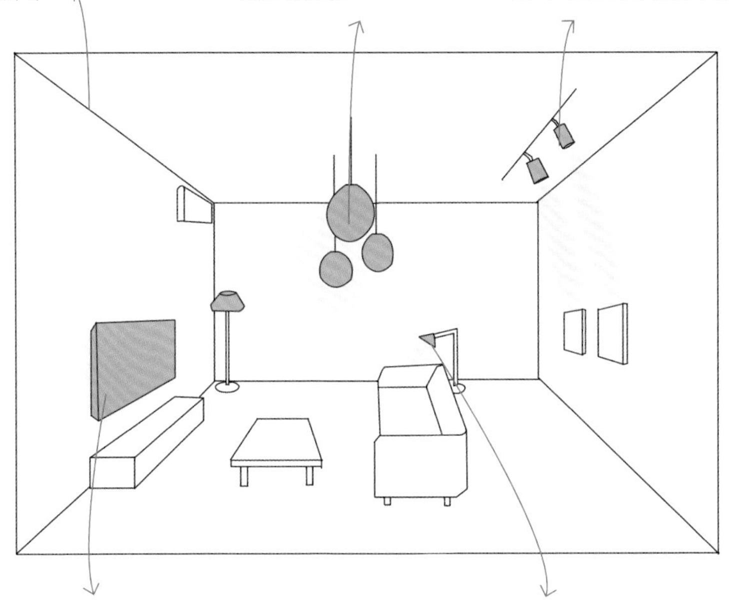

八、客厅色彩设计

√适宜配色

· 色彩运用需和谐，同时要分清色彩之间的主次关系。

X 禁忌配色

· 颜色最好不要超过三种，黑、白、灰除外。如果觉得三个颜色太少，则可以调节颜色的明度和饱和度。

第三节 餐厅设计

餐厅的功能分区相对来说比较简单，核心功能为就餐，次要功能是家庭成员之间的交谈空间，以及厨具或者食品的储藏空间。

一、格局要点与极限面积

格局要点

· 餐厅的格局要方正，以长方形或正方形格局最佳

· 餐厅位置最好与厨房相邻

· 若餐厅距离厨房过远，则会耗费过多配餐时间

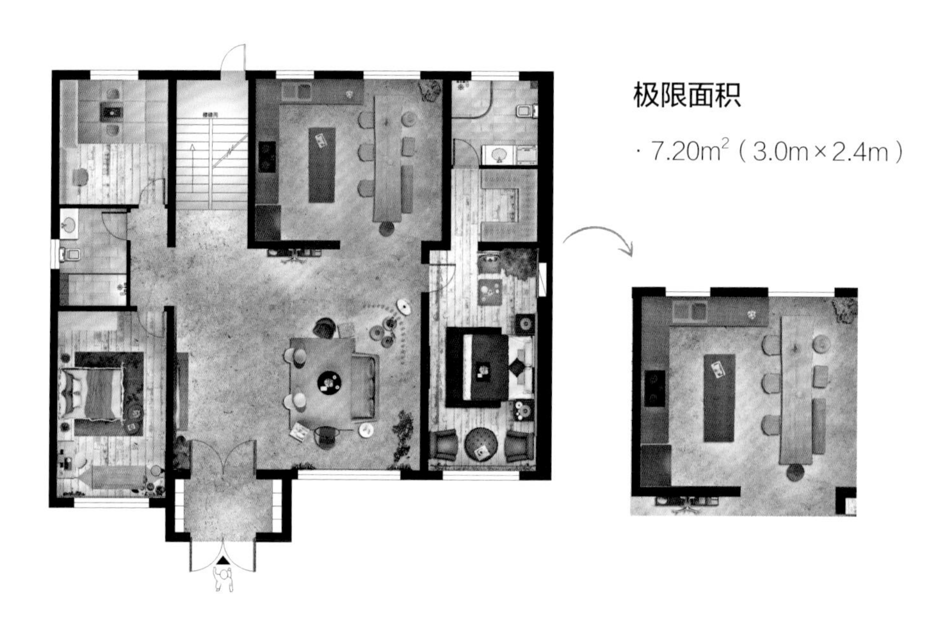

极限面积

· 7.20m^2（3.0m × 2.4m）

实用贴士

墙地顶的材料选用

墙面

齐腰位置考虑用耐磨材料，可以选择木饰、玻璃、镜子做局部护墙处理。

地面

选用表面光洁、易清洁的材料，如大理石、地砖、地板等。

顶面

以素雅、洁净的材料做装饰，如漆、局部木制、金属，并用灯具做衬托。

二、常见布局方式

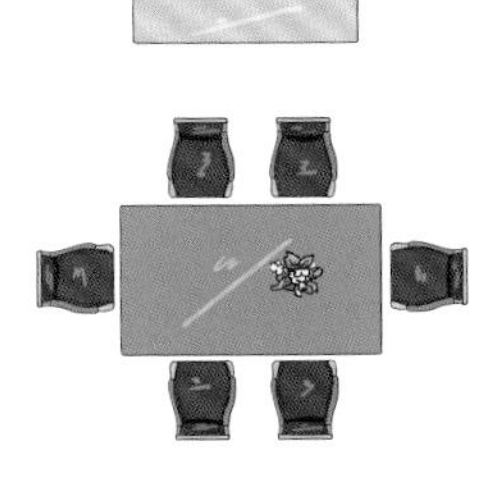

平行对称式

- 餐桌适合选择长方形的款式，餐椅以餐桌为中线对称摆放，边柜等家具与餐桌椅平行摆放
- 这种摆放方式的特点是简洁、干净
- 适合长方形餐厅、方形餐厅、小面积餐厅，以及中面积餐厅

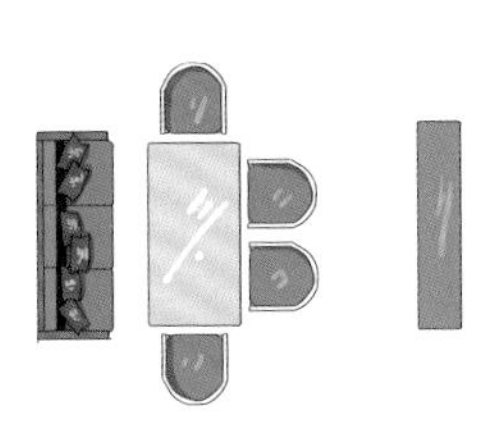

平行非对称式

- 整体的布置方式与平行对称式相同，区别是一侧餐椅采用卡座或其他形式来制造一些变化，边柜等家具适合放在侧墙
- 效果个性，能够预留出更多的通行空间，彰显宽敞感
- 适合长方形餐厅、小面积餐厅

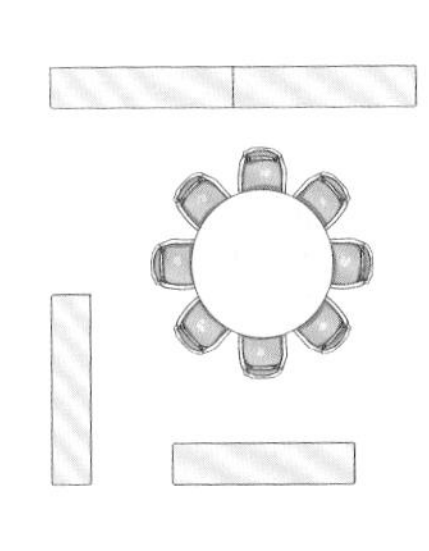

围合式

- 以餐桌为中心，选择方形、长方形和圆形均可；其他家具围绕着餐桌摆放，形成“众星拱月”的布置形式
- 效果较隆重、华丽
- 适合长方形餐厅、方形餐厅，以及大面积餐厅

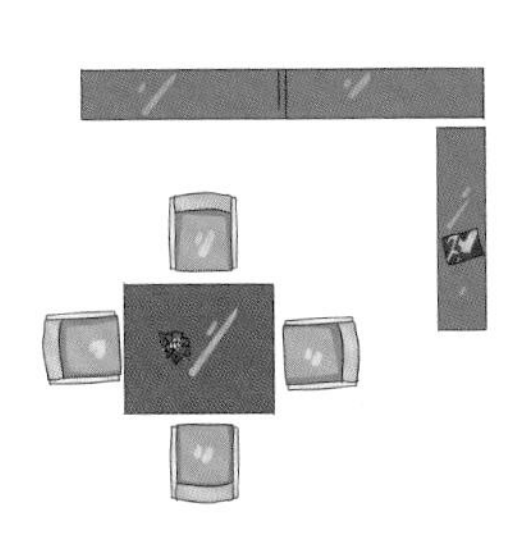

L 形直角式

- 餐桌适合选择方形、短长方形或小圆形的款式，餐桌椅放在中间位置，四周留出通行空间；柜子等家具靠一侧墙成直角摆放
- 非常具有设计感
- 适合面积较大、门窗不多的餐厅

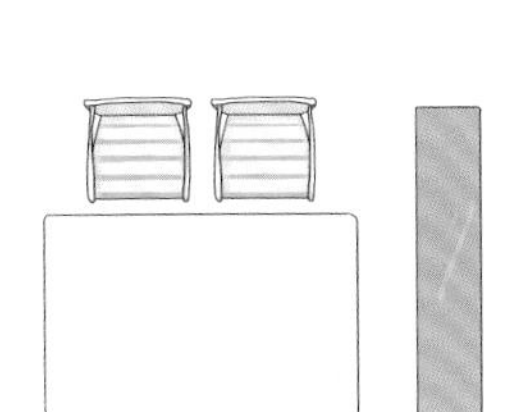

一字型

- 有两种方式，一种是餐桌长边直接靠墙，餐椅仅摆放在餐桌一侧，适合长方形餐桌；另一种是餐椅摆放在餐桌的两边，餐桌一侧靠墙，适合小方形餐桌
- 两种方式中，柜子均可与餐桌短边平行
- 适合面积较小的长条形餐厅

三、常用家具尺寸

1. 四人餐桌

万桌

- 正方形一般为 800mm × 800mm
- 长方形一般为 1400mm × 800mm
- 也常见 1350mm × 850mm、1400mm × 850mm 的尺寸

圆桌

- 表面直径一般为 900~1000mm

2. 六人餐桌

方桌

- 760mm × 760mm 的方桌和 1070mm × 760mm 的长方形桌最为常见
- 760mm 的餐桌尺寸是标准尺寸的宽度，不宜小于 700mm
- 餐桌尺寸高度一般为 710mm，配 415mm 高的餐桌椅

圆桌

- 桌面直径为 1100~1250mm

四、动线尺寸规划

餐厅中的家具主要是餐桌、餐椅、餐边柜，可根据餐食面积和家庭人口数选择，一般来说，餐桌大小不超过整个餐厅的 1/3。其中，方形餐桌会被大多数家庭选用，其优点是比较方正，容易摆放。一般来说，一个人所占的舒适就餐面的尺寸为 450mm × 760mm，可以按照这个标准通过家庭成员人数来估算餐桌的尺寸。

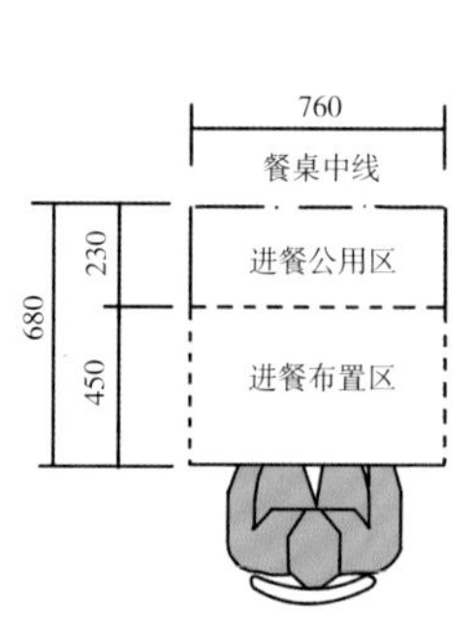

▲ 单人最佳进餐布置尺寸

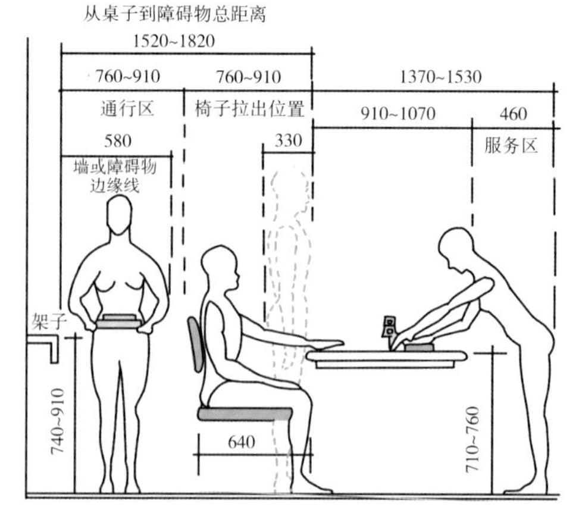

▲ 餐厅最小通行间距

五、餐厅照明设计

餐厅通常以局部照明为主，并要有相关的辅助灯光。其中，焦点光要设置在餐桌中间，而不是吊顶中间，设计时应先确认好餐桌的位置。同时应保证吊灯距桌面留有 0.65m 的距离。在光源选用方面，适合选用低色温的白炽灯泡、奶白灯泡或磨砂灯泡，其具有漫射光，不刺眼；应避免选用日光灯，其色温高，会改变菜品色彩，降低食欲。

/ 餐厅照明设计剖析 /

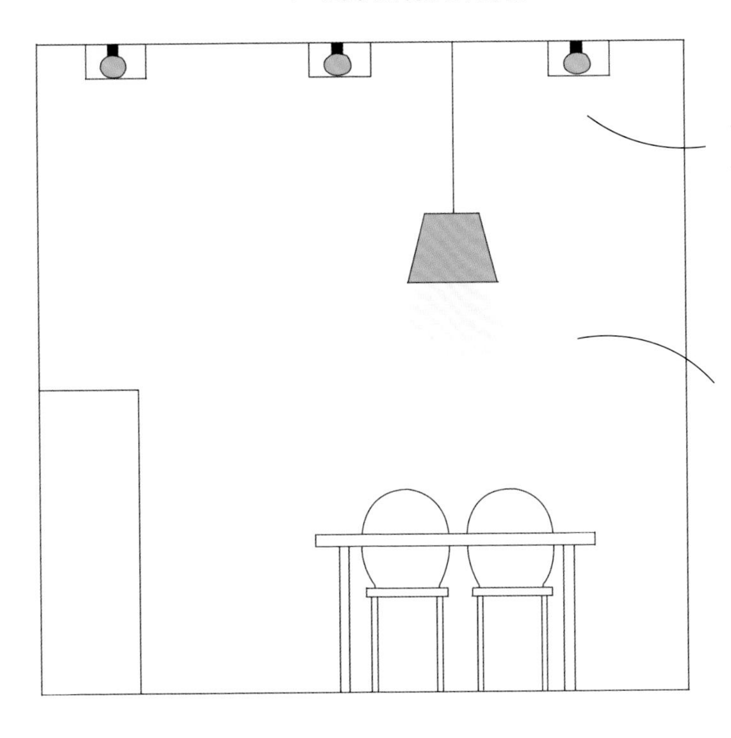

六、餐厅色彩设计

√适宜配色

- 餐厅色彩一般跟随客厅来搭配。
- 中小型餐厅中为提高和扩大空间视觉效果，宜用浅亮的暖色和明快的色调。
- 面积大的餐厅可适当选取深色的收缩色，让人产生适度的尺度感。
- 最适合的是橙色以及相同色调的近似色。

X 禁忌配色

- 暗沉色用于背景墙上会使餐厅具有压抑感。
- 食物摆放在蓝色桌布上，诱人度降低，令人食欲大减。

第四节 卧室设计

根据居住者和房间大小的不同，卧室内部可以有不同的功能分区，一般可以分为睡眠区、更衣区、化妆区、休闲区、读写区、卫生区。

一、格局要点与极限面积

	主卧	次卧
面积大小	面积较大，有的会带有阳台、卫生间	面积较小，也会作为儿童房和老人房
空间功能	睡眠、更衣、盥洗	睡眠、学习、待客
设计手法	选取一个风格或主题设计	延续主卧的设计手法，适当做简化
极限面积	$13.86m^2$（3.3m×4.2m）	$11.70m^2$（3.0m×3.9m）（双人）

实用贴士

墙地顶的材料选用

墙面

宜用壁纸、壁布或乳胶漆装饰。颜色花纹应根据住户的年龄、个人喜好来选择。

地面

宜用木地板、地毯或者陶瓷地砖等材料。

顶面

宜用乳胶漆、壁纸、壁布或者局部吊顶，不应过于复杂。

二、常见布局方式

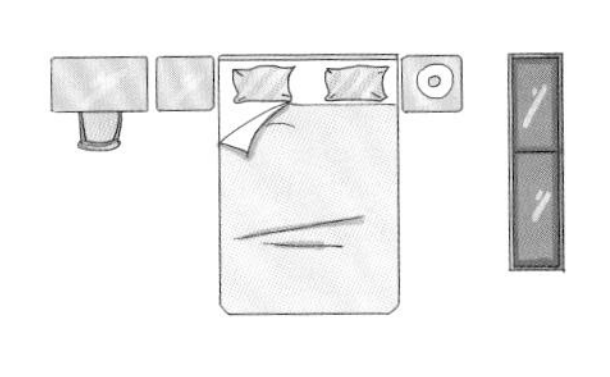

围合式

- 布置方式为床与柜子的侧面或正面平行
- 可根据床的款式调整其摆放位置，单人床可放在房间中间，也可靠一侧墙壁，双人床适合放在中间
- 床头两侧根据宽度可以使用床头柜、小书桌等
- 电视柜或梳妆台放在床头对面的墙壁
- 适合空间：长条形卧室、方形卧室、小面积卧室、中面积卧室

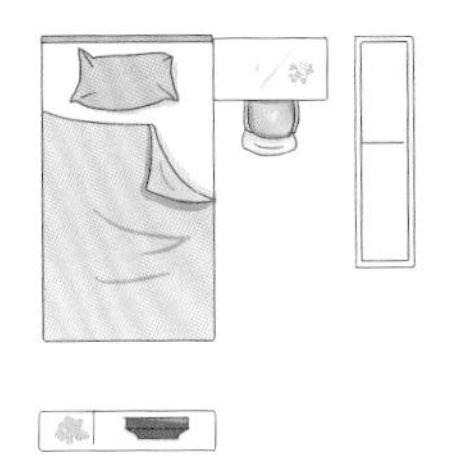

C 型

- 将单人床靠窗摆放，沿着床头墙面及侧墙布置家具，整体呈现 C 形
- 这种布置方式能够充分地利用空间，满足单人的生活、学习需要
- 适合用在青少年、单身人士或兼做书房的房间内
- 适合空间：长方形卧室、方形卧室、小面积卧室

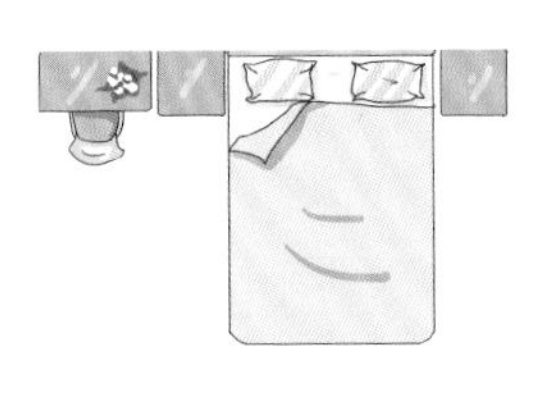

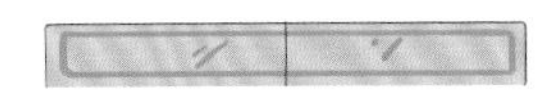

工字型

- 床与窗平行摆放，床可以放在中间，也可偏离一些，根据户型特点安排
- 床两侧摆放床头柜、学习桌或梳妆台；衣柜或收纳柜摆放在床头对面的墙壁一侧，与床头平行
- 通行空间为床的两侧及床与衣柜之间
- 适合空间：长方形卧室、方形卧室、小面积卧室、中面积卧室

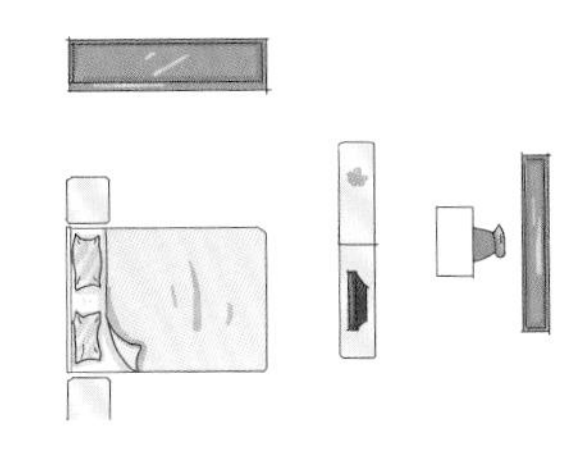

混合式

- 根据需求，可规划出一个步入式的衣帽间；也可利用隔断隔出一个小书房，写字台和床之间用小隔断或书架间隔
- 门如果开在短墙一侧，书房或衣帽间适合与床的侧面平行布置
- 如果门在长墙一侧，书房或衣帽间适合与床头平行布置
- 适合空间：长方形卧室、大面积卧室

三、常用家具尺寸

1. 成人床

单人床	• 1200mm×2000mm 或 900mm×2000mm
双人床	• 1500mm×2000mm
大床	• 1800mm×2000mm

注：以上是标准尺寸，以前的长度标准是 1900mm，现在大品牌的款式基本上是 2000mm。但注意这里床的尺寸是指床的内框架（即床垫的尺寸）。

2. 儿童床

学龄前	• 年龄 6 岁以下，身高一般不足 1.2m，可购买长 1200~1500mm，宽 750mm 以上，高度约为 400mm 的睡床
学龄期	• 可参照成人床尺寸购买，即长度为 1900mm 或 2000mm，宽度一般为 1000mm 或 1200mm

注：选购高架床要注意下铺面至上铺底板的尺寸，一般层间净高应不小于 950mm。

3. 床头柜

常用尺寸	• 宽 400~600mm，深 300~450mm，高 450~760mm • 宽 480mm，深 440mm，高 570mm 的床头柜比较常见，能够满足居住者对日常起居的使用需求 • 宽 600mm，深 440mm，高 650mm 的床头柜能够摆放更多的物品及装饰品

注：不少品牌床都有对应的组合床头柜，尺寸都是搭配好的。

4. 衣柜

两门衣柜	• 1210mm×580mm×2330mm，适合小户型，兼具装饰功能
四门衣柜	• 2050mm×680mm×2300mm，最常见的衣柜类型

五门衣柜	• 2000mm×600mm×2200mm，适合搭配套装家具
六门衣柜	• 2425mm×600mm×2200mm，适合大户型家居

5. 衣柜推拉门

标准衣柜	• 衣柜尺寸 1200mm×650mm×2000mm，推拉门尺寸 600mm×2000mm • 衣柜尺寸 1600mm×650mm×2000mm，推拉门尺寸 800mm×2000mm • 衣柜尺寸 2000mm×650mm×2000mm，推拉门尺寸 1000mm×2000mm
定做衣柜	从安全性、实用性、耐用性等方面考虑，衣柜长度大于 2m 时，做成三门式的衣柜推拉门更为稳妥

注：具体测量衣柜推拉门尺寸时要量内径，然后平均成两扇或三扇，记得门与门之间有重叠部分。

四、成人卧室动线尺寸

成人卧室的睡床应在两侧均预留出 40~50cm 的距离，方便行走。另外，也要考虑在家中做家务时的动线距离。

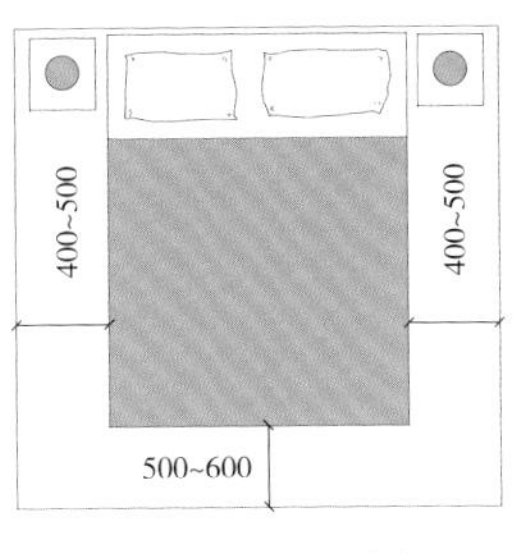

▲ 床两侧的行走间距

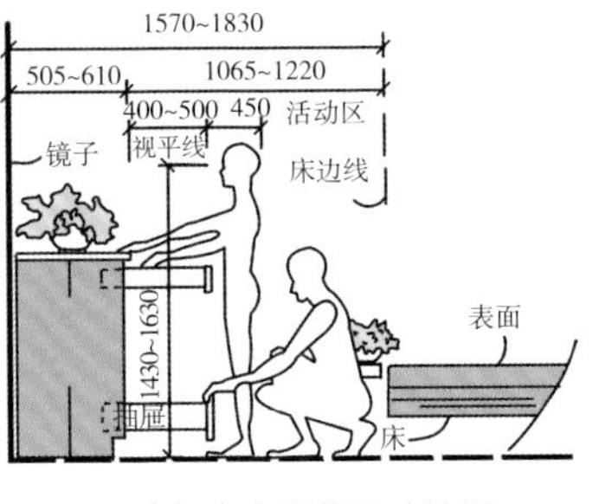

▲ 床与小衣柜的尺寸关系

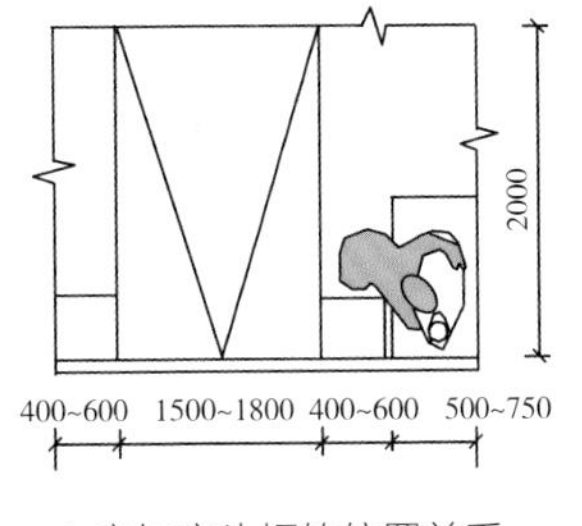

▲床与床头柜的位置关系

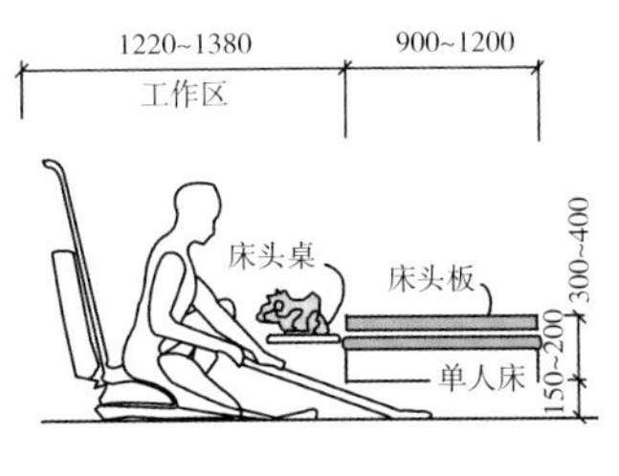

打扫床下所需间距

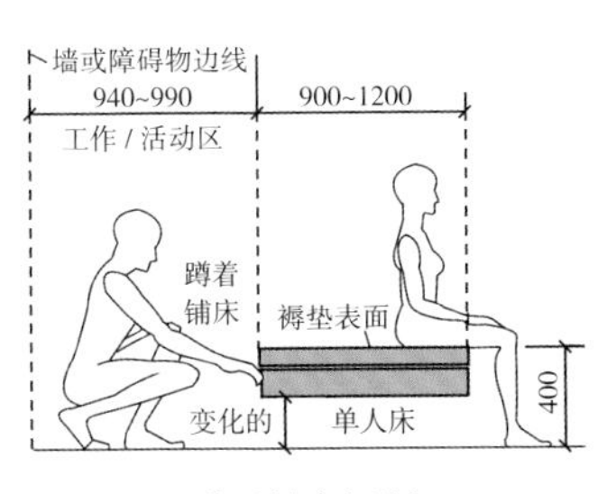

蹲下铺床间距

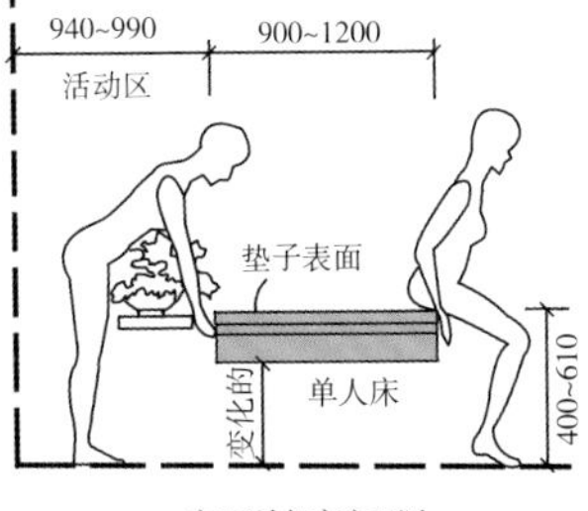

弯腰铺床间距

▲ 成人在卧室中进行家务劳动时的动线距离

五、儿童房动线尺寸

儿童房若只放置一张单人床，可只在一侧预留出 40~50cm 的距离，以节省空间面积。若为二孩房，需放置两张睡床，则两床之间至少要留出 50cm 的距离，方便两人行走。

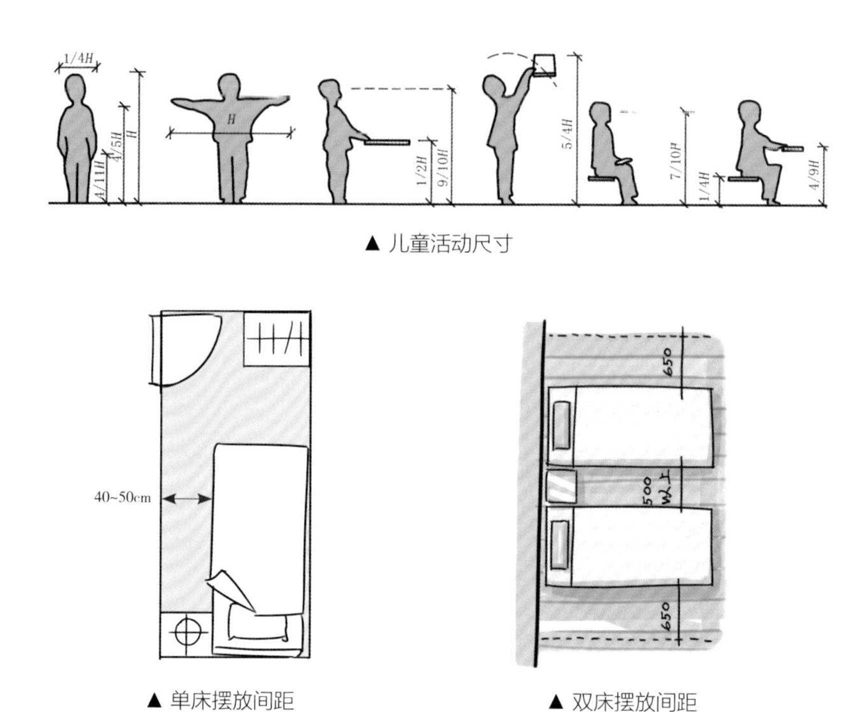

▲ 儿童活动尺寸

▲ 单床摆放间距　　▲ 双床摆放间距

六、老人房动线尺寸

老年人卧室的整个空间布局要针对家具的摆放位置、尺寸进行适老化设计。一般来说与成人房的动线尺寸差异不大，若有需要坐轮椅的老人，则应区分对待。由于坐轮椅的老人的膝盖要比正常情况下高 40~50mm，且由于在轮椅上，视点较低，因而卧室衣柜中抽屉的位置应高于膝盖，低于肩膀。

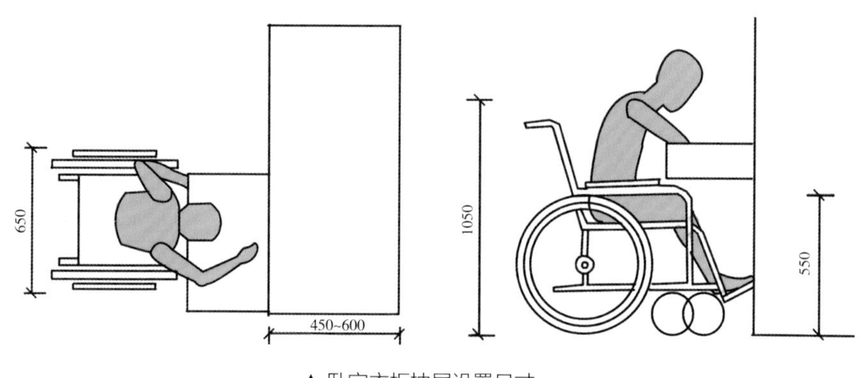

▲ 卧室衣柜抽屉设置尺寸

七、卧室照明设计

卧室照明通常以间接或漫反射为宜，在室内用间接照明时，顶面颜色要淡，漫反射光效果最好，也可利用灯带作为轮廓光，照亮床头背后的墙壁。此外，卧室照明通常分为三部分，即整体照明、枕边局部照明和衣柜局部照明。

/ 卧室照明设计剖析 /

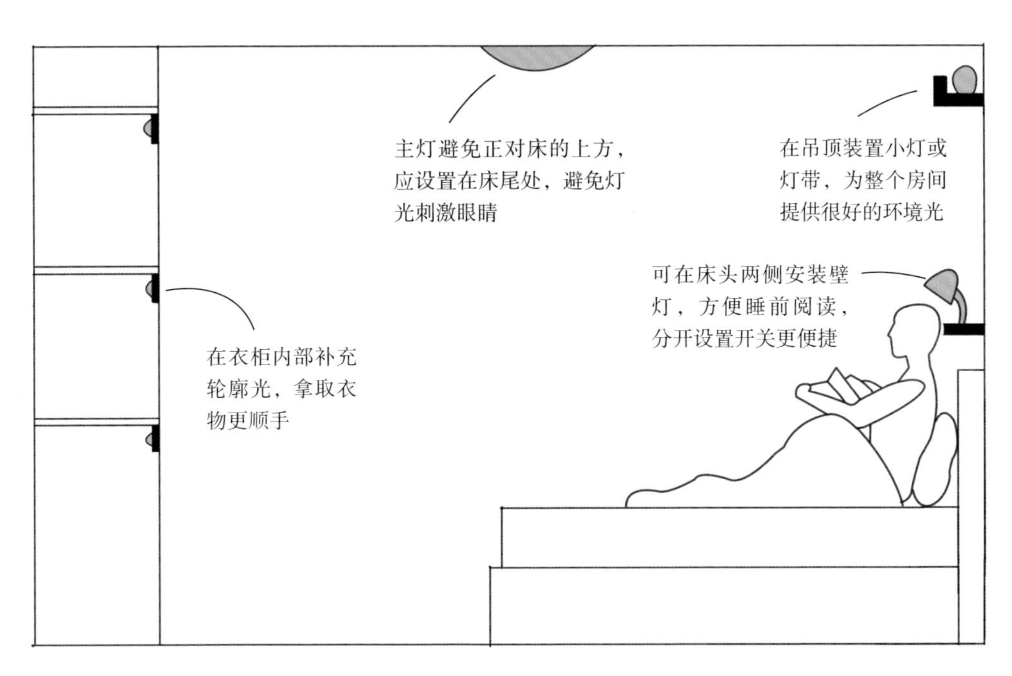

八、卧室色彩设计

√适宜配色

·创造私人空间的同时，表现出休闲、温馨的配色。

·一般以床上用品为中心色。

X 禁忌配色

·不适合大面积的暗色调，容易造成压抑感。

第五节 书房设计

书房一般需保持相对的独立性，应以最大程度方便进行工作为出发点。常作为阅读、书写以及业余学习、研究、工作的空间。有些面积较大的书房也具有会客和睡眠的功能。

一、格局要点与极限面积

	独立书房	半开放式书房
特点	·受其他房间影响较小，适合藏书、工作和学习	·可设置在客厅角落，或餐厅与厨房的转角 ·在卧室靠落地窗的墙面放置书架与书桌，自成一隅
极限面积	7.5m²（3.0m×2.5m）	

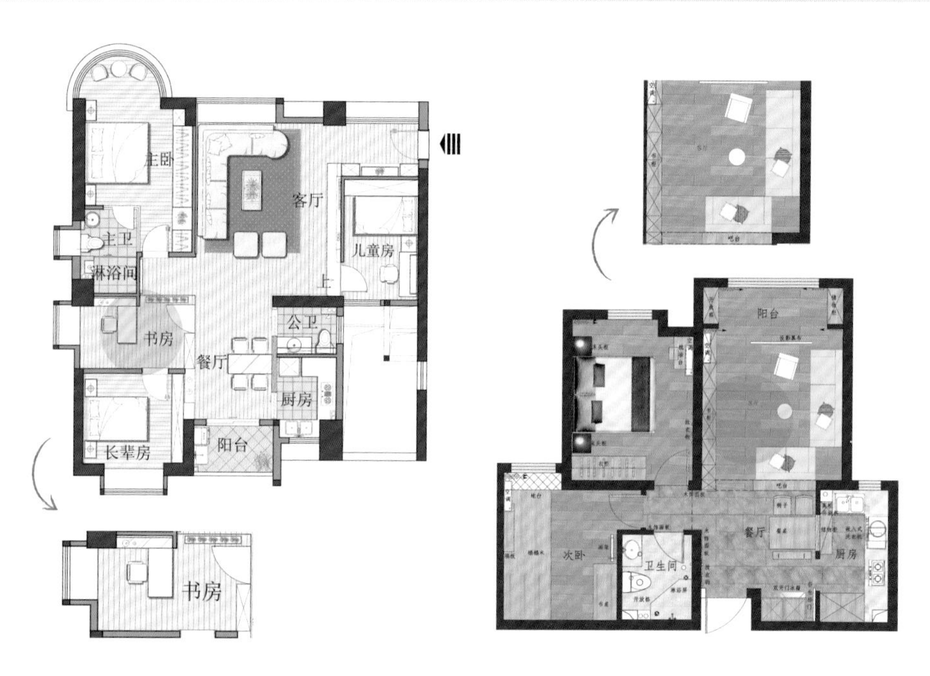

实用贴士

墙地顶的材料选用

墙面

适合亚光涂料、壁纸、壁布，增加静音效果、避免眩光。

地面

最好铺设地毯，降低噪声。

顶面

不宜过于复杂，令空间产生压抑感，以平顶为佳。

二、常见布局方式

一字型

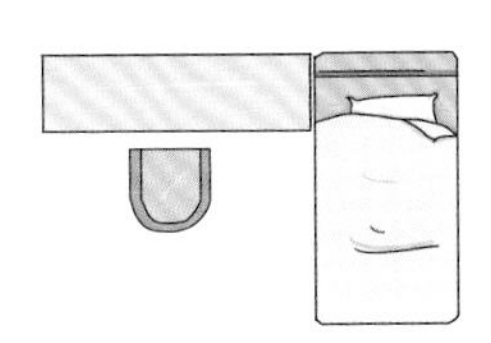

- 将书桌靠墙摆放，书橱悬空在书桌上方
- 人面对墙进行工作或学习，布置方式较为简单
- 节省面积，能够让空间有更多富余空间来安排其他家具
- 若桌面宽度较窄，伸腿时会弄脏墙面，因此可以将墙面踢脚线加高，或者为桌子加个背板
- 适合空间：长方形书房、方形书房、小面积书房、多功能书房

L 型

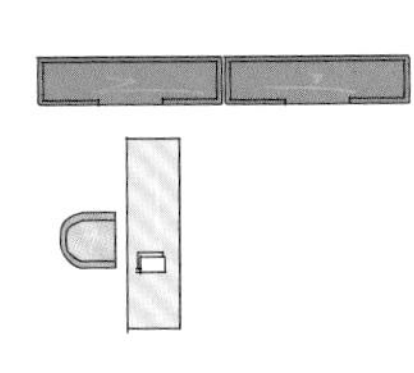

- 书桌靠窗或靠墙角放置，书柜从书桌方向延伸到侧墙形成直角
- 占地面积小，且方便书籍的取阅
- 中间预留的空间较大，书桌对面的区域可以摆放沙发或休闲椅等其他家具
- 适合空间：长条形书房、小面积书房

平行式

- 书桌、书柜与墙面平行布置
- 书桌放在书柜前方，如果空间充足，则对面可以摆放座椅或沙发
- 可以使书房显得简洁素雅，形成一种宁静的学习气氛
- 这种布置存在插座和网络插口的设置问题，可以考虑地插，但位置不要设计在座位边，尽量放在脚不易碰到的地方
- 适合空间：长方形书房、小面积书房、中面积书房

T 型

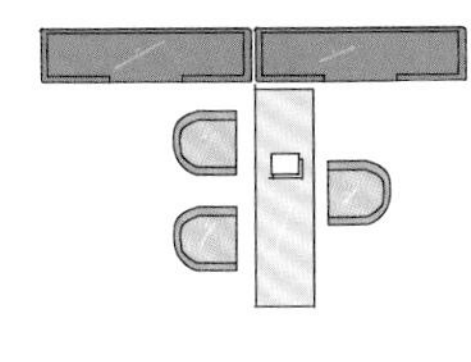

- 书柜放在侧面墙壁上，布满或者半满
- 中部摆放书桌，书桌与另一面墙之间保持一定距离，成为通道
- 适合空间：藏书较多且开间较窄的书房、长方形书房、小面积书房

U 型

- 将书桌摆放在房间的中间
- 两侧分别布置书柜、书架、斗柜或沙发、座椅等家具，将位于中心的书桌包围起来
- 使用较方便，但占地面积大
- 适合空间：长方形书房、方形书房、大面积书房

三、常用家具尺寸

1. 电脑桌

桌面高度	• 一般为 740mm
桌面宽度	• 一般为 600~1400mm

备注： 电脑桌尺寸的选择要科学，否则会导致腰背痛、颈肌疲劳或劳损、手肌腱鞘炎和视力下降等问题。

2. 书柜

书柜外部尺寸	**高度**	• 适宜高度为 2200mm
	宽度	• 两门书柜宽度为 500~650mm • 三门或四门书柜扩大 1/2 到 1 倍的宽度不等 • 特殊转角书柜和大型书柜的宽度可达到 1000~2000mm，甚至更宽
	深度	• 280~350mm
书柜内部尺寸	**高度**	• 书柜格位最高不要超过 800mm
	宽度	• 书柜搁板厚度一般为 18~25mm 的密度板，宽度需根据材料而定 • 材质为厚度 18mm 的刨花板或密度板，格位最大宽度不大于 800mm • 材质为厚度 25mm 的刨花板或密度板，格位最大宽度不大于 900mm • 材质为实木搁板，极限宽度一般为 1200mm

四、动线尺寸规划

在平行式和 U 形的书房中，书桌置于书柜的前面，因此要留够两者之间的使用尺度。进行学习活动时，面对日常工作所需要的文件架、笔筒等，摆放的距离应该接近手臂长度，一般为 500~600mm，考虑到椅子活动的区域，书桌与书柜之间的距离最好为 580~730mm。

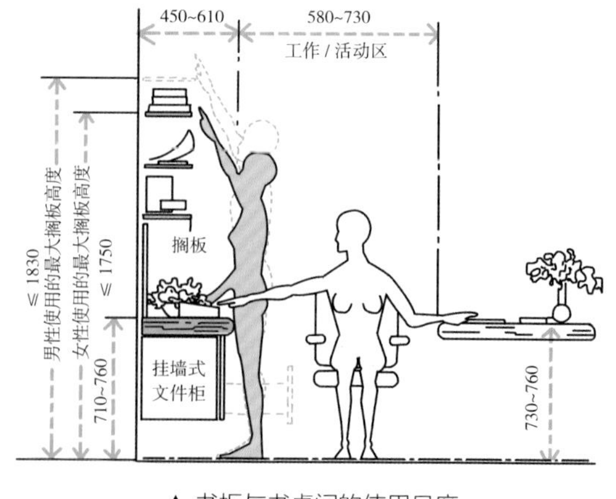

▲ 书柜与书桌间的使用尺度

五、书房照明设计

书房适合采用直接照明或半直接照明的方式，光线最好从左肩上端照射。可以在书桌前方放置高度较高又不刺眼的台灯；也适合用旋臂式台灯或可调光的艺术台灯，使光线直接照射在书桌上。

/ 书房照明设计剖析 /

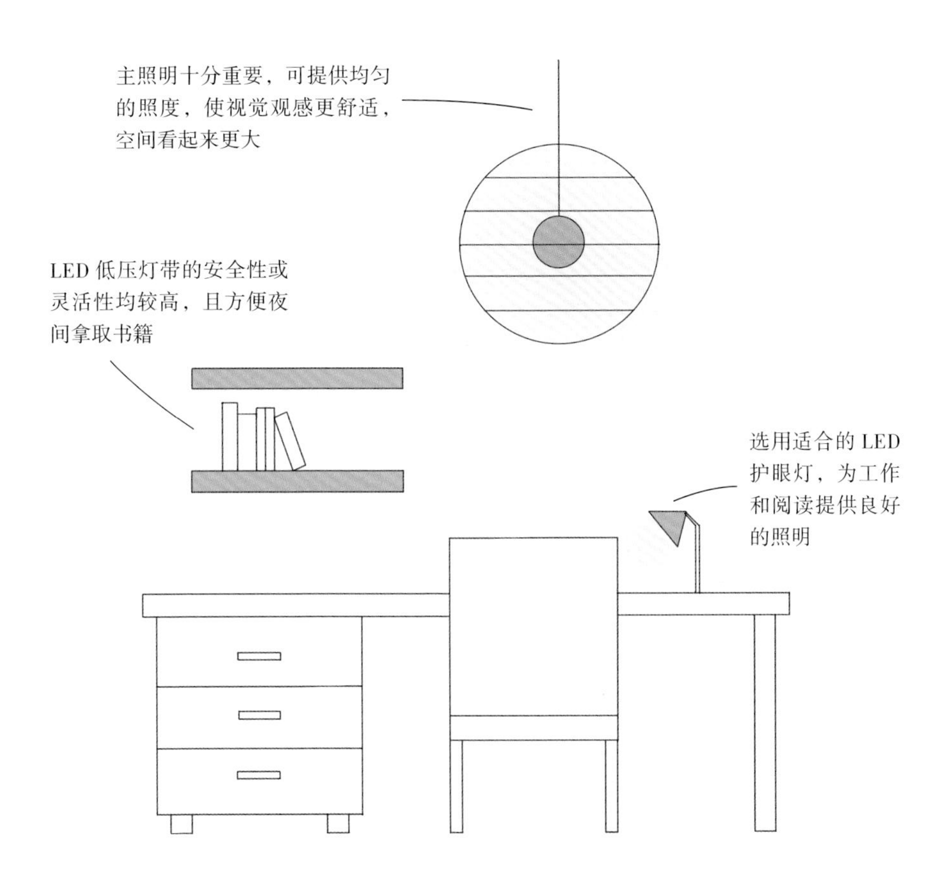

六、卧室色彩设计

√适宜配色

·书房色彩应柔和而不杂乱。

·配色要有主次色调之分，或冷或暖。

X 禁忌配色

·不适合大面积采用艳丽的颜色。

·配色比例尽量不要平均。

第六节 厨房设计

厨房是住房中使用最频繁、家务劳动最集中的地方。除了传统的烹饪食物以外，现代厨房还具有强大的收纳功能，是家庭成员交流、互动的场所。

一、格局要点与极限面积

格局要点

·应沿着炉灶、冰箱和洗涤池组成一个三角形动线

·三角动线的三边之和以 3.6~6m 为宜，过长和过小都会影响操作

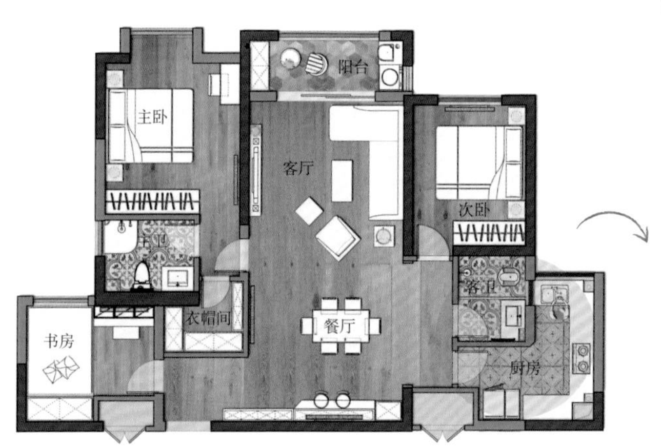

极限面积

· $5.55m^2$（1.5m × 3.7m）

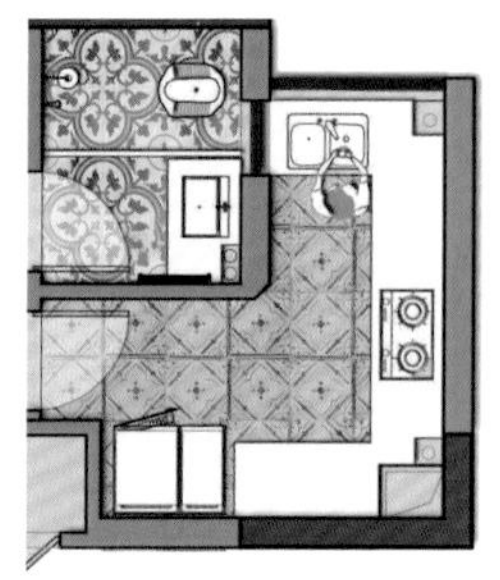

实用贴士

墙地顶的材料选用

墙面

以耐水、耐火、抗热、表面柔软，不易受污的材料为佳，如 PVC 壁纸、陶瓷墙面砖、有光泽的木板等。

地面

宜用防滑、易于清洗的陶瓷地砖，也可用具有防水性且价格便宜的人造石材。

顶面

材质要防火、抗热，常见铝扣板以及搭配涂料使用的硅酸钙板；须配合通风及隔音设备。

二、常见布局方式

一字型

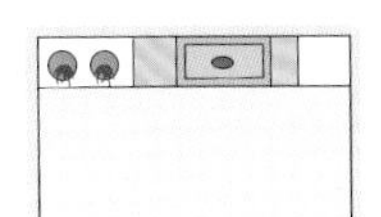

- 水槽区、切菜区、烹饪区按顺序排列为一条直线
- 结构简单明了，节省空间面积
- 局限性：空间面积 $7m^2$ 以上，长度 2m 以上
- 适合小户型家庭，擅长合理安排收纳空间及操作台的消费者

L 型

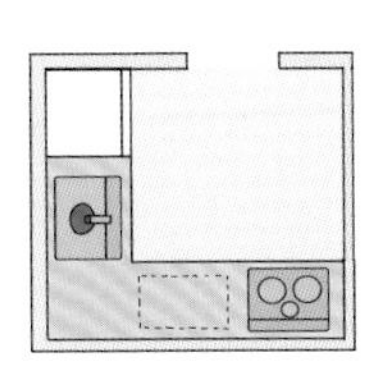

- 将各项设备依据烹饪顺序置于 L 形的两条轴线上
- 转弯处的一部分台面是死角，灶台不要设置在这里
- 节省空间面积，实用便捷
- 局限性：两面墙长度适宜，且至少需要 1.5m 的长度

U 型

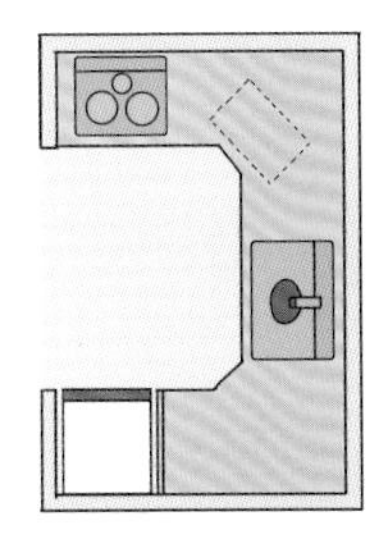

- 水槽区放在 U 形底部；将配菜区和烹饪区分设在水槽区两旁，可形成良好的正三角形厨房动线
- 两边柜体之间距离以 1.2~1.5m 为准，最好不要超过 3m，以使三角形总长在有效范围内
- 局限性：空间面积需≥ $4.6m^2$，两侧墙壁之间净空宽度为 2.2~2.7m
- 适合希望增加厨房内的活动区域、促进家人情感交流的消费者

走廊型

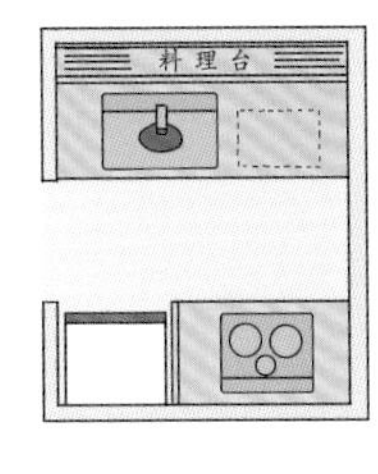

- 清洁区和配菜区在一侧，烹饪区安排在另一侧
- 动线比较紧凑，可以减少来回穿梭的次数
- 局限性：一般在狭长形空间中出现，使用率较低

中岛型

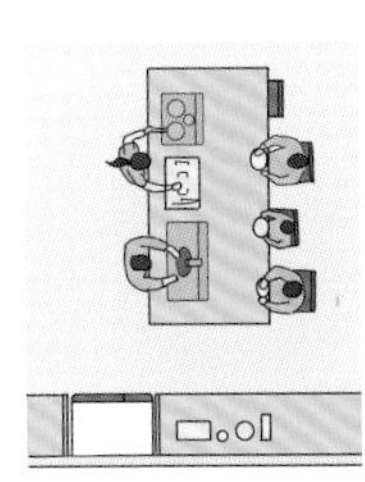

- 可将洗菜和切菜的功能统一放在岛台处
- 空间开阔，中间设置的岛台具备更多使用功能
- 局限性：需要的空间面积较大

三、常用家具尺寸

1. 整体橱柜

项目	尺寸
橱柜地柜	• 宽度：400~600mm 为宜 • 高度：780mm 更为合适
橱柜台面	• 橱柜台面到吊柜底 500~600mm • 宽度：不可小于 900mm×460mm • 高度：780mm 更为合适 • 厚度：10mm、15mm、20mm、25mm 等（石材厚度）
橱柜门板宽度	• 200~600mm
橱柜吊柜	• 左右开门：宽度和地柜门差不多即可 • 上翻门：尺寸最小 500mm，最大 1000mm • 深度：最好采用 300mm 及 350mm 两种尺寸
橱柜底脚线	• 高度一般为 80mm
橱柜抽屉滑轨	• 有三节滑轨、抽帮滑轨、滚轮导轨等，尺寸为 250mm、300mm、350mm、400mm、450mm、500mm、550mm

2. 消毒柜

项目	尺寸
嵌入式消毒柜	• 长 600mm 左右，宽 420~450mm，高 650mm 左右
立式消毒柜	• 可以根据自己家的设计情况购买
壁挂式消毒柜	• 标准尺寸一般在 80~100L 即可

四、常用设备及餐具尺寸

1. 主要设备尺寸

设备	尺寸
单门冰箱	• 宽 550~750mm，深 500~600mm，高 1100~1650mm
电烤箱	• 宽 400~500mm，深 300~350mm，高 250~300mm
微波炉	• 宽 550~600mm，深 400~500mm，高 300~400 mm
镶嵌式燃气灶	• 宽 630~780mm，深 320~380mm，高 80~150mm

2. 主要餐具尺寸

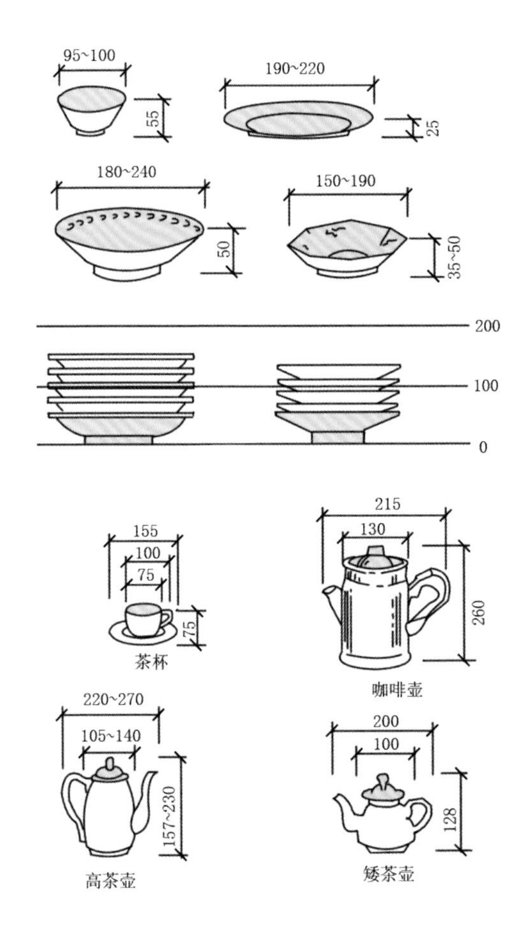

五、炉灶操作动线尺寸

炉灶到抽油烟机之间的距离最好不要超过 60cm，同时考虑主妇做饭时的便利程度，可结合其身高做一些适当调整。

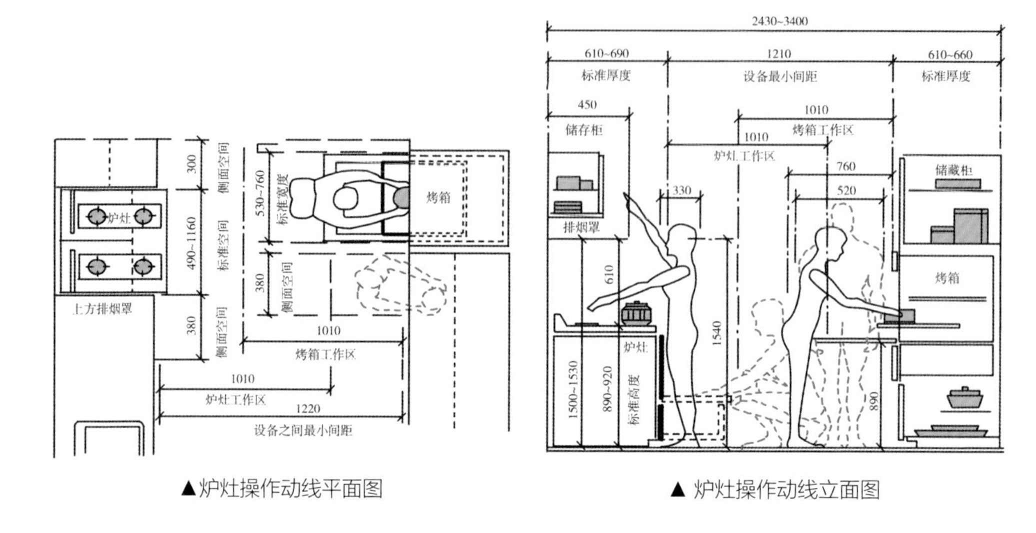

▲炉灶操作动线平面图　　▲ 炉灶操作动线立面图

六、案台操作动线尺寸

一般情况下，单人在案台上的操作区域最佳为 760mm，伸手够到的最大区域为 1060mm；台面适合 650mm。

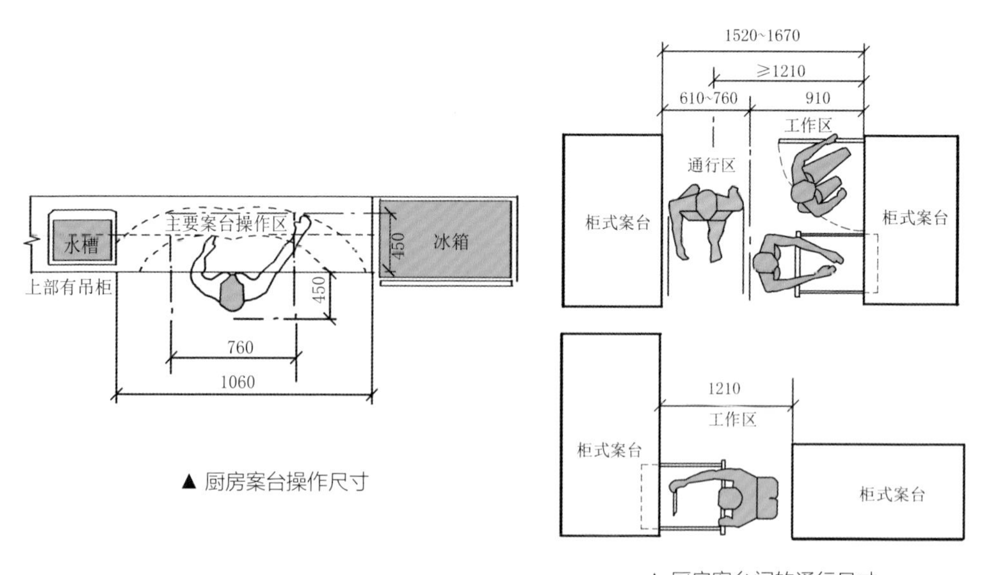

▲ 厨房案台操作尺寸　　▲ 厨房案台间的通行尺寸

七、水槽操作动线尺寸

根据人体工程学原理及厨房操作行为特点，在条件允许的情况下可将橱柜工作区台面划分为不等高的两个区域。水槽和操作台为高区，炉灶为低区。

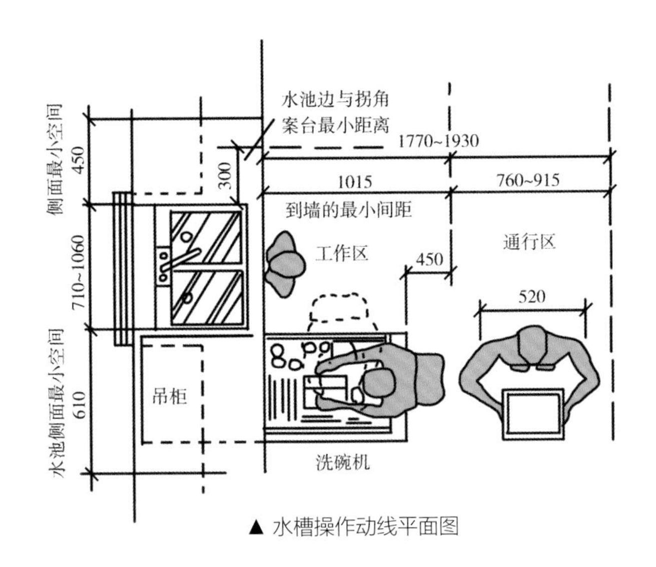

▲ 水槽操作动线平面图

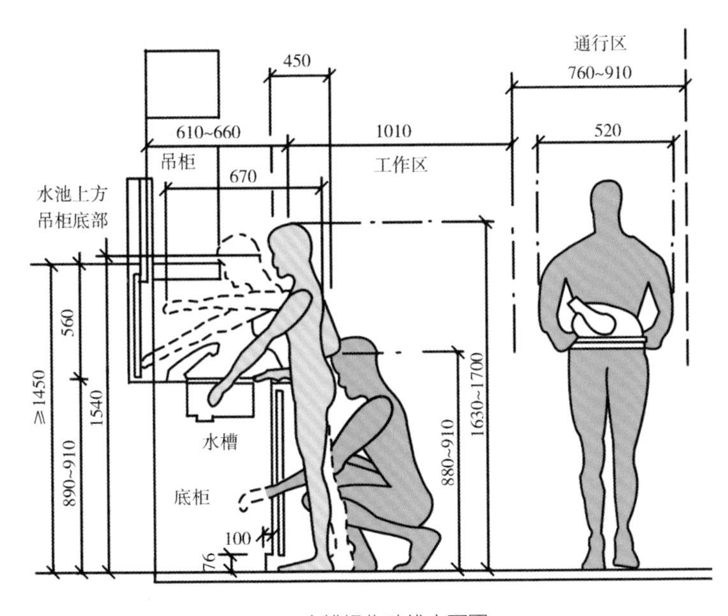

▲ 水槽操作动线立面图

八、冰箱操作动线尺寸

在摆放冰箱时要把握好工作区的尺寸，以防止转身时太窄，使整个空间显得局促。冰箱如果是后面散热的，两边要各留 50mm，顶部留 250mm，这样冰箱的散热性能才好，不影响正常运作。

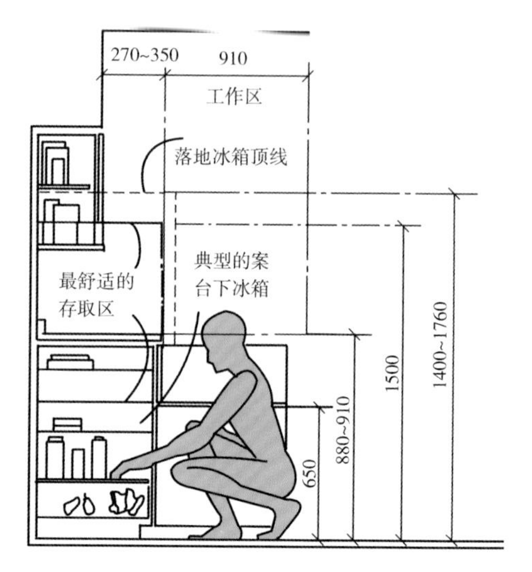

▲ 蹲下拿取冰箱物品时所需尺寸

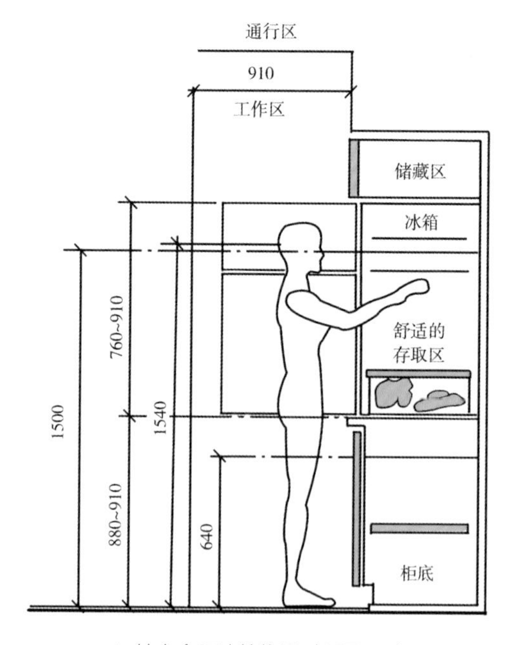

▲ 站立拿取冰箱物品时所需尺寸

九、厨房照明设计

厨房照明以功能为主，主灯光可选择日光灯，局部照明可用壁灯，工作面照明可用高低可调的吊灯。另外，厨房光线宜亮不宜暗，亮度较高的光线可以对眼睛起到保护作用，不适宜使用过暖或过冷的光线，会影响对食材的判断。

/ 厨房照明设计剖析 /

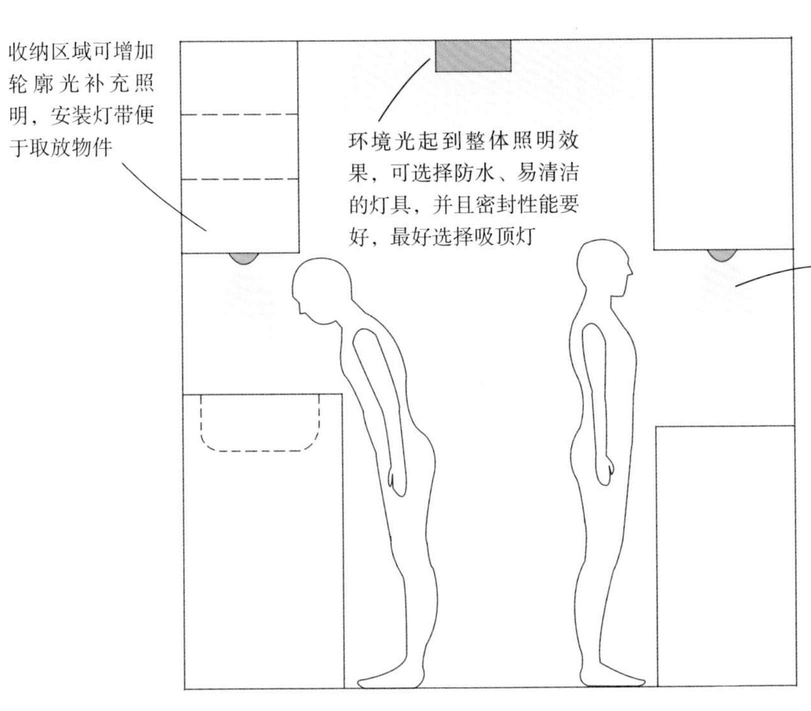

十、厨房色彩设计

√适宜配色

- 选择浅色调作为主要配色，可以有效为厨房“降温”。
- 大面积浅色可用于顶面和墙面，也可用于橱柜，保证用色比例在 60%以上。
- 厨房中存在大量金属厨具，缺乏温暖感，橱柜可选择温馨的色彩，原木色最适合。

X 禁忌配色

- 暗淡的厨房色彩，压抑感强。
- 不宜使用明暗对比强烈的颜色装饰墙面或顶面，会使厨房面积在视觉上变小。
- 不宜直接选用原色或明度较低的灰色。

第七节 卫生间设计

卫生间在家庭生活中是使用频率较高的场所之一，其不仅是人解决基本生理需求的地方，而且还具有私密性，因而要时刻体现人文关怀，布置时合理组织功能和布局。

一、格局要点与极限面积

	主卫	客卫
分布	在面积最大的卧室旁边	在客厅旁
设计	着重体现家庭的温馨感，重视私密性	与整套住宅的装修风格相协调
材料	可选择档次较高的卫生洁具等	以耐磨、易清洗的材料为主
布置	放置具有家庭特色的个人卫生用品和装饰	不要有太多杂物
极限面积	4.50m²（1.8m×2.5m）	

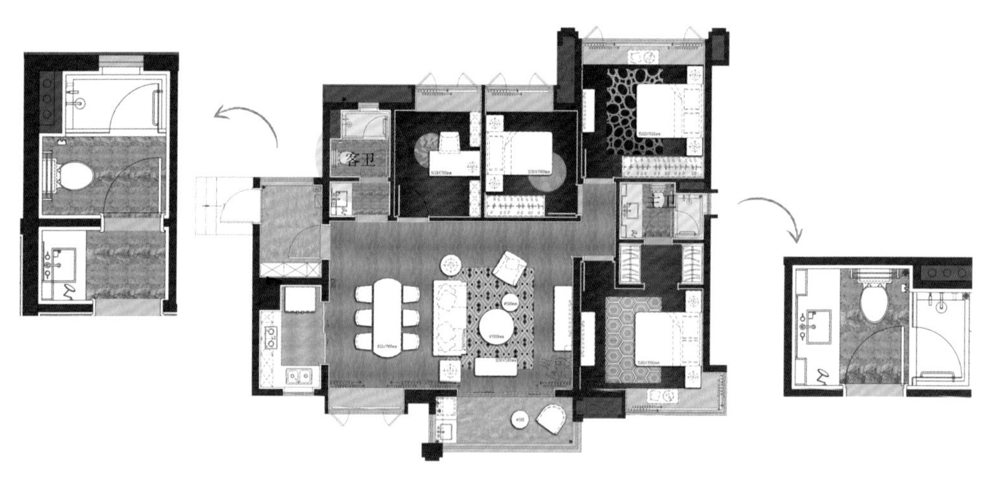

实用贴士

墙地顶的材料选用

墙面

齐腰位置考虑用耐磨材料，可以选择木饰、玻璃、镜子做局部护墙处理。

地面

材料要防滑、易清洁、防水，以地砖、人造石材或天然石材居多；花纹突起的地砖最适用。

顶面

卫生间的水蒸气和湿地容易导致吊顶变质、腐烂，要选择透气耐湿的材料，多为PVC塑料吊顶和金属网板吊顶，木格栅玻璃吊顶和原木板条吊顶也较常见。

二、常见布局方式

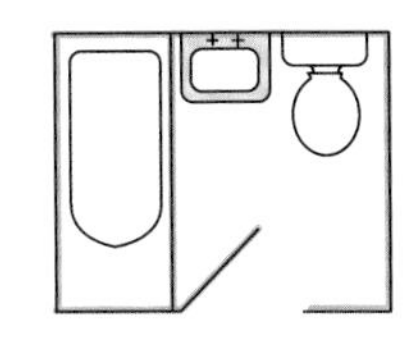

折中型

- 卫生间中的基本设备相对独立，但有部分合二为一
- 优点：相对经济实惠且使用方便的布置形式，既节省空间，组合方式也比较自由
- 缺点：部分设备布置在一起，会产生相互干扰的情况

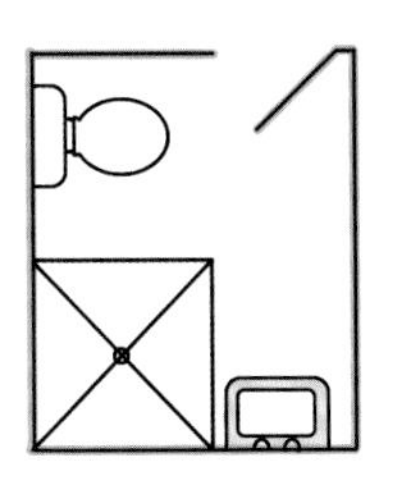

兼用型

- 布置形式为洗手盆、坐便器、淋浴或浴盆放置在一起
- 优点：节省空间面积、管道布置简单、相对经济、性价比高，且所有活动集中在一个空间内，动线较短
- 缺点：空间较局促，且当有人使用时，其他人就不能使用；相应储藏能力降低，不适合人口多的家庭使用

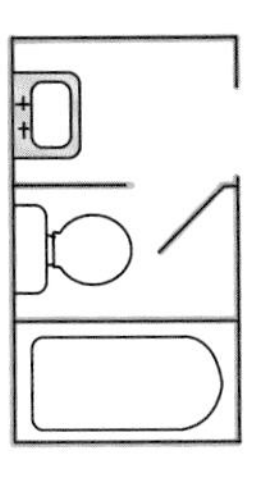

独立型

- 盥洗、浴室、厕所分开布置的形式
- 优点：各空间可以同时使用，使用高峰期避免相互干扰，各室分工明确，更舒适，适合人口多的家庭使用
- 缺点：占用较大空间面积，造价也较高

三、常用家具、洁具尺寸

1. 卫浴柜

高度	主柜高度一般为 800~850mm（包含洗脸盆高度）
长度	长为 800~1000mm（一般包括镜柜在内），宽（墙距）为 450~500mm

注：卫浴柜尺寸除了常用的几种以外，还有长达 1200mm，甚至 1600mm 的。

2. 洁具

坐便器	宽 400~490mm，高 700~850mm，座高 390~480mm，座深 450~470mm
电热水器	长 700~1000mm，直径 500mm
浴缸	长 1200~1700mm，宽 700~900mm，高 355~518mm

四、洗漱动作尺寸

盥洗环节主要涉及的动作是洗脸盆处的洗漱动作。一般洗脸台的高度为 800~1100mm，理想情况一般为 900mm，这也是符合大多数人需求的标准尺寸。

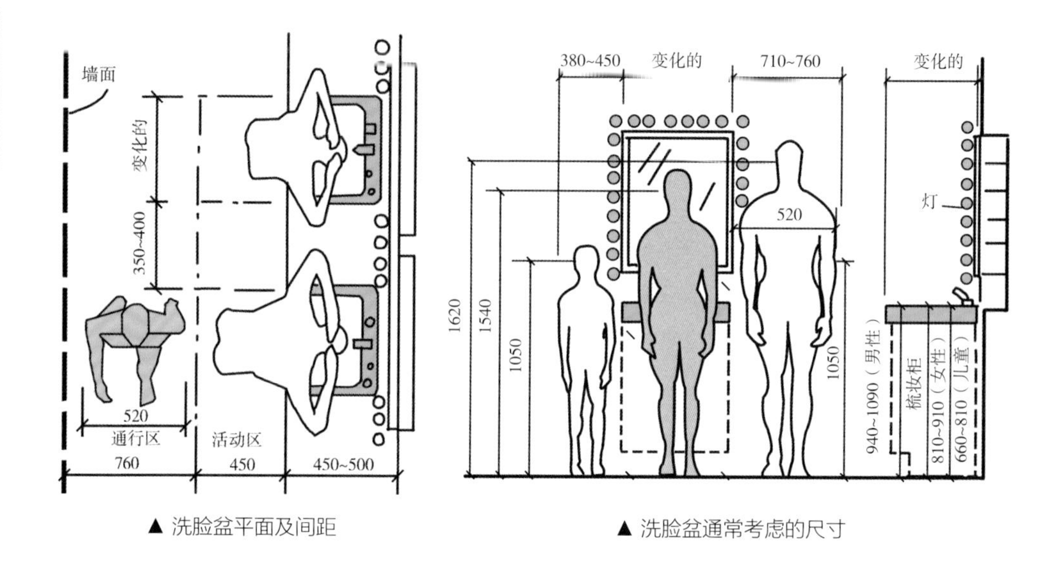

▲ 洗脸盆平面及间距　　▲ 洗脸盆通常考虑的尺寸

五、便溺动作尺寸

坐便器前端到障碍物的距离应大于 450mm，以方便站立、坐下等动作；坐便器所需最小空间为 800mm × 1200mm。

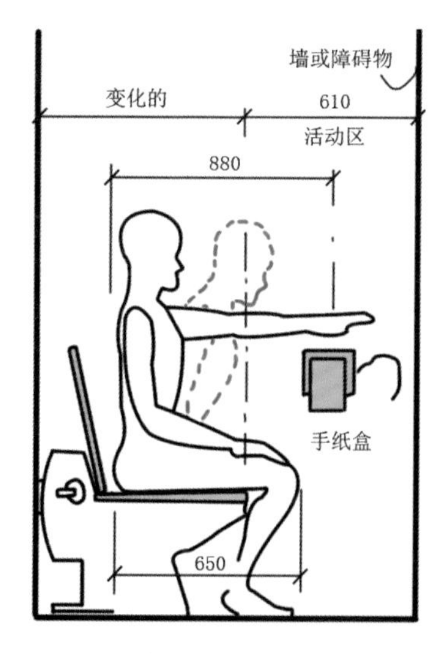

▲ 坐便器立面及间距

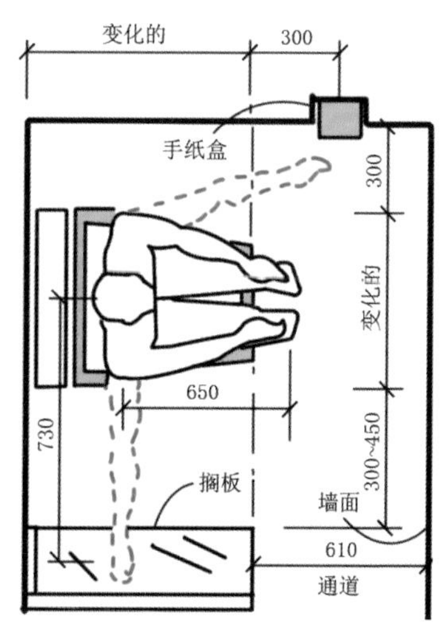

▲ 坐便器通常考虑的尺寸

六、洗浴动作尺度

洗浴时可以采用淋浴或者浴盆，这两种洗浴动作的动作域相差较大，选择时应该根据主人习惯、卫生间空间大小来合理利用其动作尺度。

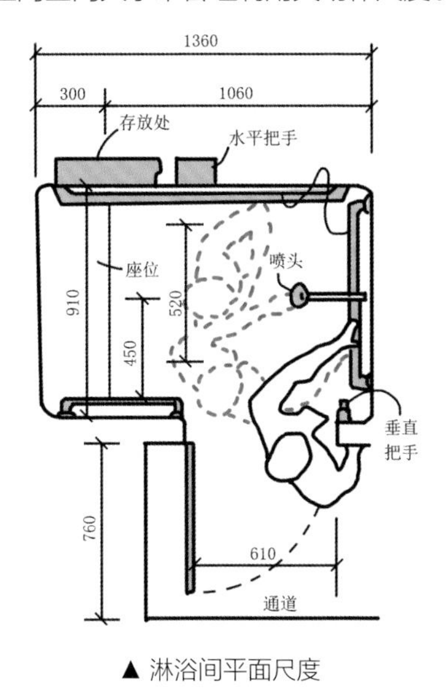

▲ 淋浴间平面尺度

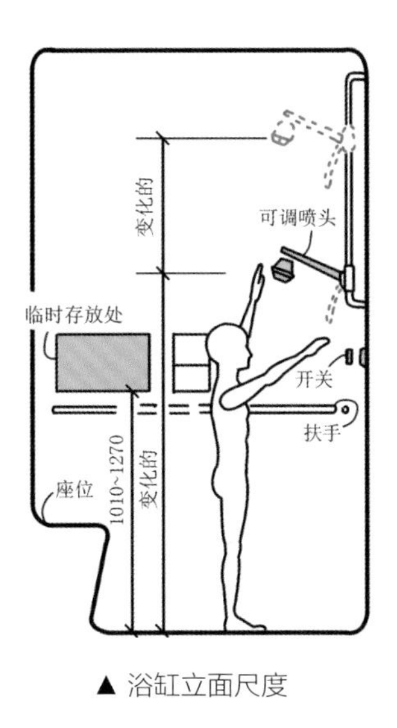

▲ 浴缸立面尺度

七、设备尺度规划

卫生间中的常见设备包括洗脸台、坐便器和淋浴房等，这些设备之间或与其他设备之间也应保有适宜的距离。例如，人的左右两肘撑开的宽度为 760mm，因此坐便器和洗脸台的中心线到障碍物的距离不应小于 450mm。

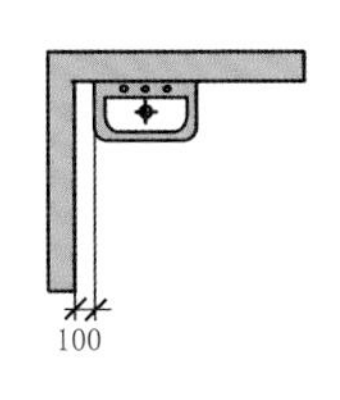

▲ 立式洗脸盆距墙最小距离

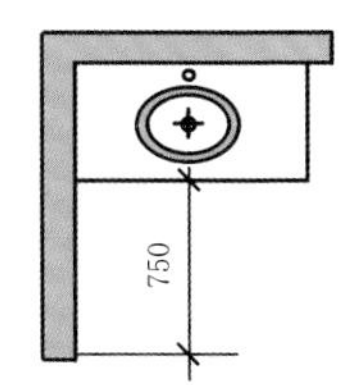

▲ 单洗脸台最佳距离

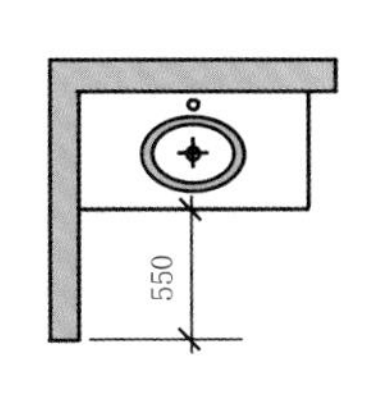

▲ 单洗脸台最小距离

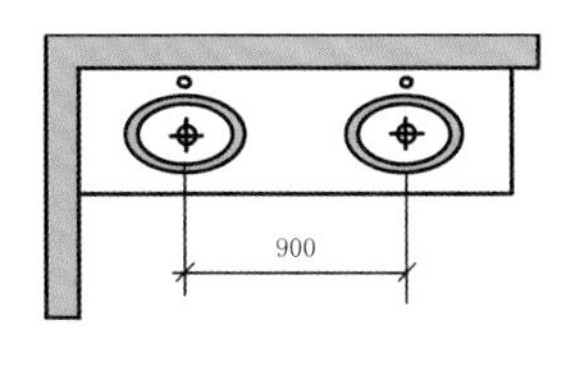

▲ 双洗脸台最佳距离

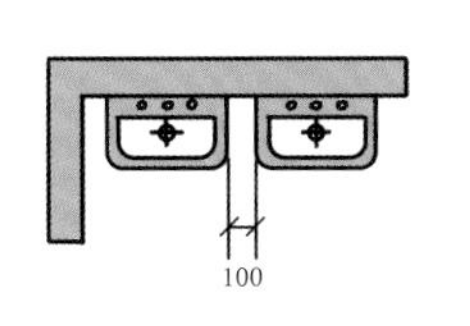

▲ 双洗脸台之间的最小距离

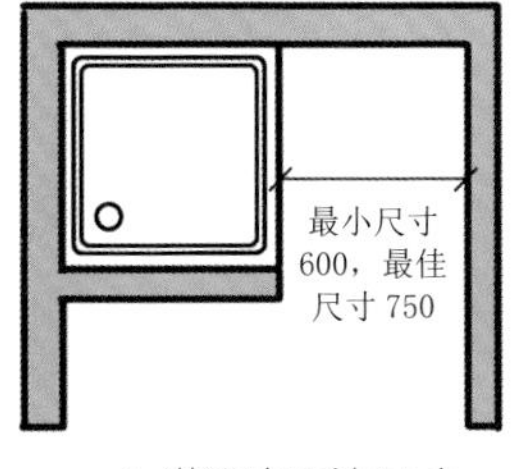

▲ 淋浴房距墙尺寸

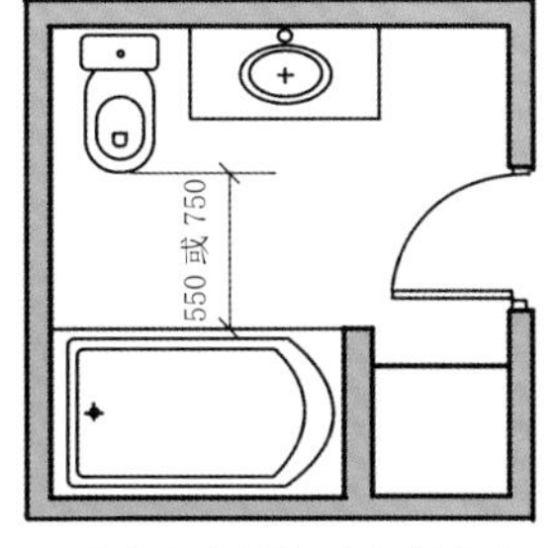

▲ 坐便器与浴缸之间的距离

八、卫生间照明设计

卫生间应以具有可靠防水性与安全性的玻璃或塑料密封灯具为主，且灯具和开关最好带有安全防护功能，接头和插销也不能暴露在外。另外，灯具安装不宜过多，位置不可太低。在卫生间的光环境营造中，局部光源是渲染空间气氛的主角。

/ 卫生间照明设计剖析 /

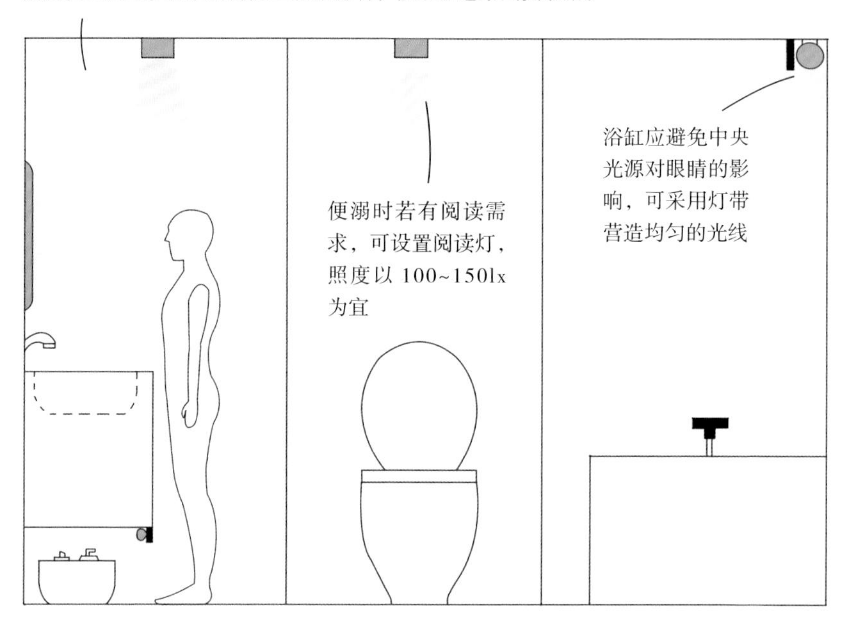

九、卫生间色彩设计

√适宜配色

· 应选择清洁、明快的色彩作为主要背景色。
· 冷色调（蓝、绿色系）和白色适合在卫生间大面积使用。

X 禁忌配色

· 对于缺乏透明度与纯净感的色彩要敬而远之。
· 灰色和黑色不要大量使用，最好作为点缀出现。

第七章

室内建材选用

室内建材是指用于建筑内部墙面、顶面、柱面、地面等的罩面材料。合理地选择建材不仅能改善室内的艺术环境，同时还能起到绝热、防潮、防火、吸声、隔音等多种作用；并有保护建筑物主体结构、延长使用寿命以及满足某些特殊要求的作用。

第一节 室内建材基础常识

了解室内建材的常用尺度以及用量计算可以避免浪费，起到节约预算的作用。而掌握了建材的进场顺序，则能够合理安排后续的施工，令整体项目的进展更加顺畅。

一、建材规格与尺度

1. 水电材料

水管规格	给水管	• 总管：一般要用 6 分管 • 分管：可选用 4 分管或 6 分管
	排水管	• 40mm：一般用于台盆下水、地漏下水和阳台下水 • 50mm：一般用于厨房下水 • 75mm：一般用于厨房、阳台、台盆等的总排水 • 110mm：一般用于坐便器下水、外墙下水
电线规格		• $1.5mm^2$ 铜芯线：一般用于灯具和开关线，电路中地线一般也会用到，双色线较多，便于区分 • $2.5mm^2$ 铜芯线：一般用于插座线和部分支线 • $4mm^2$ 铜芯线：用于电路主线和空调、电热水器等的专用线 • $6mm^2$ 铜芯线：主要用于进户主干线，家装中几乎不用或用量很少，可根据需要订购

2. 瓷砖

釉面砖	• 正方形：100mm×100mm、152mm×152mm、200mm×200mm • 长方形：152mm×200mm、200mm×300mm、250mm×330mm、300mm×450mm • 厚度常为 5~8mm • 常用于卫生间墙面砖，也可用于腰线、踢脚线、顶角线
通体砖	• 常见规格为 600mm×600mm、800mm×800mm、1000mm×1000mm • 常用于家居空间的地面，较少用于墙面
抛光砖	• 常见规格为 400mm×400mm、500mm×500mm、600mm×600mm、800mm×800mm、900mm×900mm • 墙面和地面均适用
玻化砖	• 常见规格为 400mm×400mm、500mm×500mm、600mm×600mm、800mm×800mm • 墙面和地面均适用

续表

仿古砖	• 常见规格为 100mm×100mm、150mm×150mm、165mm×165mm、200mm×200mm、300mm×300mm、330mm×330mm、400mm×400mm、500mm×500mm、600mm×600mm • 常用于地面，也可用于墙面
马赛克	• 常见规格为 20mm×20mm、25mm×25mm、30mm×30mm，厚度一般为 4~4.3mm • 运用较灵活，可大面积装饰墙面和地面，也可局部使用

注： 地砖常见规格：300mm×300mm、400mm×400mm、500mm×500mm、600mm×600mm、800mm×800mm、1000mm×1000mm；墙砖常见规格：200mm×300mm、250mm×330mm、300mm×450mm、300mm×600mm

3. 板材

细木工板（大芯板）	• 常见规格为 1220mm×2440mm，厚度一般为 12mm、15mm、18mm、25mm • 常用于制作家居门窗套、家具底板、窗帘盒、隔墙及基层骨架
木纹饰面板	• 用天然木材刨切或旋切成厚 0.2~1.0mm 的薄片，每张规格为 2440mm×1220mm • 常用于墙面装饰板材
胶合板	• 一般分为 3 厘板、5 厘板、9 厘板、12 厘板、15 厘板和 18 厘板六种规格（1 厘即为 1mm） • 常用于木质制品的背板、底板等
防火板	• 常用规格为 2135mm×915mm、2440mm×915mm、2440mm×1220mm；厚度一般为 8mm、10mm 和 12mm • 常用于台面、家具表面、楼梯踏步等
指接板	• 常见厚度有 12mm、14mm、16mm、20mm 四种，最厚可达 36mm • 常用于制作家具

4. 装饰玻璃

普通平板玻璃	• 5~6mm：主要用于外墙窗户、门扇等小面积透光造型中 • 7~9mm：主要用于室内屏风等较大面积，但有框架保护的造型中 • 9~10mm：主要用于室内大面积隔断、栏杆等 • 11~12mm：可用于地弹簧玻璃门和一些活动人流较大的隔断中 • 15mm 以上：常需要定制，主要用于较大面积的地弹簧玻璃门，以及整块玻璃墙面
钢化玻璃	• 包括平面钢化玻璃和曲面钢化玻璃 • 厚度有 3mm、4mm、5mm、6mm、8mm、10mm、12mm、15mm、19mm 九种
磨砂玻璃	厚度多为 9mm 以下，以 5mm、6mm 居多

5. 吊顶材料

普通石膏板	• 常见 1200mm × 3000mm 和 1200mm × 2440mm 两种，厚度为 9mm • 用于防水要求不高的地方，如客厅、餐厅、卧室、过道
PVC 扣板	• 宽度 200~450mm 不等，长度一般有 3000mm、6000mm 两种，厚度为 1.2~4mm • 常用于厨卫吊顶
铝扣板	• 条形：宽度一般为 90mm、120mm、150mm；长度一般为 4000mm；厚度一般有 0.4mm（主要用于装饰）、0.8mm（用得较多）、1.0mm 几种 • 方形：300mm × 300mm，厚度一般为 6mm、8mm、10mm、12mm • 常用于厨卫吊顶
塑钢扣板	• 宽度一般为 80mm、100mm、120mm、160mm；长度一般为 3000mm • 常用于厨卫吊顶

6. 墙面涂饰材料

壁纸、壁布	一般长 10m、宽 0.53m，面积约为 5.3m^2
乳胶漆	• 常见 5L 和 20L 两种规格，家庭常用 5L • 一般面漆需要涂刷两遍，5L 的理论涂刷面积为 35m^2

7. 地面材料

实木地板	厚度一般为 18mm；常见规格为 90mm × 900mm、125mm × 900mm
强化木地板	长度范围为 1200~1820mm，宽度范围为 182~225mm，厚度范围为 6~12mm
竹木地板	常见规格为 900mm × 90mm × 18mm、1820mm × 90mm × 15mm

二、建材用量计算

1. 墙地砖

粗略计算方法：房间地面面积 ÷ 每块地砖面积 ×（1+10%）= 用砖数量（式中 10%系指增加的损量）。

精确计算方法：（房间长度 ÷ 砖长）×（房间宽度 ÷ 砖宽）= 用砖数量。

例如：长 5m，宽 4m 的房间，采用 400mm × 400mm 规格地砖的计算方法为 5m ÷ 0.4m/ 块 =12.5 块（取 13 块），4m ÷ 0.4m / 块 =10 块，用砖总量：13 × 10 块 = 130 块。

备注：

① 地砖在精确核算时，考虑到切截损耗，购置时需另加 3%~5% 的损耗量。

② 墙砖用量和地砖一样，可参照计算。

2. 壁纸

粗略计算方法：地面面积 ×3= 壁纸的总面积；壁纸的总面积 ÷（0.53m×10）= 壁纸的卷数。或直接将房间的面积乘以 2.5，其积就是贴墙用料数。

例如：20m^2 的房间用料为 20m^2×2.5=50m^2。

精确计算方法：$S=(L/M+1)(H+h)+C/M$。

式中，S 为所需贴墙材料的长度（m）；L 为扣去窗、门等后四壁的总长度（m）；M 为贴墙材料的宽度（m），加 1 作为拼接花纹的余量；H 为所需贴墙材料的高度（m）；h 为贴墙材料上两个相同图案的距离（m）；C 为窗、门等上下所需贴墙的面积（m^2）。

备注：

① 因壁纸规格固定，因此在计算用量时，要注意壁纸的实际使用长度，通常要以房间的实际高度减去踢脚板以及顶线的高度。

② 房间的门窗面积也要在使用的分量数中减去。

③ 壁纸的拼贴中要考虑对花，图案越大损耗越大，因此要比实际用量多买 10%左右。

3. 地板

粗略计算方法：地板的用量（m^2）= 房间面积 + 房间面积 × 损耗率（一般在 3%~5% 之间）。

例如：需铺设木地板房间的面积为 15m^2，损耗率为 5%，那么木地板的用量（m^2）=15m^2+15m^2×5%=15.75m^2。

精确计算方法：（房间长度 ÷ 地板板长）×（房间宽度 ÷ 地板板宽）= 地板块数。

例如：长 6m，宽 4m 的房间，其地板用量的计算方法如下。房间长 6m÷ 板长 1.2m/ 块 =5 块，房间宽 4m÷ 板宽 0.19m/ 块 ≈ 21.05（块），取 21 块，用板总量为 5×21 块 =105 块。

备注：

① 木地板的施工方法主要有架铺、直铺和拼铺三种，表面木地板数量的核算都相同，只需将木地板的总面积再加上 8% 左右的损耗量即可。

② 架铺木地板常规使用的基座大木方条规格为 60mm×80mm、基层细木工板规格为 20mm，大木方条的间距为 600mm。每 100m^2 架铺地板需大木方条 0.94m^3、细木工板 1.98m^3。

4. 涂料

粗略计算方法：房间面积（m^2）除以 4，需要粉刷的墙壁高度（m）除以 0.4，两者的得数相加便是所需要涂料的公斤数。

例如：一个房间面积为 20m^2，墙壁高度为 2.8m，计算方式为（20÷4）+（2.8÷0.4）=11，即 11 公斤涂料可以粉刷墙壁两遍。

精确计算方法：（房间长 + 房间宽）×2× 房高 = 墙面面积（含门窗面积）；房间长 × 房间宽 = 吊顶面积（墙面面积 + 吊顶面积 – 门窗面积）÷35= 使用桶数。

例如：长 5m，宽 4m，高 2.7m 的房间，室内的墙、吊顶涂刷面积计算方法为墙面面积 =（5m+4m）×2×2.7m=48.6m^2（含门窗面积 4.5m^2），吊顶面积 =5m×4m = 20m^2，涂料量 =（48.6m^2+20m^2 - 4.5m^2）÷35m^2/ 桶 =1.83 桶。实际需购置 5L 装的涂料 2 桶，余下可做备用。

墙漆计算方法： 墙漆施工面积 =[建筑面积（m）×80%-10]×3。建筑面积就是购房面积，现在的实际利用率一般在 80% 左右，厨房、卫浴间一般采用瓷砖、铝扣板的面积多为 10m^2。

用漆量： 按照标准施工程序的要求，底漆的厚度为 30 μm，5L 底漆的施工面积一般在 65~70m^2；面漆的推荐厚度为 60~70 μm，5L 面漆的施工面积一般在 30~35m^2。底漆用量 = 施工面积 ÷70；面漆用量 = 施工面积 ÷35。

备注：

以上只是理论最低涂刷量，因在施工过程中涂料要加入适量清水，如涂刷效果不佳还需补刷，所以实际购买时应在精算的数量上留有余地。

5. 地面石材

地面石材耗量与瓷砖大致相同，只是地面砂浆层稍厚。在核算时，考虑到切截损耗和搬运损耗，可加上 1.2% 左右的损耗量（若是多色拼花则损耗率更大，可根据难易程度，按平方数直接报总价）。

备注：

① 铺地面石材时，每平方米所需的水泥和砂要根据原地面的情况来定。

② 通常在地面铺 15mm 厚水泥砂浆层，其每平方米需普通水泥 15kg，中砂 0.05m^3。

6. 木线条

木线条的主材料即为木线条本身。核算时将各个面上的木线条按品种规格分别计算。

所谓按品种规格计算，即把木线条分为压角线、压边线和装饰线三类，其中又可分为分角线、半圆线、指甲线、凹凸线、波纹线等品种，每个品种又可能有不同的尺度。

计算方式：将相同品种和规格的木线条相加，再加上损耗量。一般线条宽 10~25mm 的小规格木线条，其损耗量为 5%~8%；宽度为 25~60mm 的大规格木线条，其损耗量为 3%~5%。

备注：

① 一些较大规格的圆弧木线条，因需要定做或特别加工，所以一般需单项列出其半径尺度和数量。

② 木线条的辅助材料。如用钉枪来固定，每 100m 木线条需 0.5 盒，小规格木线条通常用 20mm 的钉枪钉。如用普通铁钉（俗称 1 寸圆钉），每 100m 需 0.3kg 左右。木线条的粘贴用胶一般为白乳胶、309 胶、立时得等，每 100m 木线条需用量为 0.4~0.8kg。

三、材料进场顺序

序号	材料	施工阶段	准备内容
1	防盗门	开工前	最好一开工就能给新房安装好防盗门，防盗门的定做周期一般为一周左右
2	白乳胶、原子灰、砂纸等辅料	开工前	木工和油工都可能需要用到这些辅料
3	橱柜、浴室柜	开工前	墙体改造完毕就需要商家上门测量，确定设计方案，其方案还可能影响水电改造方案
4	水电材料	开工前	墙体改造完就需要工人开始工作，这之前要确定施工方案和确保所需材料到场
5	室内门窗	开工前	墙体改造完毕就需要商家上门测量
6	热水器、小厨宝	水电改前	其型号和安装位置会影响到水电改造方案和橱柜设计方案
7	卫浴洁具	水电改前	其型号和安装位置会影响到水电改造方案
8	排风扇、浴霸	水电改前	其型号和安装位置会影响到电改方案
9	水槽、洗脸盆	橱柜设计前	其型号和安装位置会影响到水改方案和橱柜设计方案
10	抽油烟机、灶具	橱柜设计前	其型号和安装位置会影响到电改方案和橱柜设计方案
11	防水材料	瓦工入场前	卫浴间先要做好防水工程，防水涂料不需要预订
12	瓷砖、勾缝剂	瓦工入场前	有时候有现货，有时候要预订，所以先计划好时间
13	石材	瓦工入场前	窗台、地面、过门石、踢脚线都可能用石材，一般需要提前三四天确定尺寸预订
14	乳胶漆	油工入场前	墙体基层处理完毕就可以刷乳胶漆，一般到市场直接购买
15	地板	较脏的工程完成后	最好提前一周订货，以防挑选的花色缺货，安排前两三天预约
16	壁纸	地板安装后	进口壁纸需要提前 20 天左右订货，但为防止缺货，最好提前一个月订货，铺装前两三天预约
17	玻璃胶及胶枪	开始全面安装前	很多五金洁具在安装时都需要打一些玻璃胶密封
18	水龙头、厨卫、五金件等	开始全面安装前	一般款式不需要提前预订，如果有特殊要求可能需要提前一周
19	镜子等	开始全面安装前	如果定做镜子，需要四五天制作周期
20	灯具	开始全面安装前	一般款式不需要提前预订，如果有特殊要求可能需要提前一周
21	开关、面板等	开始全面安装前	一般不需要提前预订
22	地板蜡、石材、蜡等	保洁前	可以自备好点的蜡让保洁人员使用
23	窗帘	完工前	保洁后就可以安装窗帘，窗帘需要一周左右的订货周期
24	家具	完工前	保洁后就可以让商家送货
25	家电	完工前	保洁后就可以让商家送货安装
26	配饰	完工前	装饰品、挂画等配饰，保洁后业主可以自行选购

第二节 常用建材应用与选购

在进行装修工程前，最重要的工作就是挑选建材，只有充分了解每种建材的特性才能合理地运用建材，使之发挥出最佳效果。

一、瓷砖

1. 玻化砖

√ 吸水率高、弯曲度高、耐酸碱性
× 油污、灰尘等容易渗入

适用风格： 现代风格、简约风格
适用空间： 玄关、客厅

选购要点：

① 表面光泽亮丽，无划痕、色斑、漏抛、漏磨、缺边、缺脚等缺陷
② 手感较沉，敲击声音浑厚且回音绵长
③ 玻化砖越加水越防滑

2. 釉面砖

√ 防渗、无缝拼接、断裂现象极少发生
× 耐磨性不如抛光砖

适用风格： 任意家居风格
适用空间： 厨房、卫浴

选购要点：

① 表面光泽亮丽，无划痕、色斑、漏抛、漏磨、缺边、缺脚等缺陷
② 手感较沉，敲击声音浑厚且回音绵长

3. 仿古砖

√ 强度高、耐磨性高、防水防滑、耐腐蚀
× 容易显得风格过时

适用风格： 乡村风格、地中海风格
适用空间： 客厅、厨房、餐厅

选购要点：

① 敲击仿古砖、声音清脆即表明内在品质好，不易变形、破碎
② 购买时要比实际面积多约 5%，以免补货有色差或尺差

4. 马赛克

√ 不吸水、耐酸碱、抗腐蚀、色彩丰富
× 缝隙小、易藏污纳垢

适用风格： 任意家居风格
适用空间： 厨房、卫浴、卧室、客厅、背景墙

选购要点：

① 内含装饰物，分布面积应占总面积的 20%以上，且分布均匀
② 背面应有锯齿状或阶梯状沟纹

5. 金属砖

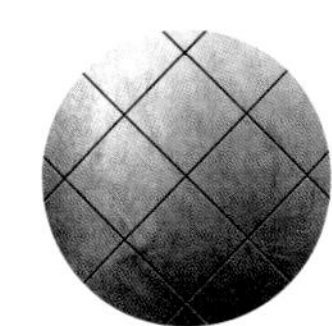

√ 光泽耐久、质地坚韧、易于清洁
× 色彩相对单一

适用风格： 现代风格、欧式风格
适用空间： 小空间墙面、小空间地面

选购要点：

① 应选择釉面均匀、平滑且边直面平的产品

② 金属砖以硬底良好、韧性强、不易碎为上品

6. 木纹砖

√ 纹路逼真、自然朴实、易保养
× 价格较高、没木地板温暖

适用风格： 任意家居风格
适用空间： 客厅、餐厅、厨房、卫浴、户外阳台

选购要点：

① 纹理重复越少越好

② 可以用手触摸，感受面层的真实感，高端木纹表面有原木的凹凸质感

/ 瓷砖设计应用图示 /

▲玻化砖全铺设计图示

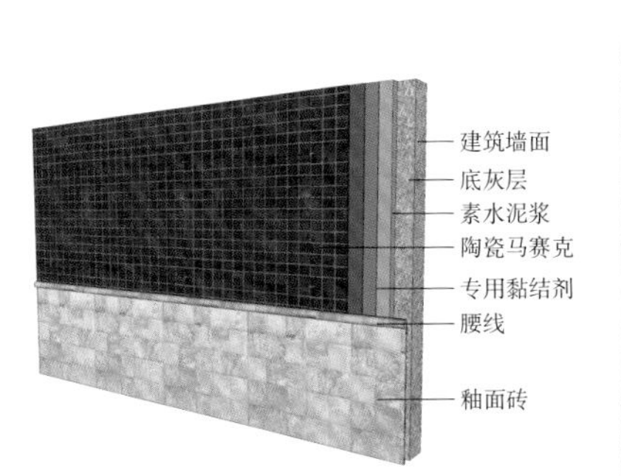

▲马赛克墙面设计图示

二、石材

1. 大理石

√ 花纹品种繁多、石质细腻、耐磨性好
× 容易吃色

适用风格： 现代风格、欧式风格
适用空间： 墙面、地面、吧台、造型面、洗漱台面，卫浴地面少量使用

选购要点：

① 色调基本一致、色差较小、花纹美观，抛光面具有镜面一样的光泽
② 用硬币敲击大理石，声音清脆
③ 用墨水滴在表面或侧面上，无渗透
④ 将稀盐酸涂在大理石上，若表面变得粗糙，则不是真正的大理石

2. 花岗岩

√ 硬度强、耐磨性好、不易风化
× 环保性稍差

适用风格： 古典风格、乡村风格
适用空间： 楼梯、柜面、洗手台面，卧室、儿童房少量使用

选购要点：

① 表面光亮，色泽鲜明，晶体裸露
② 厚薄要均匀，四个角要准确分明，切边要整齐，各个直角要相互对应

3. 文化石

√ 防滑性好、色彩丰富、绿色环保
× 怕脏、不容易清洁、有棱角

适用风格： 乡村风格、田园风格
适用空间： 电视背景墙、玄关、壁炉、阳台，卫浴、儿童房少量使用

选购要点：

① 表面没有杂质，无气味，手摸表面没有涩涩的感觉
② 划文化石的表面不会留下划痕，质量好的文化石烧不着
③ 敲击不易破碎，摔打至多碎成两三块

4. 板岩

√ 不易风化、耐火耐寒、防滑性强
× 会产生高低落差

适用风格： 美式风格、乡村风格
适用空间： 客厅、餐厅、书房、卫浴、阳台，厨房少量使用

选购要点：

花纹色调自然，隐含裂纹可以采用锤击法确定

5. 人造石材

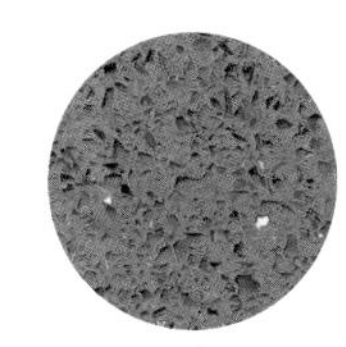

√ 造型百变、不易残留灰尘
× 易褪色、表层易腐蚀

适用风格： 任何家居风格
适用空间： 台面、地面铺装、墙面装饰

选购要点：

① 颜色清纯，通透性好，表面无类似塑料胶的质感，板材反面无细小气孔

② 手摸人造石样品表面有丝绸感、无涩感，无明显高低不平感

③ 用指甲划人造石材的表面，无明显划痕

④ 用酱油测试台面无渗透

⑤ 用打火机烧台面样品，阻燃，不起明火

石材设计应用图示

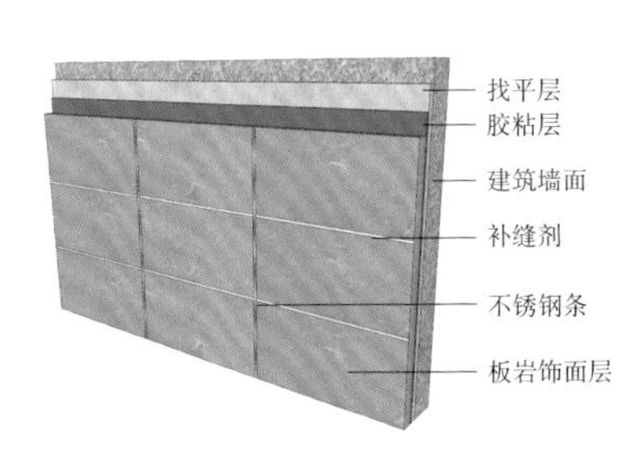

▲板岩砂浆黏结设计图示

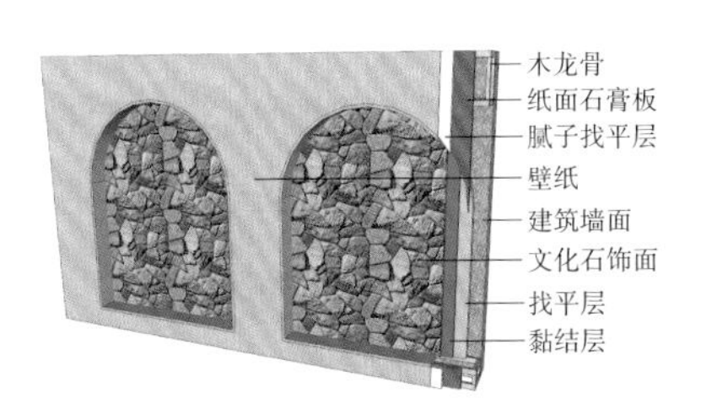

▲文化石留缝设计图示

三、玻璃

1. 烤漆玻璃

√ 环保、安全、耐脏耐油、易擦洗
× 遇潮易脱漆

适用风格： 简约风格、现代风格、混搭风格、古典风格
适用空间： 玻璃台面、玻璃形象墙、玻璃背景墙、衣柜柜门

选购要点：

① 正面看色彩鲜艳、纯正、均匀，亮度佳、无明显色斑
② 背面漆膜十分光滑，没有或者很少有颗粒突起，没有漆面“流泪”的痕迹

2. 钢化玻璃

√ 安全性能好、耐冲击力强
× 不能再加工，会自爆

适用风格： 现代风格、工业风格、混搭风格
适用空间： 玻璃墙、玻璃门、楼梯扶手

选购要点：

① 戴上偏光太阳眼镜观看玻璃，应该呈现出彩色条纹斑
② 用手使劲摸钢化玻璃表面，会有凹凸的感觉
③ 需测量好尺寸再购买

3. 镜面玻璃

√ 装饰效果多样
× 价格较为昂贵

适用风格： 现代风格
适用空间： 客厅局部装饰、餐厅局部装饰、书房局部装饰，台面、墙面装饰

选购要点：

① 表面应平整、光滑且有光泽
② 镜面玻璃的透光率大于 84%，厚度为 4~6mm

4. 艺术玻璃

√ 款式多样
× 定制耗时长

适用风格： 任何家居风格
适用空间： 家居各空间、局部装饰

选购要点：

① 最好选择钢化艺术玻璃，或者选购加厚的艺术玻璃
② 到厂家挑选，找出类似的图案样品参考

5. 玻璃砖

√ 隔音、隔热、防水、透光良好
× 抗震性能差

适用风格： 现代风格、田园风格、混搭风格
适用空间： 墙体、屏风、隔断

选购要点：

① 检查表面翘曲、缺口、毛刺等质量缺陷，角度要方正

② 外观不允许有裂纹，玻璃坯体中不允许有不透明的未熔物

③ 外表面里凹应小于 1mm，外凸应小于 2mm

/ 玻璃设计应用图示 /

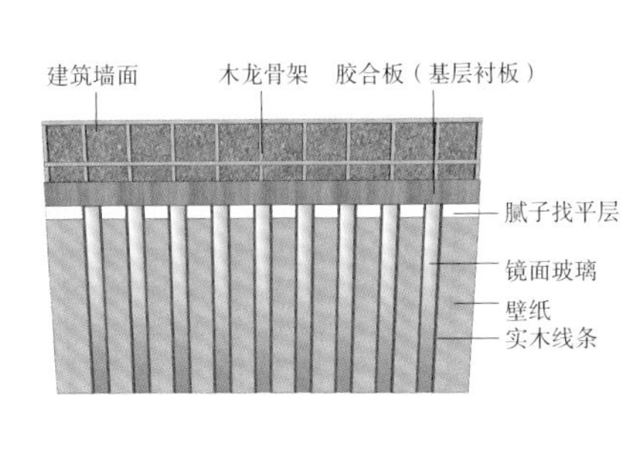

▲镜面玻璃粘贴固定设计图示

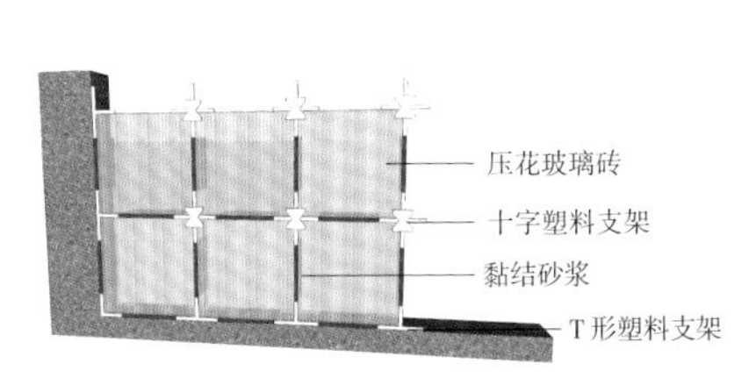

▲玻璃砖无框砌筑设计图示

四、漆与涂料

乳胶漆的选购
扫码下载视频

硅藻泥的搭配
扫码下载视频

1. 乳胶漆

√ 无污染、漆膜耐水、耐擦洗、色彩柔和
× 涂刷前期作业较费时费工

适用风格： 各种家居风格
适用空间： 墙面、顶面

选购要点：

① 闻到刺激性气味或工业香精味时应慎重选择
② 静置一段时间，正品乳胶漆表面会形成厚厚的、有弹性的氧化膜，不易裂
③ 用木棍将乳胶漆拌匀，再挑起来，优质乳胶漆往下流时会成扇面形
④ 用湿抹布擦洗不会出现掉粉、露底的褪色现象

2. 艺术涂料

√ 环保、耐摩擦、不褪色
× 对施工人员作业水平要求高

适用风格： 时尚现代风格、田园风格
适用空间： 玄关、背景墙、吊顶

选购要点：

① 取少许艺术涂料放入半杯清水中搅动，杯中的水仍清澈见底
② 储存一段时间，保护胶水溶液呈无色或微黄色，且较清澈
③ 保护胶水溶液的表面通常没有或极少有漂浮物

3. 硅藻泥

√ 净化空气、调节湿度、防火阻燃
× 耐重力不足、容易磨损、不耐脏

适用风格： 各种家居风格
适用空间： 客厅、餐厅、卧室、书房

选购要点：

① 若吸水量又快又多，则产品孔质完好
② 用手轻触硅藻泥，没有粉末黏附
③ 点火后若冒出气味呛鼻的白烟，则容易产生毒性气体

4. 木器漆

√ 材质表面更光滑、有效防止水分渗入
× 粉刷质感差、不耐擦洗

适用风格： 各种家居风格
适用空间： 家具、木地板饰面

选购要点：

① 选择聚氨酯木器漆的同时应注意木器漆稀释剂的选择
② 选购水性木器漆时，应当去正规的家装超市或专卖店购买

5. 金属漆

√ 漆膜坚韧、附着力强、抗紫外线

× 耐磨性和耐高温性一般

适用风格：现代风格、欧式风格

适用空间：金属基材表面、木材基材表面、室内外的墙饰面

选购要点：

观察金属漆的涂膜是否丰满光滑，是否由无数小的颗粒状或者片状金属拼凑起来

/ 乳胶漆设计应用图示 /

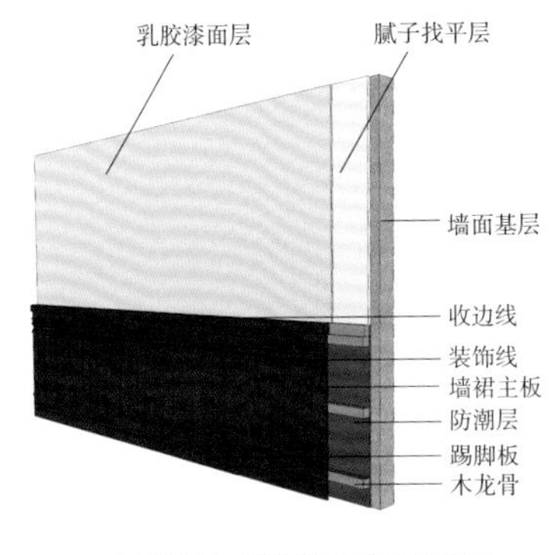

▲乳胶漆与墙裙组合设计图示

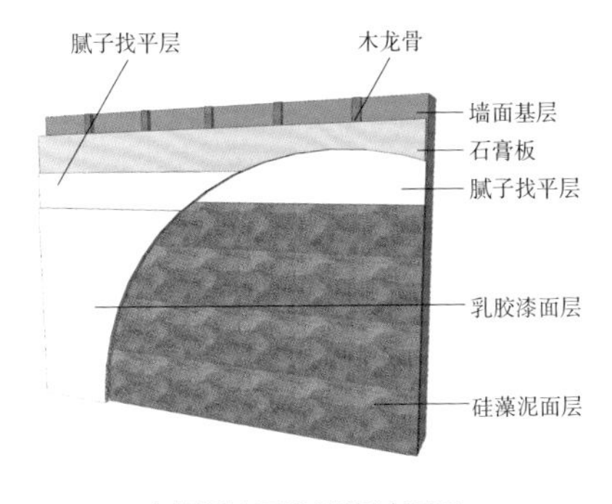

▲硅藻泥墙面造型设计图示

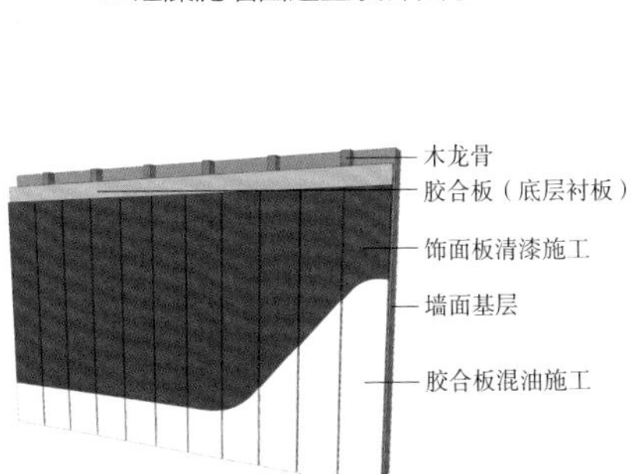

▲木器漆面层设计图示

五、壁纸

1. PVC 壁纸

√ 具有防水性、施工方便、耐久性强
× 透气性、环保性不高

适用风格： 任何家居风格
适用空间： 厨房、卫浴

选购要点：

① 用鼻子闻有无异味
② 看表面有无色差、死褶与气泡，对花是否准确，有无重印或漏印情况
③ 用笔在表面划一下，再擦干净，看是否留有痕迹
④ 在表面滴几滴水，看是否有渗入现象

2. 金属壁纸

√ 质感强、极具空间感
× 不适合大面积使用

适用风格： 后现代风格、欧式风格、东南亚风格
适用空间： 局部装饰、家居主题墙

选购要点：

查看表面是否有刮花、漆膜分布不均的现象

3. 植绒壁纸

√ 不反光、不褪色、吸音、图案立体、凹凸感强
× 价格较贵、易粘灰、要经常清洗

适用风格： 田园风格、欧式风格、中式风格、法式风格
适用空间： 电视墙、沙发背景墙、餐厅装饰墙

选购要点：

① 好的植绒壁纸含绒量较高，可用指甲轻划检验是否掉绒
② 尼龙毛比黏胶毛好，三角亮光尼龙毛优于圆的尼龙毛
③ 避免买到使用发泡剂制作的植绒壁纸，购买时多询问

4. 天然材质壁纸

√ 阻燃、吸音、透气、质感强，效果自然和谐
× 价格略高

适用风格： 田园风格、美式风格、北欧风格
适用空间： 家居任何空间

选购要点：

① 闻其气味应为淡淡的木香味
② 燃烧时没有黑烟，经水泡后水汽会透过纸面

5. 织物类壁纸

√ 视觉、手感柔和舒适
× 易挂灰，不易清洗维护、价格高

适用风格： 田园风格、欧式风格、中式风格、美式风格
适用空间： 客厅、卧室、局部装饰

选购要点：
后期较难补到同色产品，选购时应适当地多定一些，以备不时之需

/ 壁纸设计应用图示 /

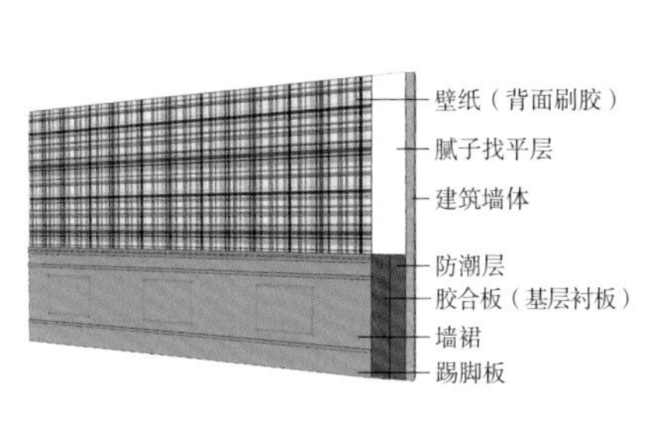

▲乳胶漆与墙裙组合设计图示

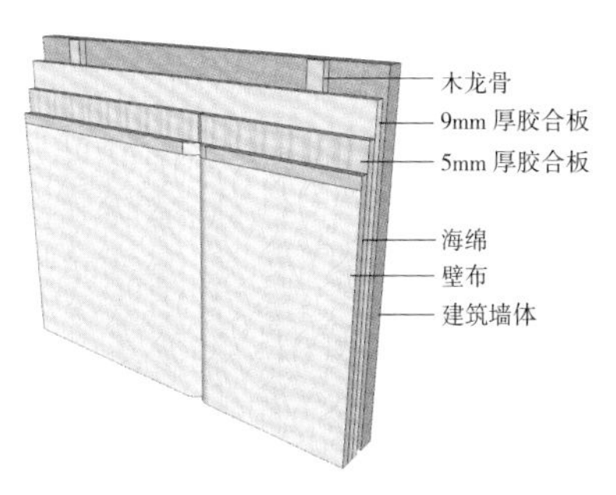

▲硅藻泥墙面造型设计图示

▲木器漆面层设计图示

六、装饰板材

1. 薄木饰面板

√ 花纹美观、装饰性好、立体感强
× 要提防甲醛释放

适用风格：任何家居风格
适用空间：门、家具、墙面、踢脚线

选购要点：

① 贴面越厚的性能越好，材质应细致均匀，色泽清晰、木色相近
② 表面光洁、无明显瑕疵，无毛刺、沟痕和刨刀痕
③ 无透胶现象和板面污染现象；无开胶现象，胶层结构稳定

2. 软木

√ 质地柔软、弹性佳、节能、环保、隔音、隔热
× 耐磨和抗压性稍逊

适用风格：现代风格、北欧风格、自然风格
适用空间：墙面、地面

选购要点：

① 看密度时，一般家庭选用 400~450kg/m^3 的软木即可
② 看表面时，表面应光滑、无鼓凸颗粒、软木颗粒纯净、边长应笔直、板面弯曲强度佳

3. 古木

√ 装饰效果独特
× 承重外力性能较弱

适用风格：美式风格、乡村风格
适用空间：门板、家具、顶面装饰、墙面装饰

选购要点：

① 春材细胞数量多，个体大，排列较疏松，看上去颜色较浅
② 秋材细胞数量少，个体小，排列较紧密，看上去颜色较深

4. 桑拿板

√ 耐高温、不易变形、易于安装
× 防潮、防火、耐高温差

适用风格：乡村风格
适用空间：卫浴吊顶、阳台吊顶、局部点缀

选购要点：

① 无节疤的桑拿板价格要高很多
② 进口桑拿板颜色要深于国产桑拿板，且具有淡淡清香
③ 桑拿板购买之后要拆包一片一片地看，避免“色差”过大

5. 欧松板

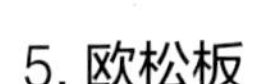

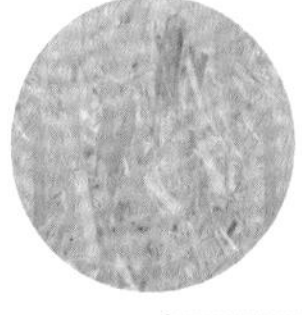

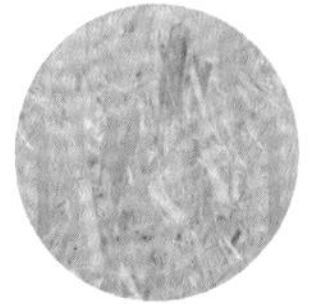

√ 握钉能力强、结实耐用、环保
× 厚度稳定性较差

适用风格：乡村风格、现代风格
适用空间：家具、隔墙、背景墙

选购要点：

内部任何位置都没有接头、缝隙、裂痕

6. 澳松板

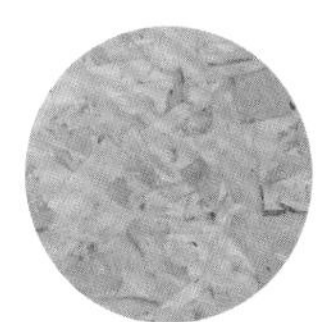

√ 稳定性强、内部结合强度高

× 不易吃普通钉、节疤、不平现象多

适用风格： 任何家居风格

适用空间： 墙面造型基层、地板

选购要点：

① 板芯接近树木原色，有淡淡的松木香味

② 用尖嘴器具敲击表面，声音清脆干净

③ 用“试水法”鉴别澳松板，板材几乎没有变化

/ 装饰板材设计应用图示 /

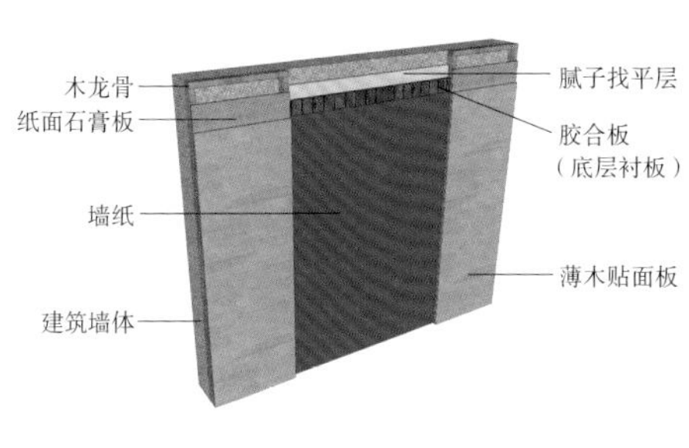

▲薄木贴面板立式墙面设计图示

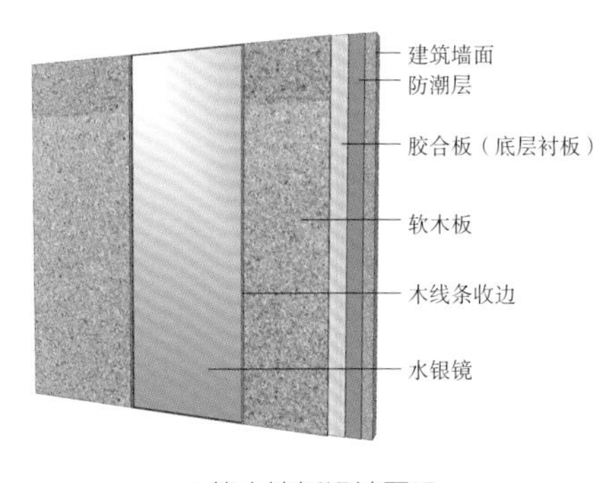

▲软木墙板设计图示

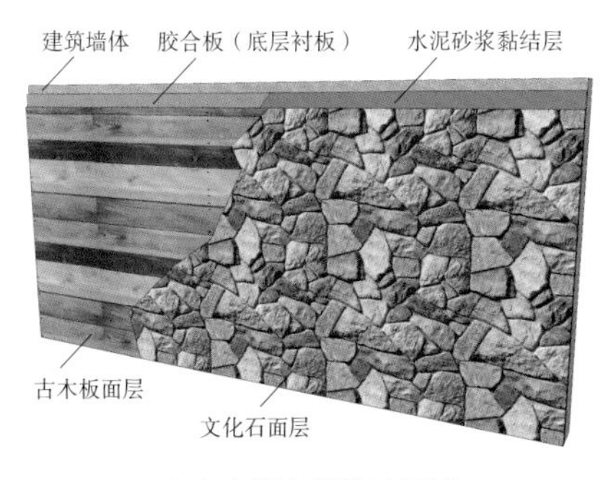

▲古木组合墙设计图示

七、吊顶材料

1. 纸面石膏板

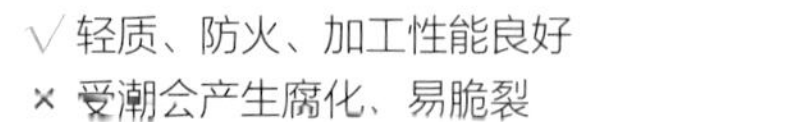

√ 轻质、防火、加工性能良好
× 受潮会产生腐化、易脆裂

适用风格： 任何家居风格
适用空间： 卫浴吊顶

选购要点：

① 优质纸面石膏板的纸面轻且薄，强度高，表面光滑没有污渍，韧性好
② 高纯度的石膏芯主料为纯石膏，好的石膏芯颜色发白
③ 用壁纸刀在石膏板的表面画一个“X”，在交叉的地方撕开表面，优质的纸层不会脱离石膏芯
④ 优质纸面石膏板较轻

2. 硅酸钙板

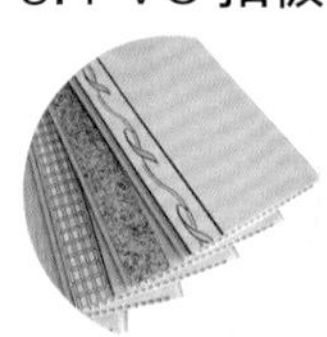

√ 强度高、重量轻、不产生有毒气体
× 更换不容易、施工费用较高

适用风格： 现代风格、简约风格、北欧风格
适用空间： 吊顶、轻质隔间，卫浴少量使用

选购要点：

① 要注意环保性
② 检查板材上所附的流水号码，看其是否为同一批次的硅酸钙板

3. PVC 扣板

√ 重量轻、防水、防潮、安装简便
× 物理性能不够稳定

适用风格： 任何家居风格
适用空间： 厨房顶面装饰、卫浴顶面装饰

选购要点：

① 敲击板面声音清脆，用手折弯不变形，富有弹性
② 用火点燃，燃烧慢说明阻燃性能好
③ 带有强烈刺激性气味说明环保性能差

4. 铝扣板

√ 不易变形、不易开裂、装饰性强
× 安装要求较高

适用风格： 任何家居风格
适用空间： 厨房顶面装饰、卫浴顶面装饰

选购要点：

① 声音脆的说明基材好
② 看漆面是否脱落、起皮
③ 可用打火机将板面熏黑，覆膜板上的黑渍容易擦去

5. 装饰线板

√ 可根据具体情况定制
× 因热胀冷缩，接缝处产生开裂

适用风格：任何家居风格
适用空间：顶面与墙面的衔接处

选购要点：

① 好的装饰线板重量较重
② 好的线板花样立体感十足，在设计和造型上均细腻别致

/ 吊顶设计应用图示 /

平面吊顶

- 以平面为主，增加一些暗藏灯带、筒灯、射灯的光源
- 不注重造型变化，而注重营造光影变化
- 多出现在现代、简约、北欧等风格中

弧线吊顶

- 设计样式为圆形、椭圆形以及半弧线造型
- 与空间中的灯具、设计元素等结合在一起
- 适合不规则空间，如多边形空间、弧形空间等

跌级吊顶

- 不在同一平面的降标高吊顶，类似阶梯形式
- 有二级、三级或多级的形态
- 内部设计暗藏灯带，可增加吊顶的纵深感

藻井式吊顶

- 具有突出的立体感与厚重感，与墙面造型的融合出色
- 细节设计上会用粗细不同的石膏线条、实木线条装饰修边，增加吊顶边角的自然感

格栅式吊顶

- 具有装饰美感，且拥有高性价比的吊顶
- 施工方便快捷，不占用吊顶空间
- 可采用木纹材质、塑料材质及金属材质等，以营造出丰富的装饰效果

八、地板材料

1. 实木地板

√ 花纹自然、脚感舒适、使用安全
× 难保养、对铺装要求较高

适用风格：乡村风格、田园风格
适用空间：客厅、卧室、书房

选购要点：

① 检查基材是否有死节、开裂、腐朽、菌变等问题
② 查看漆膜光洁度是否有气泡、漏漆等问题
③ 观察企口咬合，拼装间隙，相邻板间高度差
④ 购买时应多买一些作为备用

2. 实木复合地板

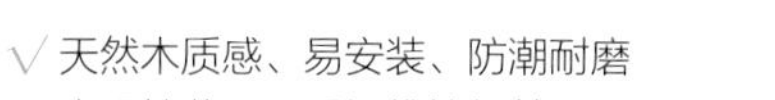

√ 天然木质感、易安装、防潮耐磨
× 表层较薄、需重视维护保养

适用风格：任何家居风格
适用空间：客厅、卧室，厨卫少量使用

选购要点：

① 表层板材越厚，耐磨损的时间就越长
② 表层应选择质地坚硬、纹理美观的品种；芯层和底层应选用质地软、弹性好的品种
③ 胶合性能是重要质量指标

3. 强化复合地板

√ 应用面广、维修简单、成本低
× 经水泡后的损坏不可修复、脚感差

适用风格：简约风格
适用空间：客厅、卧室，厨卫少量使用

选购要点：

① 学会测耐磨转数，耐磨转数达到 1 万转为优等品
② 强化复合地板的表面要求光洁无毛刺
③ 国产和进口的强化复合地板在质量上没有太大差距，不用迷信国外品牌

4. 竹木地板

√ 无毒、牢固稳定、防虫蛀功能强
× 随气候干湿度变化有变形

适用风格：禅意家居、日式家居
适用空间：适宜做地热采暖的家居地板

选购要点：

① 观察地板表面的漆上有无气泡，竹节是否太黑
② 注意竹木地板是否是六面封漆
③ 竹木地板最好的竹材年龄为 4~6 年

地板铺设常见形式

工字式

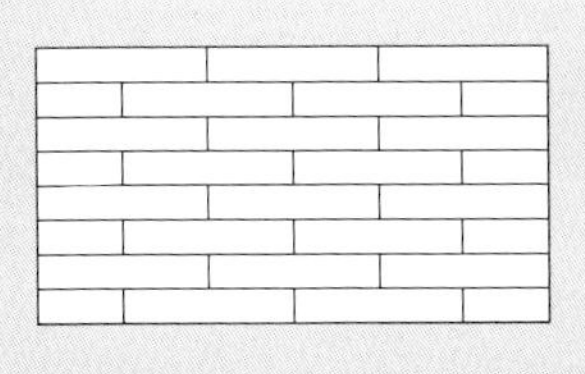

- 前一排铺好后，后一排与前一排的每块地板的中部对齐平行铺贴，铺好的形状像一个工字
- 施工简单、快速，材料损耗小，效果中规中矩

45°斜铺

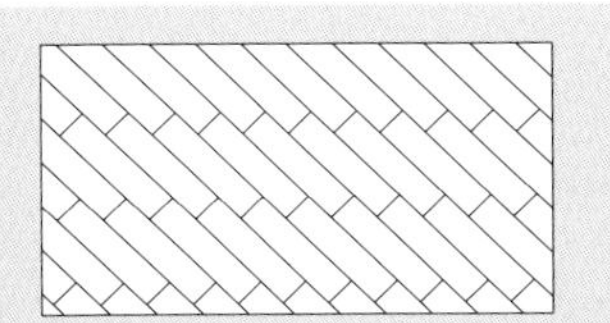

- 依然采用工字式，但整个铺面是斜的
- 减少了单调感，错落有致

鱼骨形

- 像鱼骨一样错落有致地排列，使空间充满立体感
- 费料，更适合空间比较完整的房间
- 对施工人员的能力要求较高

人字形

- 与鱼骨形十分相似的拼接方式，但更简单一些
- 具有高端、大气之感

九、门窗

1. 实木门

√ 不变形、隔热、保温、吸声性好
× 价格略贵

适用风格： 欧式古典风格、中式古典风格
适用空间： 客厅、卧室、书房

选购要点：

① 漆膜要丰满、平整，无橘皮现象，无突起的细小颗粒
② 表面的花纹不规则
③ 轻敲门面，声音均匀沉闷说明该门质量较好

2. 实木复合门

√ 价格实惠、隔音、隔热
× 怕水、容易破损

适用风格： 任何家居风格
适用空间： 客厅、餐厅、卧室、书房

选购要点：

① 查看门扇内的填充物是否饱满
② 检查门边刨修的木条与内框连接是否牢固
③ 装饰面板与框粘接应牢固，无翘边和裂缝

3. 模压门

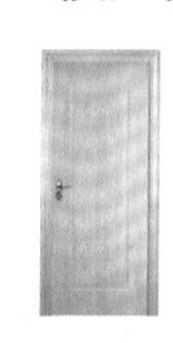

√ 价格低、抗变形、不会出现表面龟裂和氧化变色
× 隔音效果较差、门身轻、档次低

适用风格： 现代风格、简约风格
适用空间： 客厅、餐厅、卧室、书房

选购要点：

① 贴面板与框体连接应牢固，无翘边、无裂缝；贴面板厚度不得低于 3 mm
② 板面应平整、洁净、木纹清晰，无节疤、虫眼、裂纹及腐斑

4. 塑钢窗

√ 价格低、性能高、优良的密封性、保温、隔热、隔音、表面可着色和覆膜
× 断面较大、美观度较低、影响采光

适用风格： 任何家居风格
适用空间： 任意家居空间（含封装阳台）

选购要点：

① 玻璃平整、无水纹，玻璃与塑料型材不直接接触，有密封压条贴紧缝隙
② 五金件齐全，安装位置正确，安装牢固，推拉时能灵活使用
③ 塑钢门窗主材为 UPVC，其型材壁厚应大于 2.5mm，表面光洁，颜色为象牙白或白中泛青

5. 玻璃推拉门

√ 分隔空间、增加空间使用弹性

× 通风性较弱、密封性较弱

适用风格：现代风格

适用空间：阳台、厨房、卫浴、壁橱

选购要点：

① 检查密封性

② 具备强大承重能力的底轮能保证良好的滑动效果和超常的使用寿命

6. 铝合金窗

√ 美观、耐用、便于维修、价格便宜

× 推拉噪声大、易变形、保温性差

适用风格：任何家居风格

适用空间：任意家居空间（含封装阳台）

选购要点：

① 抗拉强度应达到 157MPa，屈服强度要达到 108MPa

② 用手适度弯曲型材，松手后应能复原

③ 表面无开口气泡（白点）、灰渣（黑点）、裂纹、毛刺、起皮等明显缺陷

④ 氧化膜厚度达到 10 μm，可在型材表面轻划一下，如果表面的氧化膜被轻易划掉，则应避免选购

7. 断桥铝窗

√ 具备塑钢窗和铝合金窗的全部优点

× 制作和施工成本较高、市场价格差异大

适用风格：任何家居风格

适用空间：任意家居空间（含封装阳台）

选购要点：

① 选择壁厚大于 1.4mm 的铝材

② 选择环保的 TPE 弹性体密封条

③ 选择中性硅酮耐候胶，有条件的可以选择进口品牌的玻璃胶

④ 选择 PA66 尼龙隔热条，切记不要选择 PVC 隔热条

/ 门窗在空间设计中的应用实例 /

▲实木复合门与墙面的面板色调一致，衬托出居室的时尚、简约

▲一体成型的模压门造型凹凸有致，其干净的白色调非常适合年轻夫妻选用

▲铝合金门窗干净、整洁，为空间带来大气、明亮之感

▲塑钢门窗的颜色可根据室内色彩进行选择，形成统一感

十、橱柜

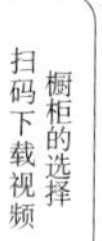

1. 常见门板材料

实木门板

√ 具有温暖的原木质感、天然环保 、坚固耐用

× 养护麻烦、价格较贵、对使用环境的温湿度有要求

适宜人群： 偏爱纯木质的业主

烤漆门板

√ 色泽鲜艳、易于造型、防水性能佳、易清理

× 价格高、怕磕碰和划痕、易出现色差

适宜人群： 追求时尚的年轻业主

模压板门板

√ 色彩丰富、木纹逼真、不开裂、不变形、不需要封边

× 不能长时间接触或靠近高温物体、容易变形

适宜人群： 对橱柜外观要求不高、重实用的业主

金属门板

√ 耐磨、耐高温、抗腐蚀、前卫、个性、日常维护简单、易清理

× 价格昂贵、风格感过强，应用面不广

适宜人群： 追求与世界潮流同步的业主

2. 常见台面材料

人造石台面

√ 抗污力强、可任意长度无缝粘接、表面磨损后可抛光

× 硬度稍差、不耐高温

适宜人群： 讲究环保的业主

石英石台面

√ 硬度高、耐热好、抗污染性强、可在上面直接斩、切

× 有拼缝

适宜人群： 追求天然纹路和经济实用的业主

不锈钢台面

√ 抗菌再生能力最强、环保无辐射、坚固、易清洗

× 台面各转角结合处缺乏合理性、不太适用管道多的厨房

适宜人群： 追求时尚的年轻业主

美耐板台面

√ 可选花色多、价格经济实惠

× 转角处会有接痕和缝隙

适宜人群： 追求时尚简约的业主

3. 常见柜体板材

刨花板

√ 环保型材料、成本较低、幅面大、表面平整、易加工

× 普通产品容易吸潮、膨胀

适宜人群： 讲究环保的业主

细木工板

√ 幅面大，易于锯裁、承重力强、不易开裂、材质韧性强、具有防潮性能、握钉力较强、便于综合使用与加工

规格： 橱柜加工的细木工板多为 20~25mm 的厚度规格

中密度纤维板

√ 强度高、防水性能极强

价格： 60 元左右为低档产品，若作为橱柜产品的材料，无法保证质量

选购要点：

① 尺寸要精确，最好选择大型专业化企业生产的；② 做工要精细，检查封边是否细腻、光滑，封线是否平直光滑等；③ 孔位要精准，孔位的配合和精度会影响橱柜箱体的结构牢固性；④ 外形要美观，缝隙要均匀；⑤ 滑轨要顺畅，检查是否有左右松动的状况，以及抽屉缝隙是否均匀

十一、水电材料

1. 水路材料

PP-R 管

特点：

① 既可用作冷水管，也可以用作热水管

② 具有节能、节材、消菌、内壁光滑不结垢、施工和维修简便、使用寿命长等优点

应用范围：

家装给水管路改造施工

常见配件：

丝堵

管道末端的配件，有防止管道泄漏的密封作用

阀门

改变水流流动方向或截止水流的部件；水表、洁具进水管常用

直接

起连接作用，在管路末端和阀门连接时需用到

活接

更换方便，使用活接方便更换阀门

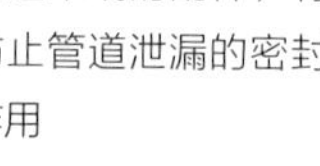

直通

连接件，管线不够长时采用直通连接

过桥弯管

管路交叉时使用，使管路正常通过

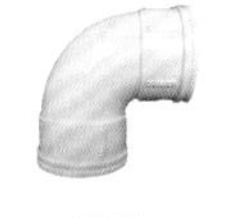

弯头

连接件，用于连接两根呈一定角度的水管

三通

改变水流方向，连接来自三个方向的彼此呈直角的管路

PVC 排水管

特点：

① 主要用作排水管道，现多使用 PVC-U 管

② 以卫生级 PVC 为主要原料，加工方法为挤出成型和注射成型

应用范围：

家装排水管路改造施工

常见配件：

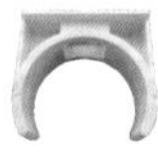

管卡

将管路固定在顶面或墙面上的配件

四通

用在四根管路的交叉口，起到连接作用

存水弯

用于水管的存水，防止反味

管口封闭

保护管道，避免杂物进入管道而堵塞管道

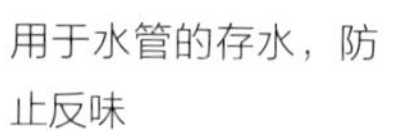

直落水接头

用于空调板及阳台处的雨水和空调水管接头

检查口

装在排水立管及较长横管段上，用于检查和清通

弯头

连接呈一定角度的排水管，迫使管路改变方向

三通

连接三个不同方向的排水管

2. 电路材料

PVC 穿线管

特点:

① 分为轻型、中型和重型三种，家庭电路改造中常用的为中型和重型两种

② 管体表面应光滑且没有缺陷，管壁厚度一致

应用范围:

将电线穿入管内，保护电线

强电电线 / 弱电电线

特点:

① 强电的处理对象是能源（电力），特点是功率大、电流大、频率低

② 弱电指非动力电类的信号电，包括网络、电话、视频和音频信号等，连接信号主要靠弱电电线来完成

③ 要根据选用的电器选择相对应规格的电线才安全

配电箱

特点:

① 集中室内所有的线路，统一分配和控制，保证家居用电的安全性

② 分为强电配电箱（家中所有的动力电总控制）及弱电配电箱（家中所有的信号线总控制）

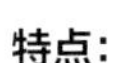

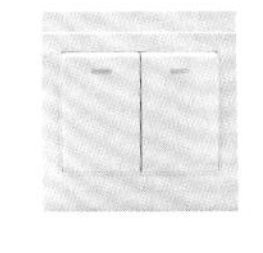

开关

特点:

① 种类较多，除了常规款，还包括控制式开关、调光开关、延时 / 定时开关、红外线感应开关、转换开关等

② 每种开关都有其不同的作用，可以与几开几孔开关结合使用

插座

特点:

① 保障家庭电气安全的第一道防线

② 有小孩的家庭宜选用带保险挡片的安全插座

常见配件:

弯头

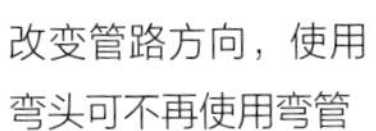

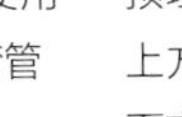

改变管路方向，使用弯头可不再使用弯管

暗盒

预埋在墙内，灯具的上方，开关、插座的下方

罗接

暗盒配套配件，可以保护电线

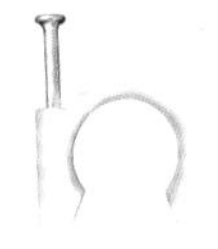

管卡

固定单根或多根 PVC 穿线管，在电线槽内使用

十二、其他辅材

种类		特点
水泥		① 主要用于瓷砖粘贴、地面抹灰找平、墙体砌筑等 ② 家装最常用的水泥为 32.5 号硅酸盐水泥 ③ 水泥砂浆一般应按水泥：砂 =1：2（体积比）的比例来搅拌
砂子		① 配合水泥制成水泥砂浆，用于墙体砌筑、粘贴瓷砖和地面找平 ② 分为粗砂、中砂、细砂，粗砂粒径大于 0.5mm，中砂粒径为 0.35~0.5mm，细砂粒径为 0.25~0.35mm ③ 建议使用河砂，中砂或粗砂为好
腻子		① 平整墙体表面的一种厚浆状涂料 ② 乳胶漆粉刷前必不可少的一种产品 ③ 按照性能主要分为耐水腻子、821 腻子、掺胶腻子
龙骨		① 吊顶用的材料，分为木龙骨和轻钢龙骨 ② 木龙骨又叫木方，常用截面为 30mm×50mm，一般用于石膏板吊顶、塑钢板吊顶中 ③ 轻钢龙骨根据其型号、规格及用途不同，有 T 形、C 形、U 形等，一般用于铝扣板吊顶和集成吊顶中
防水材料		① 家装主要使用防水剂、刚性防水灰浆、柔性防水灰浆三种 ② 砂浆防水剂可用于填缝，在非地热地面和墙面使用，防水砂浆厚度至少要达到 2cm
保温隔声材料		① 主要有苯板和挤塑板两种 ② 苯板是一种泡沫板，用在建筑墙体时起保温作用，但隔热效果一般 ③ 挤塑板正逐渐取代苯板，其具有抗压性强、吸水率低、防潮、不透气、质轻、耐腐蚀、超抗老化、热导率低等优异性能

第八章

室内装修预算

预算的制作在室内设计及装修工程中都占据重要地位，因牵涉费用问题，业主、设计师、厂商在不同角度会有不同的思考方式。所以理解装修预算的明细，并掌握硬装修预算的各项因素对三方都有利，也会降低由此引发的不必要的纠纷。

第一节 了解装修预算

室内装修预算看似烦琐，实际上只要掌握了预算项目的构成，以及了解项目的细分即可。作为设计师来说，在做预算时一定要细心，避免出现漏项以及计算错误的情况。

一、预算项目的构成

一般来说，装修预算包括直接费和间接费两大部分。其中，管理费、利润、税金属于间接费，一般不出现在详细的预算项目制作当中。直接费包括人工费和材料费两部分，是预算项目构成的重点内容。

1. 直接费

直接费是指装修工程直接消耗于施工上的费用，一般根据设计图纸将全部工程量乘以该工程的各项单位价格得出费用数据。直接费用包含人工费和材料费两部分。人工费又包括设计费、施工费和监理费，材料费则包括主材费、辅材费、软装费和电器费。

分类		概述
人工费	设计费	设计师为业主提供设计创意、户型改造、材料选用、施工图纸等服务的费用
	施工费	装修工人的施工费用，包含水暖、电路、泥瓦、木作、油漆、安装以及搬运等方面的费用
	监理费	雇用施工监理专业人员的费用，这类人员通常独立于装修公司之外，不受装修公司控制，直接服务于业主
材料费	辅材费	主要包括水泥、河砂、红砖、水管、电线、石膏板、木工板、石膏粉、腻子粉等辅材的费用
	主材费	主要包括瓷砖、大理石、木地板、套装门窗、橱柜、衣帽柜、壁纸、地暖、中央空调等主材的费用
	软装费 + 电器费	主要包括沙发、床、餐桌、吊灯、吸顶灯、坐便器、浴缸、窗帘、装饰品、电视、冰箱、微波炉等软装和电器的费用

2. 间接费

间接费是装修工程为组织设计施工而间接消耗的费用，这部分费用为组织人员和材料付出，不可替代。间接费包含管理费、利润和税金三部分。

管理费	用于组织和管理施工行为所需要的费用，一般为直接费的 5%~10%
利润	装修公司作为商业营利单位的一个必然取费项目，一般为直接费的 5%~8%
税金	收取标准为直接费、管理费、利润总和的 3.4%~3.8%

二、了解预算总价的计算方式

1. 装修预算总价的计算

装修预算总报价是指直接费和间接费相加的总和，具体公式如下所示：

预算总价 = 人工费 + 材料费 + 管理费 + 利润 + 税金

通过上述公式，再加上下面的简要计算方法，就可以轻松制作出一份完整的装修预算：

（1）人工费与材料费之和，即直接费；

（2）管理费 =（1）×（5%~10%）；

（3）利润 =（1）×（5%~8%）；

（4）合计 =（1）+（2）+（3）；

（5）税金 =（4）×（3.4%~3.8%）；

（6）总价 =（4）+（5）。

备注：

这个公式可用于任何家庭居室装修工程预算报价中。但其他费用如设计费、垃圾清运费、增补工程费等则需按实际发生计算。

2. 装修预算不等于成本

预算指的是未来工程发包执行时能被发包出去的价格，但实际价格因不同地域的差价而有所不同。对于估价会以项目进度的时间做区别：

平面图绘制前的估价：接案时业主通常会问要花多少钱完成此案，这时给的估价预算通常是以往的经验推估，借由空间面积大小、设计风格及复杂度、所用材料等级等作为推估依据，因没有完成最后的平面图，只是概略初步估算。

平面图完成后的估价：整个设计案签下来，已将施工、材料、设备等设计图纸画完，并与业主达成一致后的估价，此时估价较精准，接近预算价格，指设计案预计用多少钱发包出去执行。

实际估价：在工程进行中或开始时，通过现地了解后所做的估价，有时会将前后估价内容做调整或重估，是非常贴近发包成本的预算价格。

备注：

在平面图绘制前的估价可做分类，如有无动到泥作、有无贴大理石等，将单位面积价格做分类，并在回答时有个区间，如“每平方米 XX~XX 元，会因风格、材料、施作范围及内容有所增减”。

备注：

已开工就无所谓预算价格，预算是在施工前的编列，也就是说可依照平面图内容进行估算，这就是所谓的预算成本。

第二节 装修预算的分配

通常业主在进行新房装修前，对装修费用会有一个初步的心理预期，设计师在设计方案时应将客户的心理预算与实际装修预算做合理的融合与分配，最终制定出一份既能满足客户需求，又能契合公司利润的装修预算规划。

一、装修预算的初步分配原则

1. 基础装修费、软装费与电器费的分配比例

一般来说可以将客户的心理预算初步分配到三个方面，即基础装修费、软装费和电器费，其中基础装修费又包括设计费和硬装工程费，软装费包括家具、灯具、布艺、饰品等的购买费用，电器费则比较灵活，可充分结合业主需要来做合理分配。通常情况下，三个预算项目的比例大概为基础装修费：软装费：电器费 =5：3：2。

注： 不需要死守这个费用比例，可根据业主需求进行灵活调整，这个比例只是帮助设计师估算预算的范围，防止设计方案预算过高，以及业主对方案不满意而导致的无效率更改。

基础装修费

主材

木地板、瓷砖、石材、乳胶漆、壁纸、硅藻泥等

辅材

电线、水管、水泥、河砂、石膏粉、腻子粉、木龙骨、石膏板等

卫浴洁具

坐便器、花洒、浴室柜、镜子、洗脸盆、水龙头、地漏、开关插座、照明筒灯等

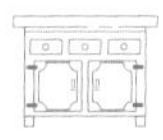

全屋定制

全屋定制柜体（含衣帽柜、鞋柜、酒柜等）、套装门、整体橱柜

设计费、监理费

设计费指支付给设计师的费用，监理费指业主雇用独立于装修公司之外的监理人员的费用

人工费

涵盖拆改、水电、泥瓦、木作和油漆等所有施工项目的人工费

软装费

成品家具

沙发、茶几、餐桌椅、床、书架等

灯具

吊灯、吸顶灯、筒灯、射灯、台灯、暗光灯带

布艺

窗帘、床品、地毯、桌布、抱枕、沙发垫等

装饰品

装饰画、工艺品、植物、花艺等

电器费

电器包括电视、冰箱、空调等，这部分费用可做灵活处理，如业主对电视无需求，则可以将这部分费用调整到软装费用中

2. 基础装修费与软装费的细分比例

根据上述的预算分配比例图，还可以将基础装修费与软装费进行更加精细化的比例划分。其中，基础装修费中除了设计费、监理费之外，人工费和材料费均属于住宅装修中的硬装部分。而在软装费用的支出中，考虑到软装属于消耗品，日常的使用会损耗其使用寿命，因此不能一味地追求性价比，选择时要格外注意质量。

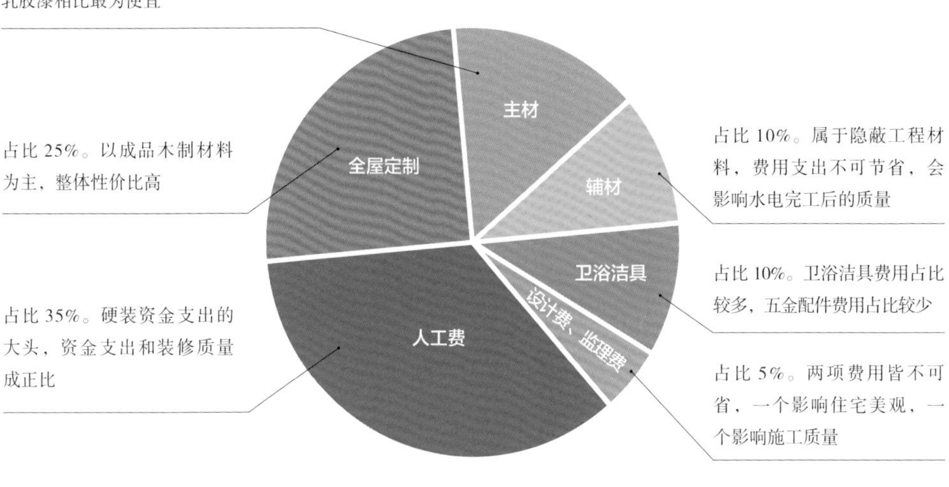

▲ 基础装修费支出占比

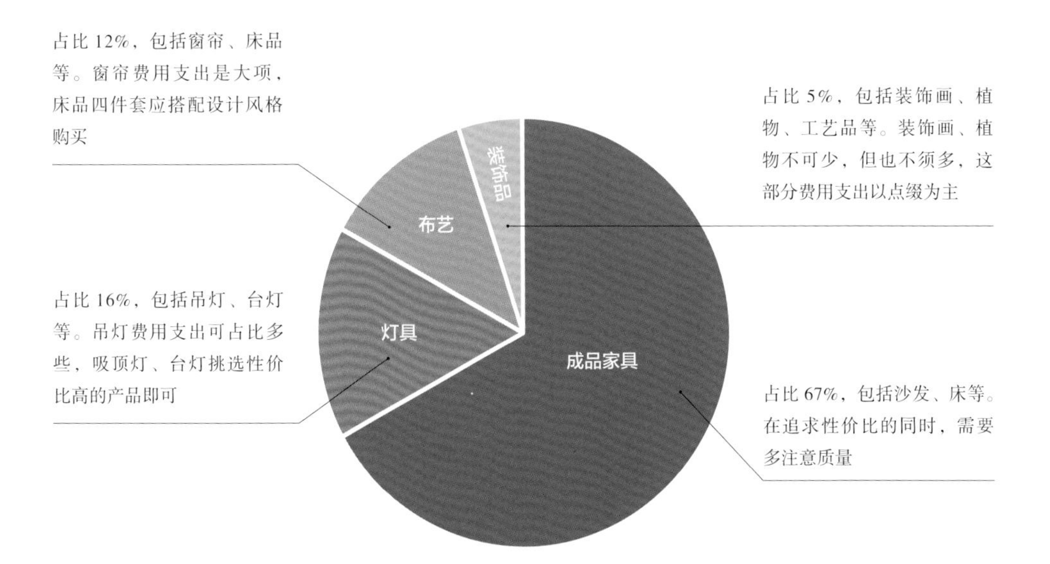

▲ 软装费支出占比

二、不同装修档次的预算分配原则

住宅装修是一项综合工程，有许多未知的因素存在，也有不同的档次之分。设计师需要结合业主的心理预算来定位装修档次。

一般来说，每平方米（建筑面积）装修造价在 300 元以内的房子，装修时不可盲目追求品牌，应尽量做到经济实用，这样才能节省预算；

每平方米（建筑面积）装修造价在 300~500 元时，材料可以使用品牌产品，但要注意搭配，并尽量选择简约风格；

每平方米（建筑面积）装修造价超过 500 元时，可以在顶面或墙面适当做一些造型处理；

每平方米（建筑面积）装修造价超过 1000 元时，尽管选择余地较大，但最好有一个控制比例，这样才不至于超支。一般来说，房子面积越大，在橱柜上的花费比例相对越小，而木门、地板及厨卫墙地砖的花费比例则相对越大。

备注：

如果是简单装修，对木地板、乳胶漆、墙地砖、胶合板等基础大项材料进行专项了解，核算出的价格基本就是总造价的主体了；如果是高档次的装修，除了基础项目外，还要留出一定空间让设计师从美学的角度进行优化。

人工费占比约 70%
材料费占比约 30%

人工费占比约 55%
材料费占比约 45%

人工费占比约 55%
材料费占比约 45%

▲ 不同装修档次中人工费和材料费的占比

三、不同装修风格的预算配比

住宅装修风格在一定程度上也是决定预算高低的不容忽视的因素。由于不同种类的装修风格所选用的材料、造型、软装等均有不同，因此在造价上存在着很大的差异。设计师在制作方案时，应充分考量业主的计划装修资金投入与其喜爱的装修风格之间的匹配度，做好适当的取舍，并与业主进行充分沟通。

1. 常见装修风格的参考造价范围

风格种类	装修预算内容及参考造价范围（60~140m^2）
现代风格	● 装修整体造价通常为 15~32 万元 ● 不锈钢是非常常见的材料，常用作包边处理或切割成条形镶嵌，能体现风格特征，施工价格也比较合理 ● 若要节省预算，可将主要软装的预算放宽一些，如沙发或主灯选择极具代表性的，其他部分可以收紧一些 ● 小的软装数量宜少一些，选择一些金属、玻璃等材质的款式
简约风格	● 装修整体造价通常为 10~18 万元 ● 现代感的金属、涂料、玻璃、塑料及合成材料会单独或与传统材料组合使用，在做设计及预算时，可列入选择范围内 ● 软装款式应与硬装呼应，可多选择一些多功能家具，如折叠家具、直线条的可以兼做床的沙发等，这些家具均造价不高，但实用性较强
北欧风格	● 装修整体造价通常为 13~20 万元 ● 若预算不是很充足，墙面可直接“四白落地”，把重点放在家具和灯具的搭配上 ● 建议选择一些具有强烈风格特征的主沙发和主灯，其他小件家具、灯具和饰品的预算可适当收紧
工业风格	● 装修整体造价通常为 15~22 万元 ● 风格效果突出，但造价并不是特别高，可以直接运用裸露的吊顶，以节约预算
日式风格	● 装修整体造价通常为 13~22 万元 ● 硬装上几乎不用做任何造型，以此来节省预算 ● 预算的重点可以放在原木家具的选购上
中式古典风格	● 装修整体造价通常为 30~85 万元 ● 传统中式住宅在硬装方面的预算比较高，因为中国古代宫廷建筑室内多使用木质材料做装饰，所以中式古典风格也延续了这一特点 ● 由于实木家具是非常具有中式代表性的，包括花梨木、檀木等材质，价格通常比较高，是预算的分配重点
新中式风格	● 装修整体造价通常为 20~45 万元 ● 木料仍是非常具有代表性的材料，建议在硬装材料的预算中适当加大资金比例 ● 为了表现新中式的特征，但又要节省预算，可以降低实木的运用比例，多使用板材做装饰 ● 预算的重点部分建议放在大件家具、灯具和摆件上，如主沙发、主吊灯和大型摆件贵一些，辅助沙发、座椅、小灯具以及小摆件的预算降低一些

续表

风格种类	装修预算内容及参考造价范围（60~140m²）
欧式古典风格	● 装修整体造价通常为 30~75 万元 ● 整体装修效果豪华，适合面积大且开阔的户型，在硬装方面的预算占比大一些，可以为整体预算的 1/3 左右 ● 若想降低预算，可以少设计一些欧式构件，而多使用具有风格特征的壁纸 ● 软装也强调造型上的精美和装饰上的奢华感，因此占据预算的比例也比较大，建议为去掉硬装后所余金额的 2/3 左右
简欧风格	● 装修整体造价通常为 22~52 万元 ● 如果从节约预算的角度出发，一个空间内可以设计一面重点墙面，其他部分不使用造型 ● 软装不再追求表面的奢华和美感，而是更多地从解决人们生活的实际问题出发，可以在一定程度上大大节省预算
美式风格	● 装修整体造价通常为 20~58 万元 ● 壁纸和做旧的实木结构是硬装预算的重点，壁纸多为纸浆壁纸，做旧实木结构则通过实木假梁、实木垭口以及实木门等来体现 ● 常见的美式风格包括美式乡村风格和现代美式风格，由于美式乡村风格需要较多的墙面和顶面造型来凸显风格特征，因此造价相对较高；而现代美式风格更侧重用色彩和软装来表达风格特点，能大幅降低预算
法式风格	● 装修整体造价通常为 25~55 万元 ● 法式风格相较简欧风格更显精致，主要表现在顶面和墙面上的雕花装饰线条上 ● 软装适合选择带有女性化色彩的布艺，造价不高，但非常容易出效果
田园风格	● 装修整体造价通常为 18~28 万元 ● 原木的运用是田园风格的一个特征，可将预算侧重于此，以塑造出田园风格的精髓
地中海风格	● 装修整体造价通常为 15~22 万元 ● 硬装预算的重点可以放在拱形门窗上，若预算充足可以加入硅藻泥涂刷的墙面、鹅卵石铺贴等更能体现细节的设计元素 ● 软装无须选择昂贵的款式，利用一些带有海洋风情的小装饰品，就能轻易营造出风格特征
东南亚风格	● 装修整体造价通常为 25~85 万元 ● 木质材料是东南亚风格中硬装方面不可缺少的一种材料，造价较高 ● 布艺材料以在不同光线下具有变换感的泰丝为主，最好选择品质感较高的产品 ● 若要节省预算，可用色彩鲜艳的布艺家具来替代实木雕刻家具

2. 从风格角度降低装修预算的方法

方法一：不改变装修风格，从项目本身做减法。若业主选定了一种心仪的装修风格，其心理预算和该风格的实际成本落差不大，可以选择这一方法。例如，业主选定的是欧式古典风格，但预算投入有限，可以在主材、软装或施工方面做加减法，或者减少吊顶、墙面等处的造型，或者减少沙发、床等大件家具资金的投入，在计划预算之内，将欧式古典风格的特点高质量地呈现在住宅中。应避免出现在前期的施工和主材方面投入较多资金，而在选购家具、软装环节，受价格影响不能选购业主心仪的款式。

方法二：寻找可替代的相似的装修风格。同样以业主心仪的装修风格是欧式古典风格为例，若业主的心理预算与该风格的实际成本存在一定的差距，可以选择这一方法。例如，可以建议业主选择简欧风格或法式风格，这两种装修风格均是欧式古典风格的简化版本，但却在一些设计、装饰元素上与欧式古典风格有着异曲同工之处。

方法三：从根本上扭转业主的风格喜好。很多初次装修的业主并不了解各种装修风格的成本，有时看到一张装修图片觉得好看，于是也想将家居空间装修成类似的风格。例如，业主喜欢的是欧式古典风格，但心理的预算却只能满足将家居空间设计成简约风格。这时设计师应耐心为业主讲解风格成本的由来，尝试从根本上扭转业主的风格喜好。再挖掘业主喜欢的色彩方向，或者喜欢的某一款家具，将其体现在风格设计之中。

业主初步选定的装修风格参考图片

▲替代方案一

保留了欧式古典风格的设计精髓，但墙面造型做了适当简化，以期降低部分预算

▲替代方案二

用现代法式风格替代欧式古典风格，大大减少了空间中的造型设计，预算自然降低

▲替代方案三

用简约风格作为替代方案，从色彩上贴合业主初步选定的装修风格，并适当选用流线型家具进行装点

第三节 预算报价单的制作

由于不同的设计公司会结合地域以及自身成本情况，来编制一套标准及打折范围，因此预算价格会略有差别。但在制作预算单的时候，其项目和类别大体相同。

一、不同估价方式对应的报价单体现形式

由于在项目进程中对应的估价形式有所不同，因此报价单也存在差异。例如，在平面图绘制前的估价属于概算估价，因此报价单通常以设计或工程经验及过往案例中产生的费用作为对比和推算的依据。

而平面图完成后的估价则属于精细估价，将工程及设计费做了详细呈现，并列出报价明细，设计费的部分会将服务内容及所对应的单位面积费用开列清楚，让业主清楚整个设计方案中的过程要做哪些事情，以及所需费用。

二、报价单的制作明细要求

不论是概算报价单还是精细报价单，均应体现出全面、精准的项目明细，一份好的预算报价单应符合如下要求。

扫码下载模板
工程造价列表

概算估价单

项目名称		项目日期				
		估价厂商				
项目地址		厂商电话				
		厂商其他联系方式				
项目	**工程名称**	**单位**	**数量**	**单价**	**总价**	**备注**
1	拆除工程	项	1			
2	泥作工程	项	1			
3	木作工程	项	1			
4	油漆工程	项	1			
5	玻璃工程	项	1			
6	灯具工程	项	1			
7	水电工程	项	1			
8	弱电工程	项	1			
9	空调工程	项	1			
10	系统柜工程	项	1			
11	其他工程	项	1			
	项目合计					

1. 清楚的抬头案名及基本资料

2. 总价名称使用正确

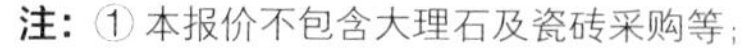

注： ① 本报价不包含大理石及瓷砖采购等；
② 本估价单仅为概算估价，依最后实际报价为签约价格。

精算估价单（局部）

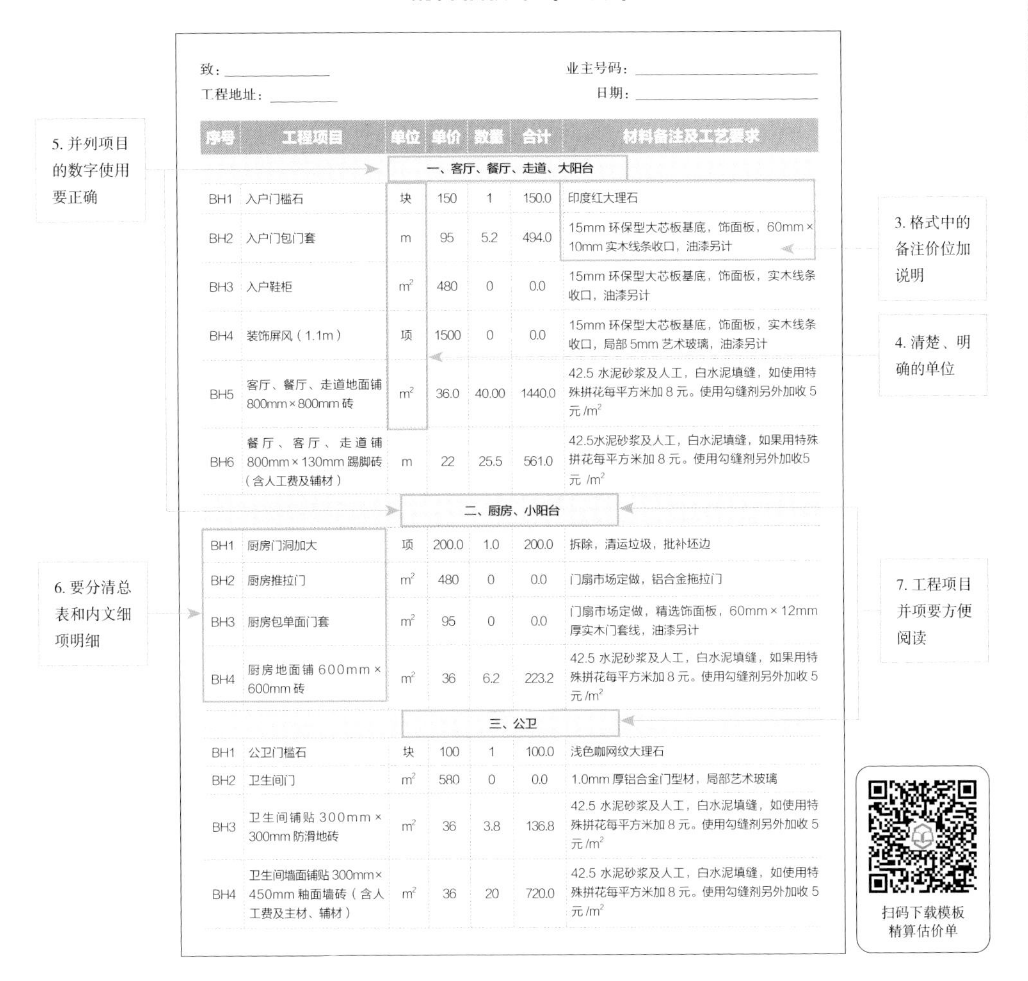

致：________　　　　业主号码：________

工程地址：________　　　　日期：________

序号	工程项目	单位	单价	数量	合计	材料备注及工艺要求
	一、客厅、餐厅、走道、大阳台					
BH1	入户门槛石	块	150	1	150.0	印度红大理石
BH2	入户门包门套	m	95	5.2	494.0	15mm 环保型大芯板基底，饰面板，60mm×10mm 实木线条收口，油漆另计
BH3	入户鞋柜	m^2	480	0	0.0	15mm 环保型大芯板基底，饰面板，实木线条收口，油漆另计
BH4	装饰屏风（1.1m）	项	1500	0	0.0	15mm 环保型大芯板基底，饰面板，实木线条收口，局部 5mm 艺术玻璃，油漆另计
BH5	客厅、餐厅、走道地面铺 800mm×800mm 砖	m^2	36.0	40.00	1440.0	42.5 水泥砂浆及人工，白水泥填缝，如使用特殊拼花每平方米加 8 元。使用勾缝剂另外加收 5 元 /m^2
BH6	餐厅、客厅、走道铺 800mm×130mm 踢脚砖（含人工费及辅材）	m	22	25.5	561.0	42.5水泥砂浆及人工，白水泥填缝，如果用特殊拼花每平方米加 8 元。使用勾缝剂另外加收5 元 /m^2
	二、厨房、小阳台					
BH1	厨房门洞加大	项	200.0	1.0	200.0	拆除，清运垃圾，批补还边
BH2	厨房推拉门	m^2	480	0	0.0	门扇市场定做，铝合金拖拉门
BH3	厨房包单面门套	m^2	95	0	0.0	门扇市场定做，精选饰面板，60mm×12mm 厚实木门套线，油漆另计
BH4	厨房地面铺 600mm×600mm 砖	m^2	36	6.2	223.2	42.5 水泥砂浆及人工，白水泥填缝，如果用特殊拼花每平方米加 8 元。使用勾缝剂另外加收 5 元 /m^2
	三、公卫					
BH1	公卫门槛石	块	100	1	100.0	浅色咖网纹大理石
BH2	卫生间门	m^2	580	0	0.0	1.0mm 厚铝合金门型材，局部艺术玻璃
BH3	卫生间铺贴 300mm×300mm 防滑地砖	m^2	36	3.8	136.8	42.5 水泥砂浆及人工，白水泥填缝，如使用特殊拼花每平方米加 8 元。使用勾缝剂另外加收 5 元 /m^2
BH4	卫生间墙面铺贴 300mm×450mm 釉面墙砖（含人工费及主材、辅材）	m^2	36	20	720.0	42.5 水泥砂浆及人工，白水泥填缝，如使用特殊拼花每平方米加 8 元。使用勾缝剂另外加收 5 元 /m^2

1. 清楚的抬头案名及基本资料

表现案名并清楚知道由哪家公司估价，以及估价的时间等信息。

2. 总价名称使用正确

小计	一个工程大项中的细项列完后，在后面加上这个工程大项的小计，每个工程细项列完后都会有个工程的小计数字
合计	在总表部分将各工程小计加总后得出“合计”
总计	最后加上税金、保险、利润等其他应列项目合为“总计”

3. 格式中的备注价位加说明

备注价位最好加注相关资讯，例如型号、规格、等级等，因为一个工程项目的说明会因为使用的材料规格等级有价差。

备注：

尽量避免使用过泛的估价单位，会因为指示不明产生纠纷。

4. 清楚、明确的单位

每项细项工程名称中都有一个对应的单位，如常用的面积单位有平方米，长度单位有米和厘米等，其他数量点位有樘、块、项等。

5. 并列项目的数字使用要正确

一般可以用“一”来表示大项，中项用阿拉伯数字“1”表示，细项用“（1）”表示，如果有更小的细项则可用“①”表示。

备注：

标注方式不唯一，只需保证在一个分项中使用的数字为同一级即可。

6. 要分清总表和内文细项明细

总表	• 将各种工程项目的费用统整在一张估价单上 • 可清楚知道各工程费用的金额以及总工程费
内文细项明细	• 将各大工程大项下面施作的项目逐一详列 • 估算每个细项所需的费用

7. 工程项目并项要方便阅读

一份好的估价单除了内文价格和单位外，其开列项目的逻辑必须要让阅读者清楚开项的方式，建议以工程顺序来制作开项。如拆除工程、泥作工程等，以此类推。

备注：

① 每个工程项目中如有其他中项可分类，则要分项开项，如木作工程是大项，中项有吊顶工程、壁面隔间工程、地板工程、橱柜工程、门樘工程等。

② 接着中项后面开列的是细项，细项可依动线或主副空间方式开列，如中项是吊顶工程，细项为玄关吊项、客厅吊项等，依次开列细项。

③ 保持一定的开列逻辑，方便阅读不会漏项。

第九章

室内施工图识读与绘制

室内设计制图包括的范围比较广泛，如平面图、立面图、剖面图、设计详图等。绘制这些图纸必需遵守一定的规则，这样才能在不同专业、不同工种之间进行交流与合作。另外，掌握施工图的识读方法是入行的“敲门砖”，不容小觑。

第一节 施工图的基础

施工图是室内设计师用来表达设计思想、传达设计意图的技术文件，是室内装饰施工的依据，需要根据正确的制图理论和方法，将室内六个面的设计情况通过二维的图纸表现出来。

一、常见室内图纸制作标准及符号

1. 图幅与比例

图纸幅面规格：所有建筑图纸的幅面，应符合一定的规范（单位：mm），其基本尺寸有 5 种，代号分别为 A0、A1、A2、A3、A4，幅面尺寸分别为 841mm × 1189mm、594mm × 841mm、420mm × 594mm、297mm × 420mm、210mm × 297mm。

备注：

允许加长 0~3 号图纸的长边；加长部分的尺寸应为长边的 1/8 及其倍数。

基本幅面代号	0	1	2	3	4
$b \times l$	841 × 1189	591 × 841	420 × 594	297 × 420	210 × 297
c	10	10	10	5	5
a	25	25	25	25	25

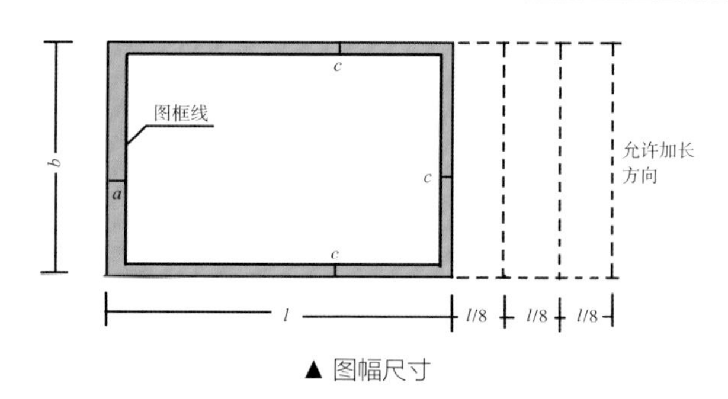

▲ 图幅尺寸

制图比例：制图所选用的比例应根据图样的用途与被绘对象的复杂程度，优先选择常用比例。一般情况下，一个图样应选用一种比例，但不限于此。

图名	常用比例	可用比例
结构平面图、基础平面图	1 ：50，1 ：100，1 ：150	1 ：60，1 ：200
圈梁平面图、总图中管沟、地下设施等	1 ：200，1 ：500	1 ：300
详图	1 ：10，1 ：20，1 ：50	1 ：5，1 ：30，1 ：25

▲制图比例

2. 线型要求

室内设计图由各种线条构成，不同线型表示不同对象和部位。图面的各种线条应按照一定的规定采用。

名称		线型	线宽	一般用途
实线	粗		b	主要可见轮廓线
	中		0.5b	可见轮廓线
	细		0.25b	可见轮廓线、图例线等
虚线	粗		b	见有关专业制图标准
	中		0.5b	不可见轮廓线
	细		0.25b	不可见轮廓线、图例线等
单点划线	粗		b	见有关专业制图标准
	中		0.5b	见有关专业制图标准
	细		0.25b	中心线、对称线、轴线等
双点划线	粗		b	见有关专业制图标准
	中		0.5b	见有关专业制图标准
	细		0.25b	假想轮廓线、成型前原始轮廓线
折断线			0.25b	断开界限
波浪线			0.25b	构造层次的断开界限

3. 线条种类

定位轴线：其编号在水平方向采用阿拉伯数字，由左向右注写；在垂直方向采用大写英文字母（不得使用 I、O、Z 三个字母），由下向上注写。

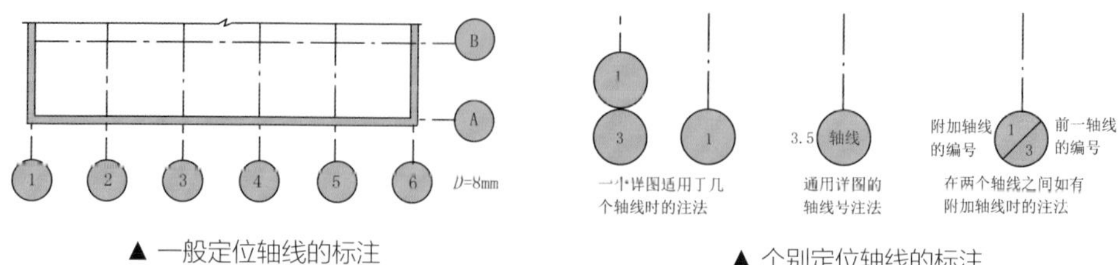

▲ 一般定位轴线的标注　　▲ 个别定位轴线的标注

剖面剖切线：其剖视方向一般向图面的上方或左方，剖切线尽量不穿越图面上的线条。剖切线需要转折时，以一次为限。另外，圆形的构件用曲线折断，其他一律采用直线折断，折断线必需经过全部被折断的图面。

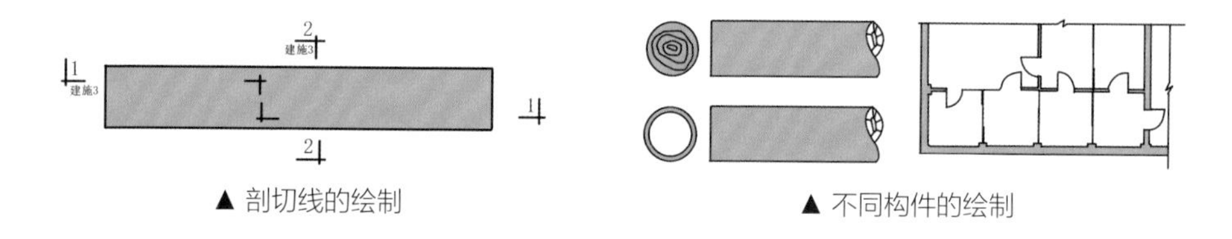

▲ 剖切线的绘制　　▲ 不同构件的绘制

4. 尺寸标准

尺寸线：尺寸线的起止点一般采用短划和圆点，当尺寸线不是水平位置时，尺寸数字应尽量避免在图中绘有斜线的范围内注写。另外，曲线线形的尺寸线可用尺寸网格表示。

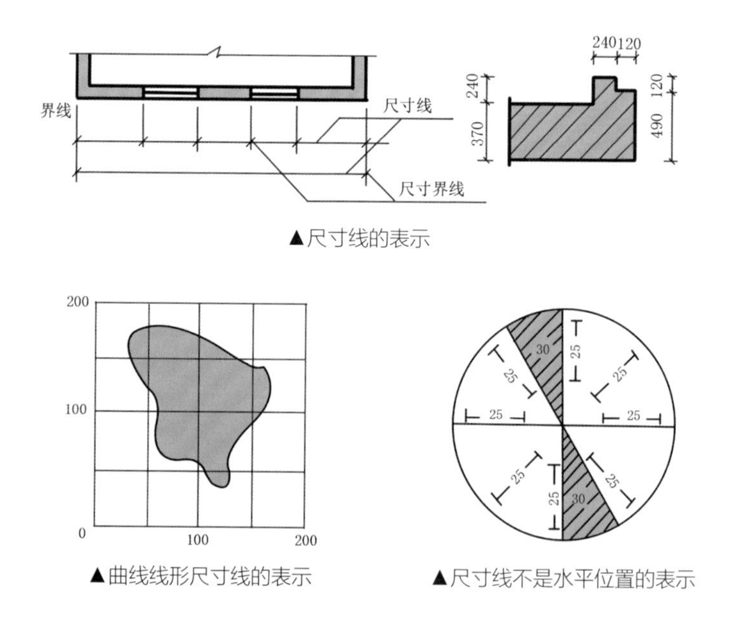

▲尺寸线的表示

▲曲线线形尺寸线的表示　　▲尺寸线不是水平位置的表示

圆弧及角度： 标注圆弧半径尺寸时，半径数字前应加 R 符号；标注角度时，其角度数字应在水平方向注写。

标高： 建筑物各部分或各个位置的高度在图纸上常用标高表示。一般标注到小数点以后第二位为止，如 20.00、3.60、-1.50 等。

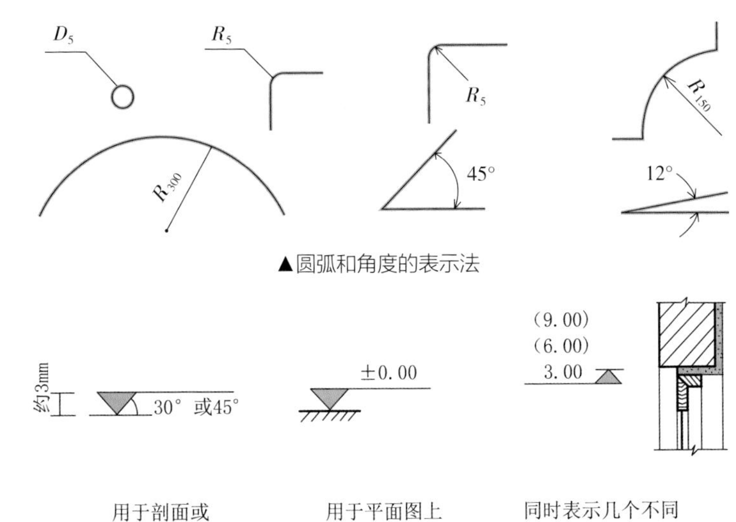

▲圆弧和角度的表示法

用于剖面或立面图上

用于平面图上

同时表示几个不同高度时的标高注法

5. 索引体系

索引符号： 主要包括平面索引、立面索引和剖面索引符号。

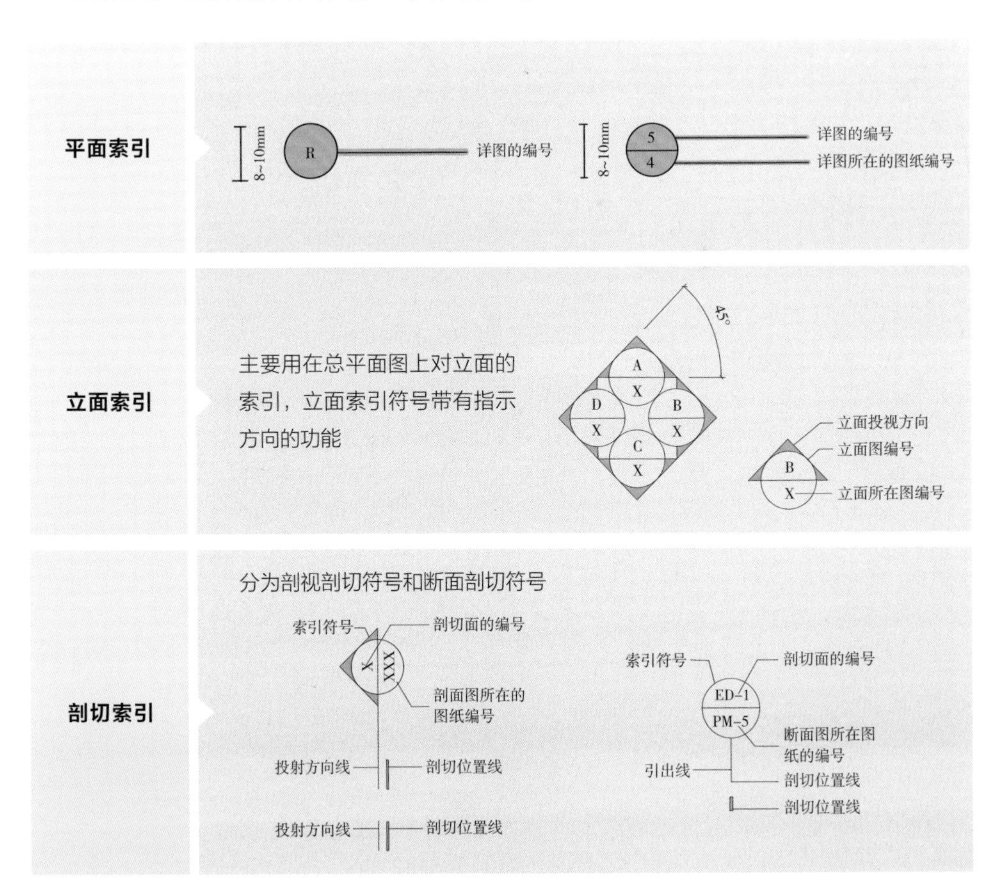

大样图符号：大样图符号与索引符号对应，通常在详图所在位置下方或一侧应标有详图符号，以便对照查阅。

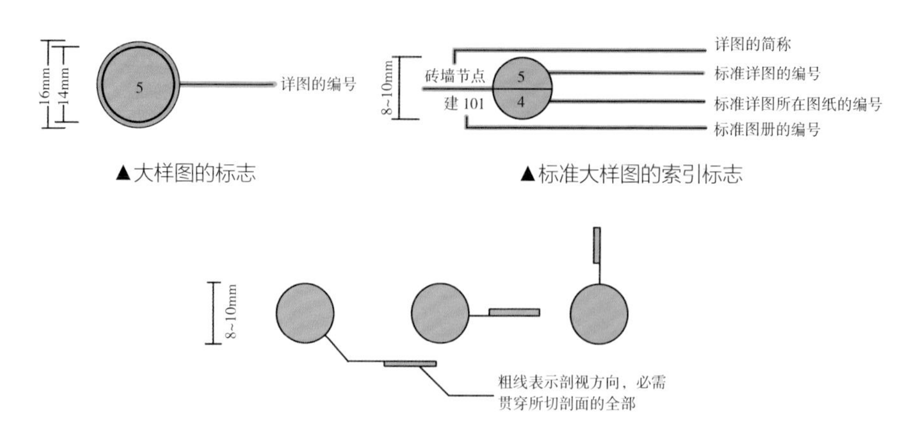

▲大样图的标志

▲标准大样图的索引标志

▲ 局部剖面的大样图索引标志

引出线：为保证图样的完整和清晰，对符号编号、尺寸标注和一些文字说明常采用引出线来连接。

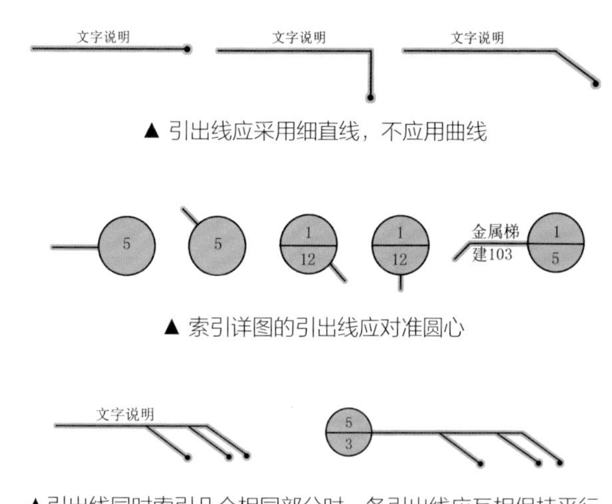

▲ 引出线应采用细直线，不应用曲线

▲ 索引详图的引出线应对准圆心

▲引出线同时索引几个相同部分时，各引出线应互相保持平行

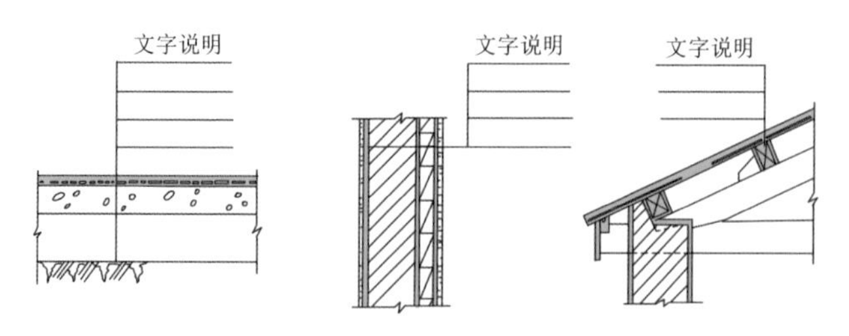

▲多层构造引出线必须通过被引的各层，并保持垂直方向；文字说明的次序应与构造层次一致，一般由上而下，从左到右

6. 建筑图例

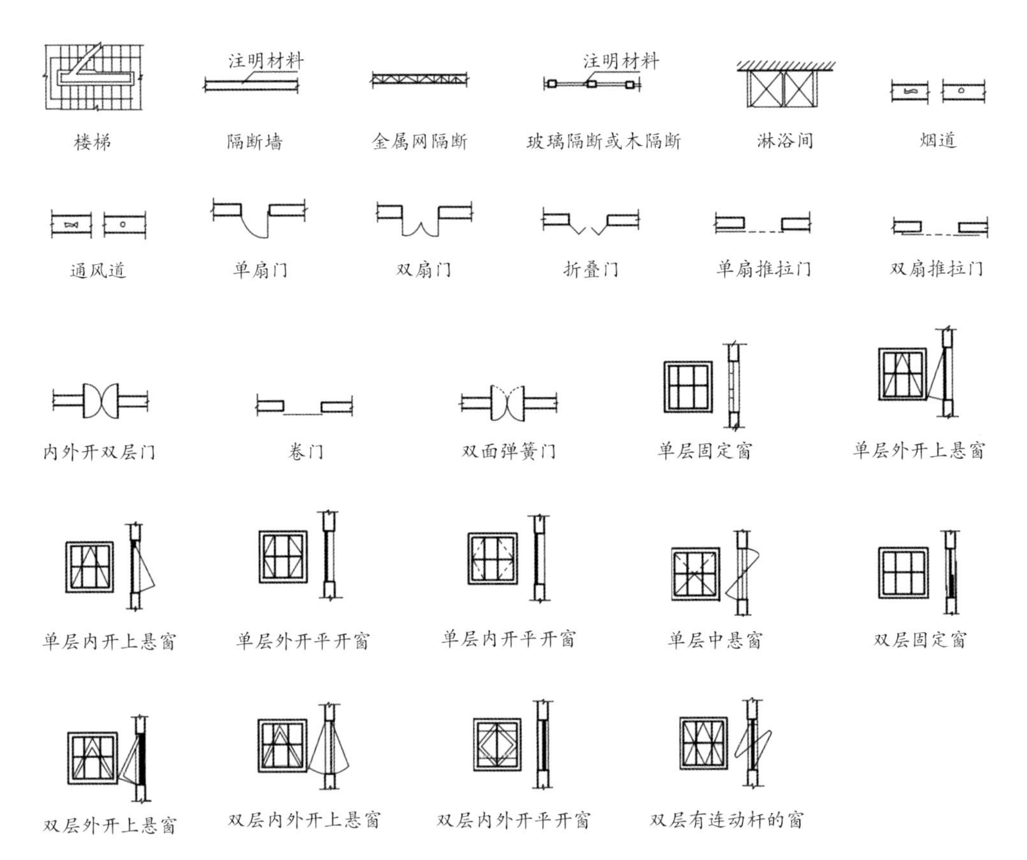
注明材料
注明材料
楼梯
隔断墙
金属网隔断
玻璃隔断或木隔断
淋浴间
烟道
通风道
单扇门
双扇门
折叠门
单扇推拉门
双扇推拉门
内外开双层门
卷门
双面弹簧门
单层固定窗
单层外开上悬窗
单层内开上悬窗
单层外开平开窗
单层内开平开窗
单层中悬窗
双层固定窗
双层外开上悬窗
双层内外开上悬窗
双层内外开平开窗
双层有连动杆的窗

7. 设备图例

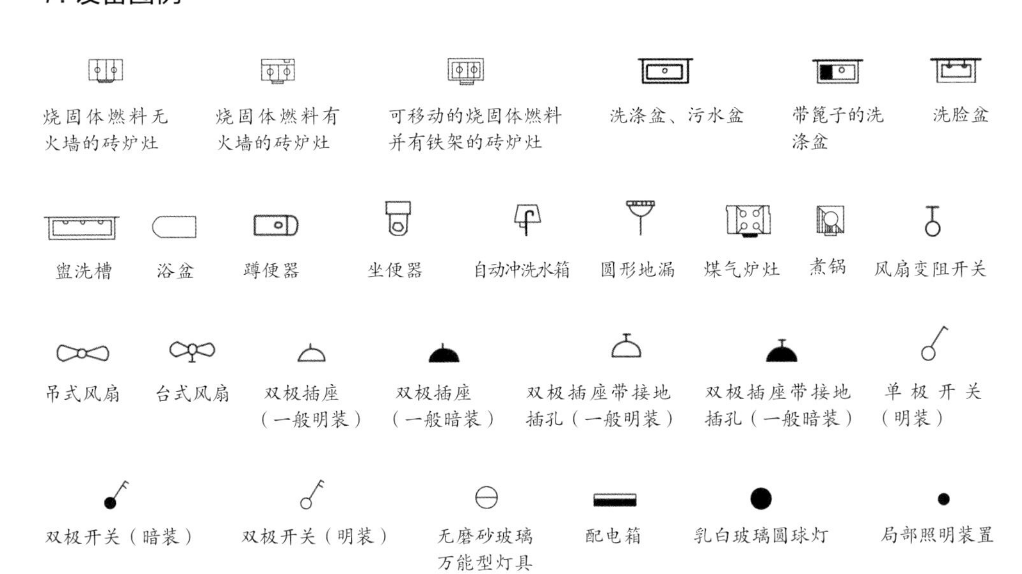
烧固体燃料无火墙的砖炉灶
烧固体燃料有火墙的砖炉灶
可移动的烧固体燃料并有铁架的砖炉灶
洗涤盆、污水盆
带篦子的洗涤盆
洗脸盆
盥洗槽
浴盆
蹲便器
坐便器
自动冲洗水箱
圆形地漏
煤气炉灶
煮锅
风扇变阻开关
吊式风扇
台式风扇
双极插座（一般明装）
双极插座（一般暗装）
双极插座带接地插孔（一般明装）
双极插座带接地插孔（一般暗装）
单 极 开 关（明装）
双极开关（暗装）
双极开关（明装）
无磨砂玻璃万能型灯具
配电箱
乳白玻璃圆球灯
局部照明装置

二、建筑识图的方法

1. 施工图识读要求

建筑施工图比建筑本身含有更多的细节信息，特别是墙体结构信息，如果遇到接受的项目还未完工或现场不具备入场条件的情况，具有识别施工图的能力就非常重要了。

▲ 施工图识读要求

2. 施工图识读方法与步骤

施工图识读方法：先看首页图，浏览图纸目录和设计说明，按图纸顺序通读一遍，并按专业次序仔细识读，先基本图，后详图，分专业对照识读，看是否衔接一致。

施工图识读步骤：

全套图样	① 说明书、首页图 → ② 建筑施工图、结构施工图和设施图
每一张图样	① 图标、文字 → ② 图样
建筑施工图、结构施工图和设施图	① 建筑施工图 → ② 结构施工图、设施图
建筑施工图	① 平面图、立面图、剖面图 → ② 详图
结构施工图	① 基础施工图、结构布置平面图 → ② 构件详图

注： 上述步骤并不是孤立的，而是要经常相互联系进行，反复阅读才能看懂。

实用贴士

施工图识读的关键点

建筑施工图：主要看空间衔接关系、墙体（承重墙、非承重墙）厚度、层高、门窗等。

结构施工图：重点为层高、板厚、梁位等。

设备施工图：主要是水电管井的位置、地暖分水器位置、消火栓位置、喷淋位置等。

电气施工图：主要是强弱电箱的位置等。

3. 施工图识读详解

平面图	• 先看图名、比例、标题栏，弄清是什么平面图，再看建筑平面基本结构及尺寸，把各个房间的名称、面积及门窗、过道等主要尺寸记住 • 通过装饰面的文字说明，弄清施工图对材料规格、品种、色彩、工艺的要求。结合装饰面的面积，组织施工和安排用料。明确各装饰面的结构材料与饰面材料的衔接关系与固定方式 • 确定尺寸。先要区分建筑尺寸与装饰装修尺寸，再在装饰装修尺寸中，分清定位尺寸、外形尺寸和结构尺寸 • 通过平面布置图上的符号来确定相关情况：①通过投影符号，明确投影面编号和投影方向，并进一步查出各投影方向的立面图；②通过剖切符号，明确剖切位置及其剖切方向，进一步查阅相应的剖面图；③通过索引符号，明确被索引部位和详图所在位置
吊顶平面图	• 首先应弄清吊顶平面图与平面布置图中各部分的对应关系，核对吊顶平面图与平面布置图的基本结构和尺寸是否相符 • 对于某些有迭级变化的吊顶，要分清其标高尺寸和线型尺寸，并结合造型平面分区线，在平面上建立起二维空间的尺度概念 • 通过吊顶平面图，了解顶部灯具和设备设施的规格、品种与数量 • 通过吊顶平面图上的文字标注，了解吊顶所用材料规格、品种及其施工要求 • 通过吊顶平面图上的索引符号，找出详图对照阅读，弄清吊顶的详细构造
立面图	• 明确建筑装饰装修立面图上与该工程有关的各部分尺寸和标高 • 弄清地面标高，装饰立面图一般都以首层室内地坪为 ±0.000，高出地面者以“+”表示，反之则以“-”表示 • 弄清每个立面上有几种不同的装饰面，这些装饰面所用材料及施工工艺要求 • 立面上各不同材料饰面之间的衔接收口较多，要注意收口的方式、工艺和所用材料 • 要注意电源开关、插座等设施的安装位置和方式 • 弄清建筑结构与装饰结构之间的衔接，装饰结构之间的连接方法和固定方式，以便提前准备预埋件和紧固件 • 仔细阅读立面图中的文字说明

剖面图

- 看剖面图首先要弄清该图从何处剖切而来。分清是从平面图上还是从立面图上剖切的。剖切面的编号或字母应与剖面图符号一致，了解该剖面的剖切位置与方向
- 通过对剖面图中所示内容的阅读研究，明确装饰装修工程中各部位的构造方法、尺寸、材料要求与工艺要求
- 注意剖面图上的索引符号，以便识读构件或节点详图
- 仔细阅读剖面图竖向数据及有关尺寸、文字说明
- 注意剖面图中各种材料的结合方式及工艺要求
- 弄清剖面图中的标注、比例

局部放大图

- 室内装饰平面局部放大图以建筑平面图为依据，按放大的比例显示出厅室的平面结构形式和形状大小、门窗设置等，对家具、卫生设备、电器设备、织物、摆设、绿化等平面布置表达清楚，同时还要标注有关尺寸和文字说明等
- 室内装饰立面局部放大图是重点表现墙面的设计，先画出厅室围护结构的构造形式，再将墙面上的附加物，以及靠墙的家具都详细地表现出来，同时标注有关详细尺寸、图示符号和文字说明等

建筑装饰件详图

- 建筑装饰件项目很多，如暖气罩、吊灯、吸顶灯、壁灯、空调箱孔、送风口、回风口等
- 这些装饰件都可能要依据设计意图画出详图，其内容主要是标明它在建筑物上的准确位置，与建筑物其他构（配）件的衔接关系，装饰件自身构造及所用材料等
- 建筑装饰件的图示方法要视其细部构造的繁简程度和表达的范围而定

节点详图

- 节点详图是将两个或多个装饰面的交汇点，按垂直或水平方向切开，并加以放大绘出的视图
- 节点详图主要是标明某些构件和配件局部的详细尺寸、做法及施工要求；标明装饰结构与建筑结构之间详细的衔接尺寸与连接形式；标明装饰面之间的对接方式及装饰面上的设备安装方式和固定方法
- 节点详图是详图中的详图。识读节点详图一定要弄清该图从何处剖切而来，同时注意剖切方向和视图的投影方向，对节点图中各种材料的结合方式及工艺要求要弄清

三、施工图覆盖范围

按施工图的类型划分：

类型	特点	涵盖内容
建筑施工图 简称“建施”	主要表示房屋的规划位置、外部造型、内部布置、内外装修、细部构造，固定设施及施工要求等	首页图、总平面图、平面图、立面图、剖面图和构造详图
结构施工图 简称“结施”	主要表示房屋承重结构的布置、构件类型、数量、大小及做法等	结构平面布置图、构件详图等
设备施工图 简称“设施”	主要表示各种设备、管线和线路的布置、走向以及安装施工要求等。设备施工图又分为给水排水施工图（水施）、供暖施工图（暖施）、通风与空调施工图（通施）、电气施工图（电施）等	平面布置图、系统图等

按施工图绘制阶段划分：

方案阶段　方案图是指格局改善布置图

初扩阶段　初扩图包含但不限于原始结构图、墙体定位图、综合顶棚吊装图和地面材料索引图等

深化阶段　深化图包含但不限于装饰设计说明、材料表、原始结构图、墙体拆除尺寸图、墙体新建尺寸图、顶棚灯具尺寸图、插座点位图、弱电点位图、立面索引图、立面图和大样图等

注：组件图也不容忽视，独立部件如柜体和门等在车间制成后会完整地交付到现场并准备安装；另外，还有较大的部件，如屋顶桁架、覆面板、柜体等。

实用贴士

一套完整房屋施工图的编排顺序

一般按专业编排顺序应为：图纸目录、总平面图、建筑施工图、结构施工图、给水排水施工图、供暖施工图、通风与空调施工图、电气施工图等。其中每个专业的图纸排序为：主要的在前，次要的在后；全局性的在前，局部性的在后；先施工的在前，后施工的在后。

第二节 施工图的绘制

将实际空间现况尺寸丈量后，需要绘制现况尺寸设计图。绘制图纸的目的主要是向业主、施工者等表达设计师自己的设计意图，以便更好地完成设计表达。

一、平面布置图绘制

将量好的室内空间进行制图，该图为原始尺寸图，用来标明房屋的原始尺寸，方便设计师、业主和工人对房型进行基本了解，以及为后期该如何规划做好准备。

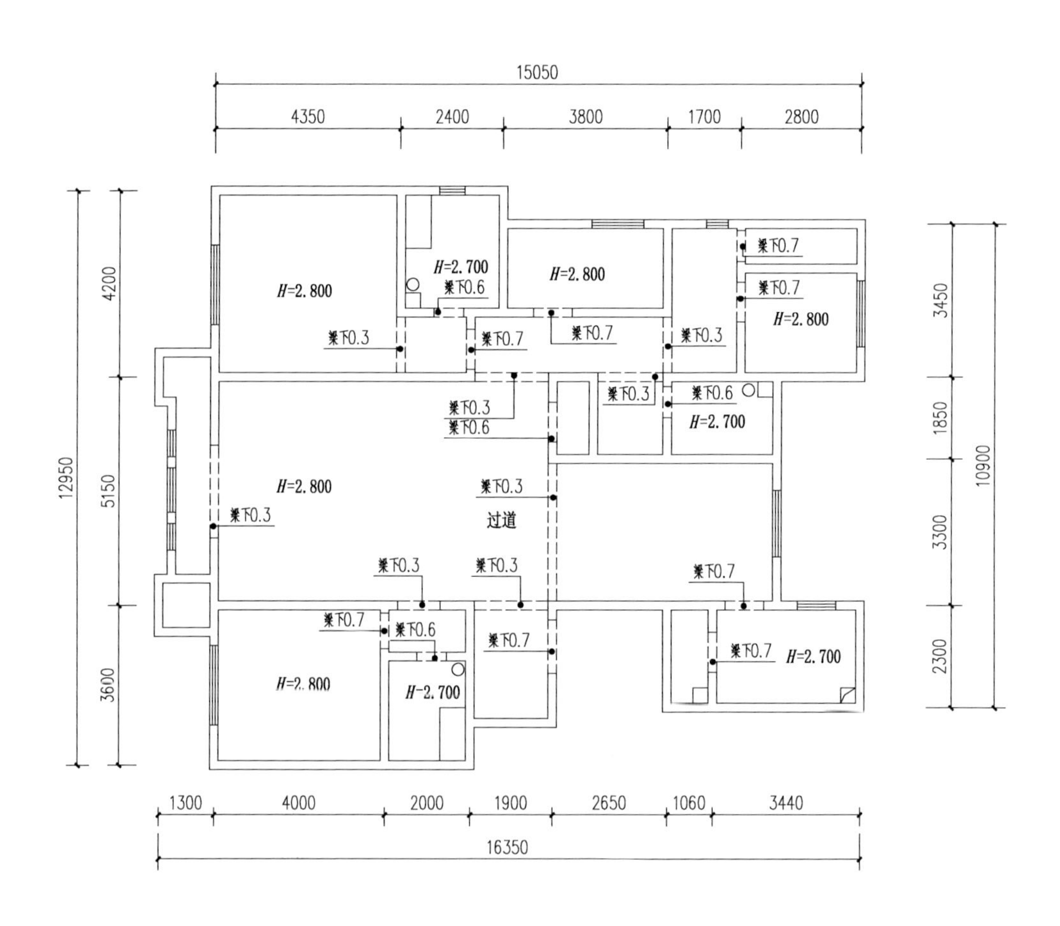

二、拆除或新建墙体示意图绘制

若对房屋进行改造，要标注需要拆除和新建的墙体，以方便施工人员进行工作操作。当室内设计因平面配置图影响到原有隔间时，则需要修改隔间，所绘制的图纸要明确标识拆除的位置和尺寸。室内常用的新建墙体有轻隔墙、轻质混凝土墙、木隔墙、砖墙等。

实用贴士

一套完整房屋施工图的编排顺序

① 在拆除示意图的表现上，应在墙体上填充拆墙示意图案。

② 若一段墙面只需拆除一小段隔间墙面时，需标注距离尺寸。

③ 隔间墙若遇到开洞或拆除设备、地面或墙面表面材质时，需有文字注明。

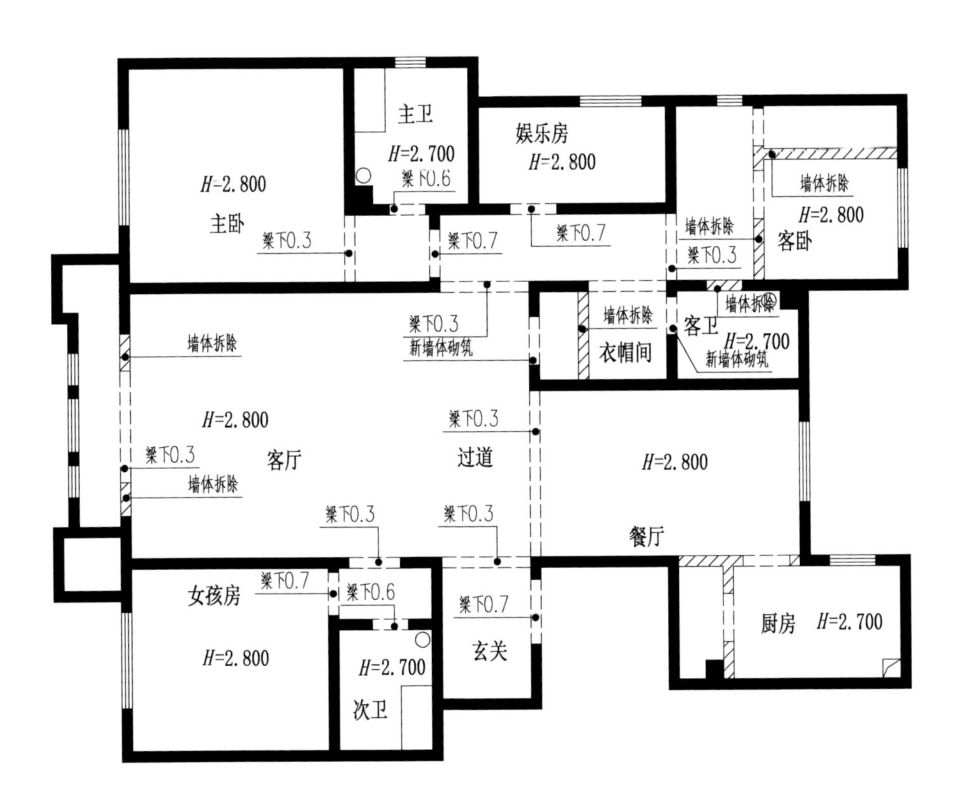

三、家具布置图绘制

家具布置图即房屋整体规划图，为方便业主了解房屋的布置格局，也为方便日后购买家具使用，同时，可以在施工人员进行水中施工时提供便利。

备注：

对空间重新进行建构后，其尺寸也会相应发生变化。如果有定制家具，则需在图纸上表现出其尺寸，确保工人在施工过程中更好把控。

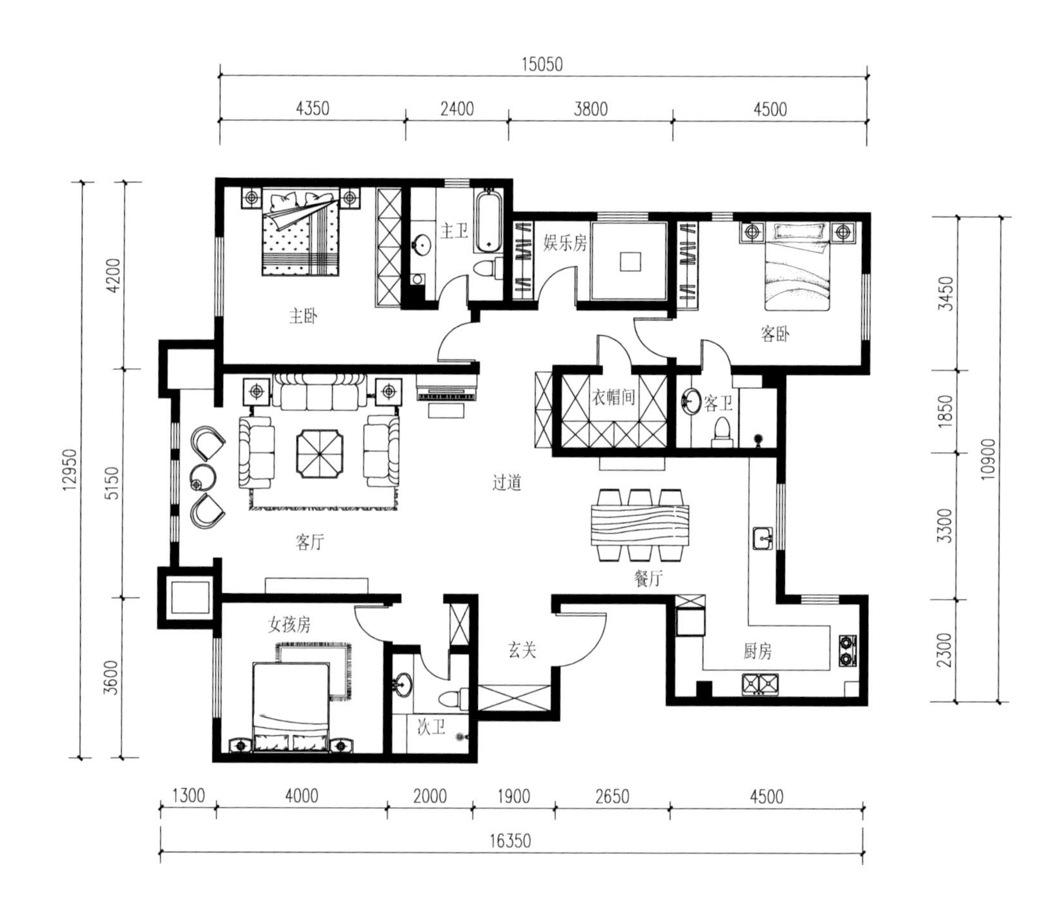

四、顶部设计图绘制

顶部设计图即把整个顶面造型以平面形式画出来，方便工人做吊顶施工。吊顶的造型可以令空间在设计上更富层次感，也能将顶面上的一些梁、管道、灯具、空调设备进行隐藏处理，从而起到美化空间的效果。

备注：

一些异形吊顶、灯带、灯具之间的距离等要有规范的标记，以及尺寸和材料等，以保证施工可见。

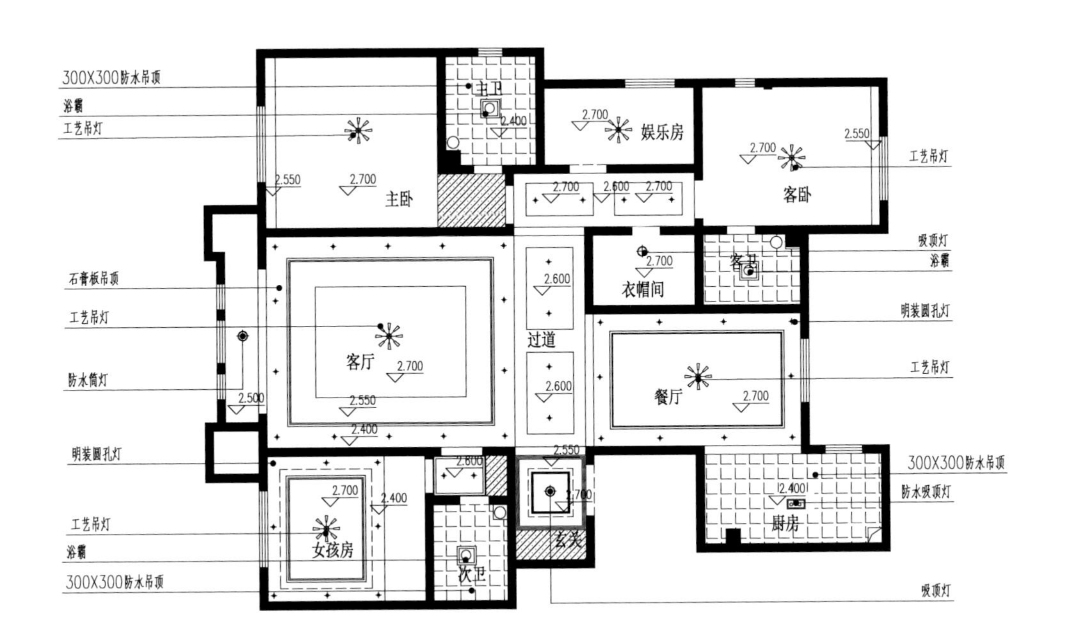

五、地面铺装图绘制

地面材质一般会采用石材、地砖、木地板等材料，在绘制地面铺装图时，需注意地面材料施工的先后顺序。例如，若铺设木地板，应先完成木制柜的施工再进行木地板施工；若铺设地砖，则应先完成地砖施工，再进行木制柜施工。

备注：

若地面铺砖则要把地砖的规格大小，及拼贴方式、尺寸等标记清楚。

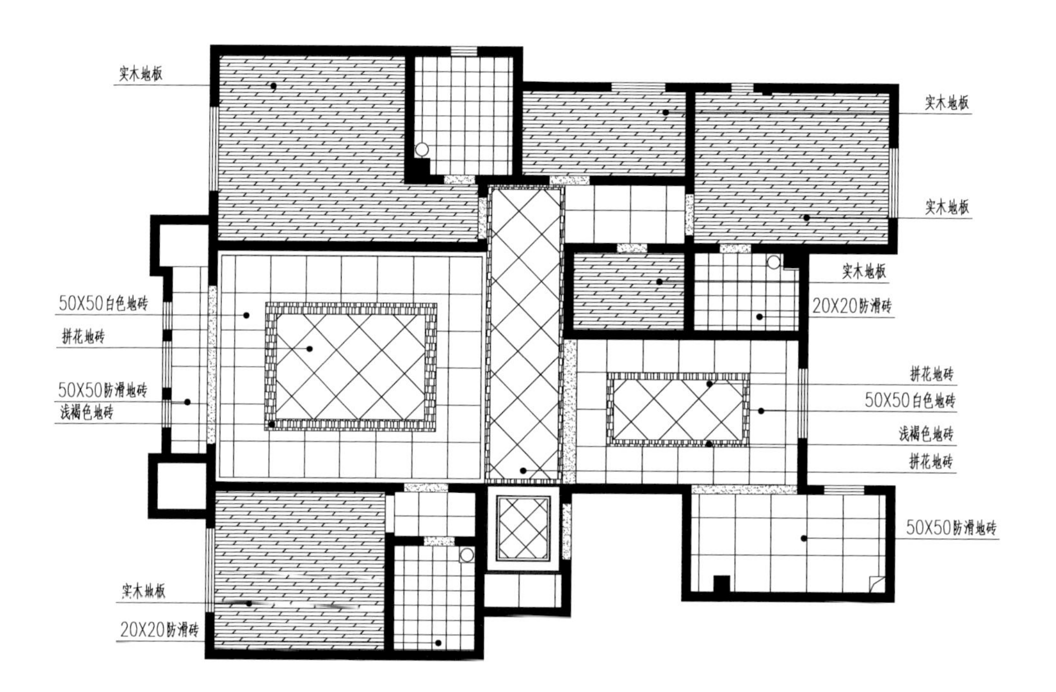

六、开关面板图绘制

开关面板图要以平面布置图及吊顶的高度尺寸图为依据，再着手配置吊顶的工具开关控制图。

备注:

电工在施工过程中要知道哪些地方需预留开关。有些业主要求多个开关，或者习惯性在左手边还是右手边开灯，这些需求要标明。

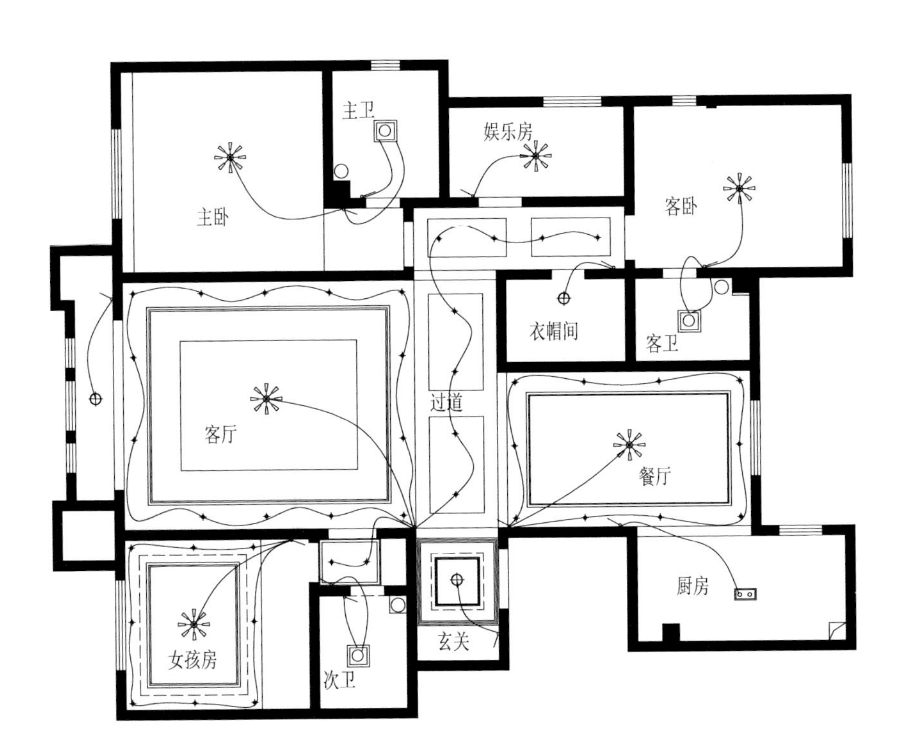

七、强弱电图绘制

强弱电图在绘制时需要依据业主及空间需求进行设计规划。

备注：

电工施工时需考虑，如客厅要预留强电插座几个、弱电插座几个，卫生间是否要预留电源等。

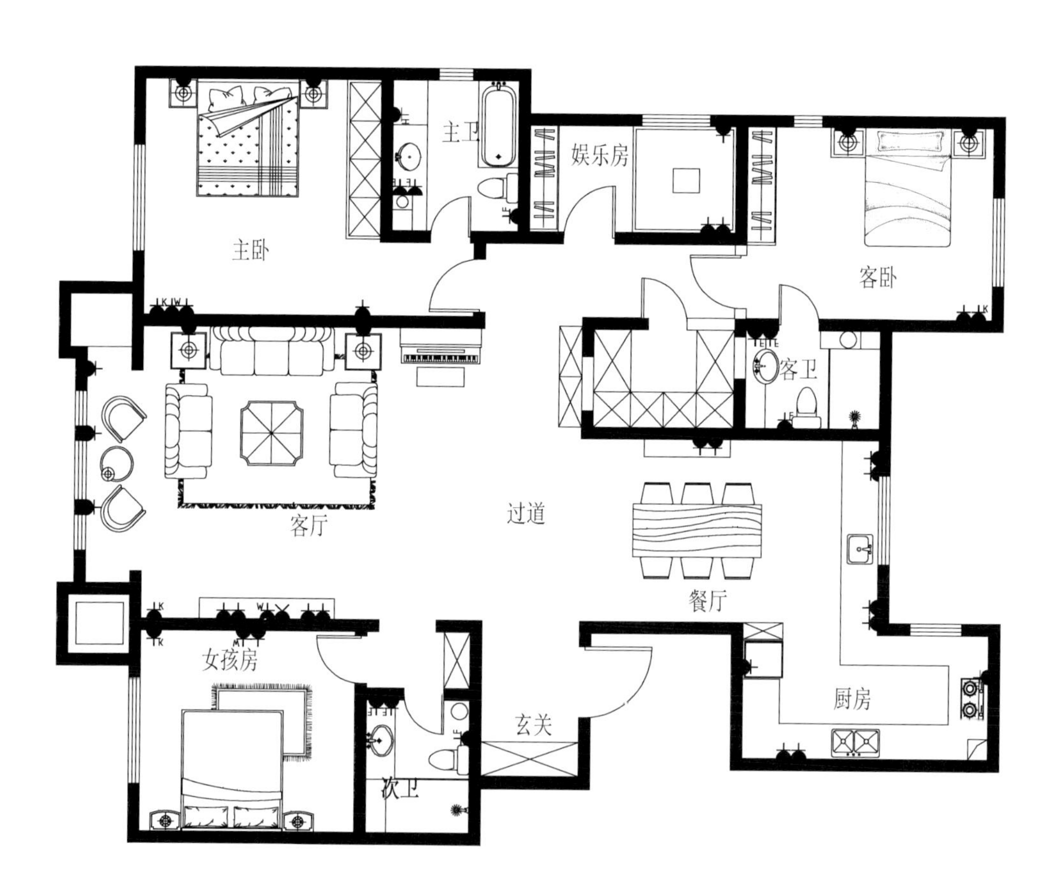

TEN 10

第十章 室内施工与验收

家装施工是一个十分繁杂的体系，涉及的环节众多，但即便如此依然有据可循。了解施工流程，掌握施工要点，才能保证整个项目的顺利进行。而验收工作则是检验项目是否达到居住标准的关键，也是设计师应该具备的专业技能。

第一节 基础改造

家庭装修中的基础改造主要包括拆除工程和新建工程。其中拆除工程包括墙面清理、顶面拆除、门窗拆除等；新建工程是依照设计图纸进行空间格局改造，主要为墙面砌筑。

一、拆除工程

拆除施工主要指在确定施工方案后，工人依照设计图纸将没必要存在的墙体、需要改造的水电管线等进行拆除。这个过程中，要特别注意不能破坏室内的承重结构，否则会对整个建筑的安全造成危害。

序号	工程名称		单位	注意事项
1	墙体拆除	钢筋混凝土墙	m^2	① 严禁拆除承重墙 ② 严禁拆除连接阳台的配重墙体 ③ 墙体拆除时要严格按照施工图纸拆除
		砖墙	m^2	
		轻体墙	m^2	
2	顶面拆除	轻钢龙骨吊顶	m^2	① 严禁拆除顶面横梁 ② 不保留原吊顶装饰结构 ③ 原有吊顶内的电路管线尽量拆除 ④ 避免损坏管线、通风道和烟道 ⑤ 现场拆除的龙骨不得再用
		木结构吊顶	m^2	
3	清理墙面	墙、顶面壁纸	m^2	① 铲除非水性的面层 ② 对旧基底进行处理
		墙面油漆、喷涂	m^2	
4	原墙、地面砖铲除		m^2	不能损害墙体和地面
5	水泥、木制踢脚板铲除		m^2	① 检查墙面，局部人工凿除，排除安全隐患 ② 装饰面务必铲除干净
6	护墙板拆除		m^2	
7	原门拆除		樘	① 避免对墙体结构造成破坏 ② 清理修复门窗洞口
	原窗拆除		樘	
8	卫生洁具拆除	蹲便	个	① 对拆后的上下水进行保护，以防堵塞 ② 尽可能不破坏可用的洁具
		浴缸	个	

二、新建工程

现场施工要求

- 河砂等施工材料集中堆放在一个不会影响施工的空间，不散放
- 砌砖时要拉线，保证每排砖保持水平，主体垂直
- 每天砌砖的高度不能多于 2m，砌砖当天不能砌到顶，需间隔 1~2 天
- 砌砖墙水泥砂浆比例为 1：3（水泥：河砂），水泥等级强度≥ 32.5 级
- 墙面粉刷必须提前半天冲水湿透

施工材料

- 轻体砖：重量轻，强度高，大多应用于非承重结构的墙体，具有保温隔音功能，目前最常用
- 石膏板：石膏板隔断是用轻钢龙骨做骨架，间距≤ 400mm，双面封 12mm 厚纸面石膏板。这也是常用的隔墙形式，但隔音效果较差

轻体砖

/ 施工流程 /

放线

浇水湿润

制备砂浆

砌筑

加筋

挂网

抹灰

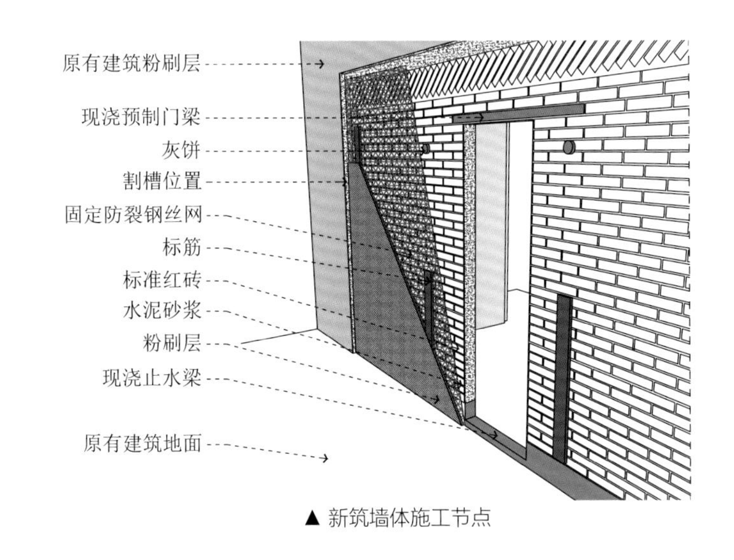

▲ 新筑墙体施工节点

重点监控

浇水湿润：常温施工时不得使用干砖，雨季不得使用含水率为饱和状态的砖，冬季应增加水泥砂浆的黏稠度。

加筋：轻体砖每隔 500mm 左右加一圈钢筋，每圈将两根钢筋平行放置，将钢筋插入与老墙的结合处，与新建墙体同长，且拐角处的中央，钢筋需呈 90° 角弯折。

挂网：铁丝网应置于抹灰层内，且应展平，与墙体连接部分可用射钉固定，保证铁丝网不变形起拱。

第二节 水电施工

水电施工属于装修施工项目中的隐蔽工程，如果处理不好，后续的维修不仅困难、麻烦，还会浪费资金。

一、水路施工

现场施工要求

- 确认已收房验收完毕
- 到物业办理装修手续
- 在空房内模拟今后日常生活状态，与施工方确定基本装修方案
- 确定墙体无变动，并确认家具和电器摆放的位置
- 确认楼上住户卫浴已做过闭水实验
- 确定橱柜安装方案中清洗池上下出水口位置
- 确定卫浴洗脸盆、坐便器、淋浴区（包括花洒）、洗衣机位置及规格

施工材料

- 水路施工的常用材料采用 PP-R 管
- PP-R 管具有卫生、无毒、耐腐蚀、不结垢、耐高温、耐高压、保温节能、质量轻、安装方便可靠、使用寿命长等优点

/ 施工流程 /

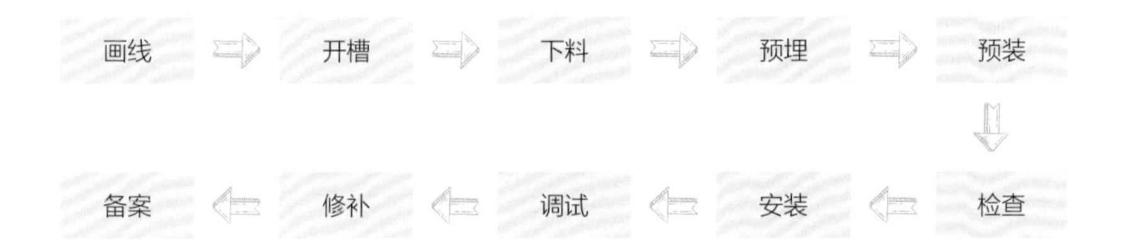

重点监控

开槽：有的承重墙内的钢筋较多、较粗，这样就不能把钢筋切断，以免影响房体结构安全，只能开浅槽、走明管，或绕走其他墙面。

调试：通过打压试验，如没有出现问题，水路施工则算完成。

备案：完成水路布线图，备案以便日后维修使用。

施工疑难问题解析

旧房水路改造注意哪些问题？

① 镀锌管在设计时更换成新型管材。

② 更换总阀门需要临时停水一小时左右。

③ 排水管要做好连接处的处理，防止漏水。

④ 排水管属于无压水管，必需保证排水畅通。

阳台房洗衣机怎么走水管？

① 阳台没有洗衣机给水管：重新引一条给水管，装一个洗衣机专用的两用水龙头。

② 阳台排水：阳台一般都会有排水地漏，直接接入地漏即可。

③ 如果没有地漏，则要在楼板位置开一个 8cm 的孔洞，安装排水 PVC 管，周边用水泥封边。

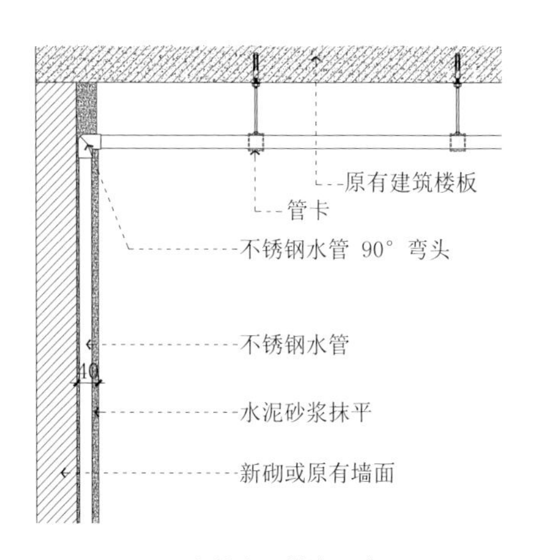

▲ 水管走顶做法示意

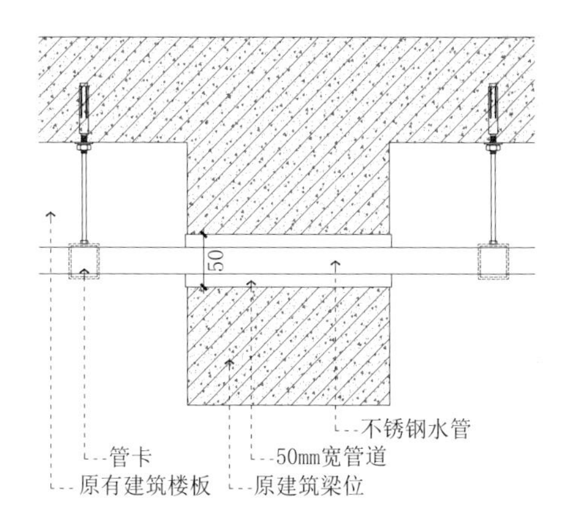

▲ 水管穿墙示意

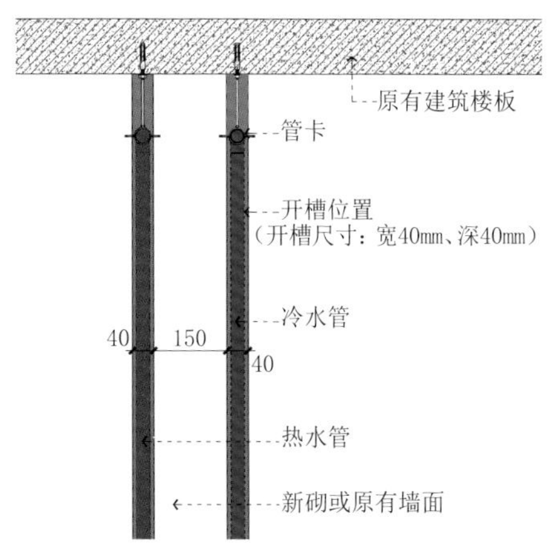

▲ 水管固定做法示意

二、电路施工

现场施工要求		• 弱电宜采用屏蔽线缆，二次装修线路布置也需重新开槽布线 • 电路走线设计把握“两端间最短距离走线”原则，不要故意绕线 • 电路设计需要把握自己要求的电路改造设计方案与实际电路系统是否匹配 • 厨房电路设计需要橱柜设计图纸配合，加上安全性评估方案 • 电路设计要掌握厨卫及其他功能间的家具、电器设备尺寸及特点
施工材料	电线	• 选用有“3C”标志的“国标”塑料或有橡胶绝缘保护层的单股铜芯电线 • 照明用线选用 1.5mm^2（线材槽截面积） • 插座用线选用 2.5mm^2 • 空调用线不得小于 4mm^2 • 接地线选用绿黄双色线 • 接开关线（火线）可以用红、白、黑、紫等任何一种颜色
	穿线管	• 严禁将导线直接埋入抹灰层 • 导线在线管中严禁有接头 • 使用管壁厚度为 1.2mm 的电线管 • 管中电线的总截面积不能超过塑料管内截面积的 40%
	开关面板、插座	• 面板的尺寸应与预埋的接线盒的尺寸一致 • 开关开启时手感灵活，插座稳固，铜片要有一定的厚度

/ 施工流程 /

草拟布线图 → 划线 → 开槽 → 埋设暗盒及敷设 PVC 电线管 → 穿线

安装开关面板、各种插座、强弱电箱和灯具 → 完成电路布线图

重点监控

重点监控：埋设暗盒及敷设 PVC 电线管，线管连接处用直接，弯处接 90° 弯头。

穿线：单股线穿入 PVC 管，用分色线，接线为“左零、右火、上地”。

检测：检查电路是否通顺，如检测弱电，可直接用万用表检测是否通路。

施工疑难问题解析

旧房电路改造应注意哪些问题?

① 旧房配电系统设置。

② 旧房不宜采用即热型热水器或特大功率中央空调、烤箱等电器。

③ 旧房弱电（网络、电话、电视）改造需要重新布线。

墙壁上的开关应该怎么安装?

一般来说有两根红线即足够，如果还有一根“绿线”，则说明灯的开关带有指示灯。

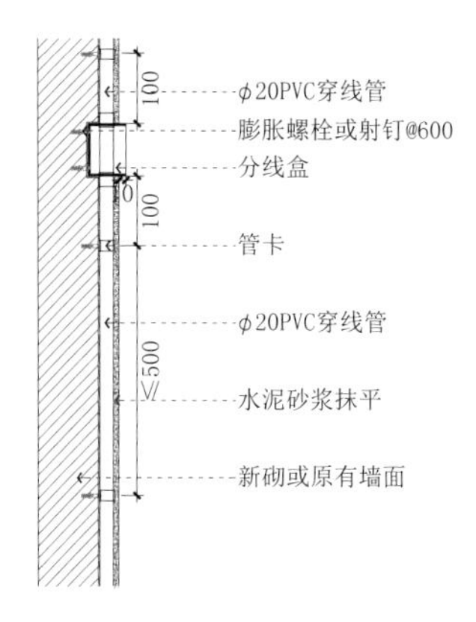

▲ 墙面管线铺设剖面示意

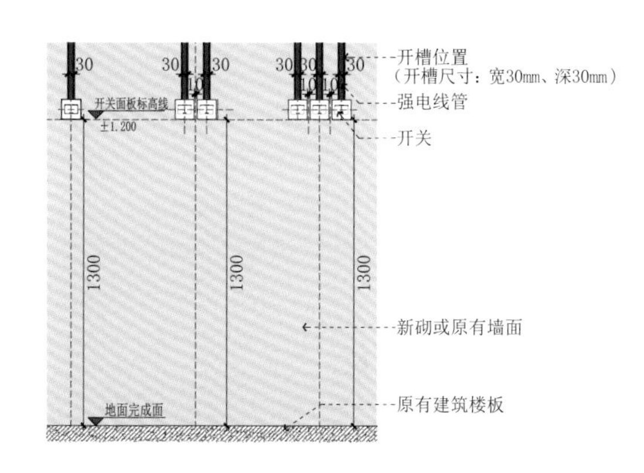

▲ 墙面开关定位

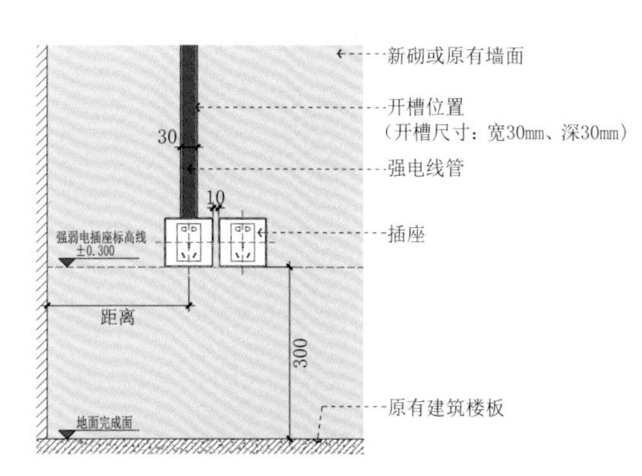

▲ 墙面插座定位

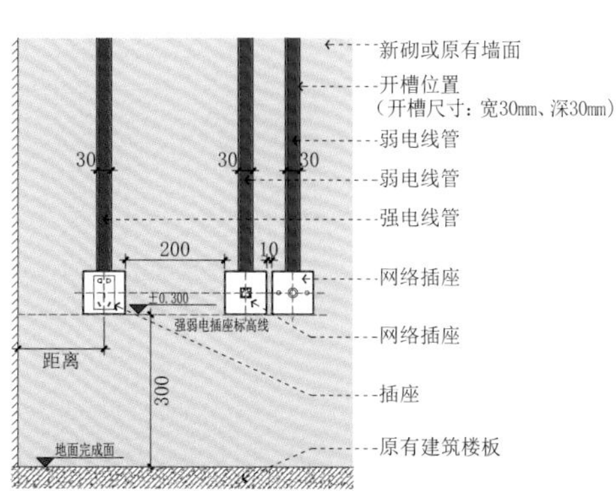

▲ 墙面强、弱电插座定位

第三节 瓦工施工

瓦工施工是室内装饰施工的重要内容。由于墙体和地面是人们生活中经常摩擦、清洗的部分，因此，瓦工施工的质量会直接影响室内装饰效果。

一、墙面砖施工

现场施工要求

- 墙面基层清理干净
- 窗台、窗套等事先砌堵好

施工材料

- 主要材料：釉面砖、通体砖、抛光砖、玻化砖、陶瓷锦砖等
- 其他材料：42.5 级矿渣水泥或普通硅酸盐水泥、42.5 级白水泥、粗砂或中砂、107 胶和矿物颜料等
- 主要工具：孔径 5mm 筛子、窗纱筛子、水桶、木抹子、铁抹子、中杠、靠尺、方尺、铁制水平尺、灰槽、灰勺、毛刷、钢丝刷、笤帚、锤子、小白线、擦布或棉丝、钢片开刀、小灰铲、云石机、勾缝溜子、线坠、盒尺等

/ 施工流程 /

重点监控

预排：要注意同一墙面的横竖排列，不得有一行以上的非整砖。

泡砖和湿润墙面：釉面砖粘贴前应放入清水中浸泡 2 小时以上，取出晾干，用手按砖背无水迹时方可粘贴。

镶贴：铺完整行砖后，要用长靠尺横向校正一次。

施工疑难问题解析

铺贴瓷砖预留多大缝隙合适?

铺贴瓷砖时，接缝可在 2~3mm 之间调整。

墙面砖出现空鼓和脱壳怎么办?

① 要对黏结好的面砖进行检查。

② 查明空鼓和脱壳的范围，画好周边线，用切割机沿线割开。

③ 将空鼓和脱壳的面砖和黏结层清理干净。

④ 用与原有面层料相同的材料进行铺贴。

瓷砖贴完后颜色不一样怎么办?

原因一：瓷砖质量差、釉面过薄。

原因二：施工方法不当。

解决方法一：严格选好材料，避免色差。

解决方法二：使用清洁干净的水浸泡釉面砖；用于粘贴的水泥砂浆使用干净的砂子和水泥；操作时随时清理砖面上残留的砂浆。

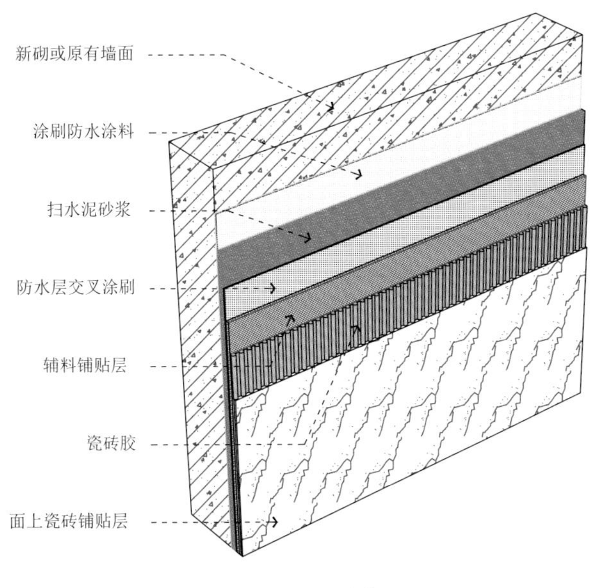

▲ 墙面砖施工节点

二、地面砖施工

现场施工要求

- 内墙 +50cm 水平标高线已弹好，并校核无误
- 墙面抹灰、屋面防水已做好，门框已安装完
- 地面垫层及预埋在地面内的各种管线已做完
- 穿过楼面的竖管已安完，管洞已堵塞密实
- 有地漏的房间应找好泛水

施工材料

- 主要材料：水泥、砂、瓷砖、草酸、火碱、107 胶
- 主要工具：水桶、平锹、铁抹子、大杠、筛子、窗纱筛子、锤子、橡皮锤子、方尺、云石机

/ 施工流程 /

重点监控

铺贴：铺贴快接近尽头时，应提前量尺预排，提早做调整，避免造成端头缝隙过大或过小。

拍实：由一端开始，用木锤和拍板依次拍平拍实，拍至素水泥浆挤满缝隙为止。

洒水、揭纸：洒水至纸面完全浸透，依次把纸面平拉揭掉，并用开刀清除纸毛。

拔缝、灌缝：用排笔蘸浓水泥浆灌缝，或用 1：1 水泥拌细砂把缝隙填满。

施工疑难问题解析

贴地砖时是先贴脚线还是先刷墙?

遵循先刷墙后贴脚线的顺序进行，这样才不会因为贴砖施工污染到脚线。

地面砖出现空鼓或松动怎么办?

① 用小木锤或橡皮锤逐一敲击检查，做好标记。

② 逐一将地面砖掀开，去掉原有结合层的砂浆并清理干净，晾干。

③ 刷一道水泥砂浆，按设计厚度刮平并控制好均匀度。

④ 将地面砖背面的残留砂浆刮除，洗净并浸水晾干。

⑤ 再刮一层胶黏剂，压实拍平。

地面砖出现爆裂或起拱的现象怎么办?

① 将爆裂或起拱的地面砖掀起。

② 沿已裂缝的找平层拉线，用切割机切缝。

③ 灌柔性密封胶。

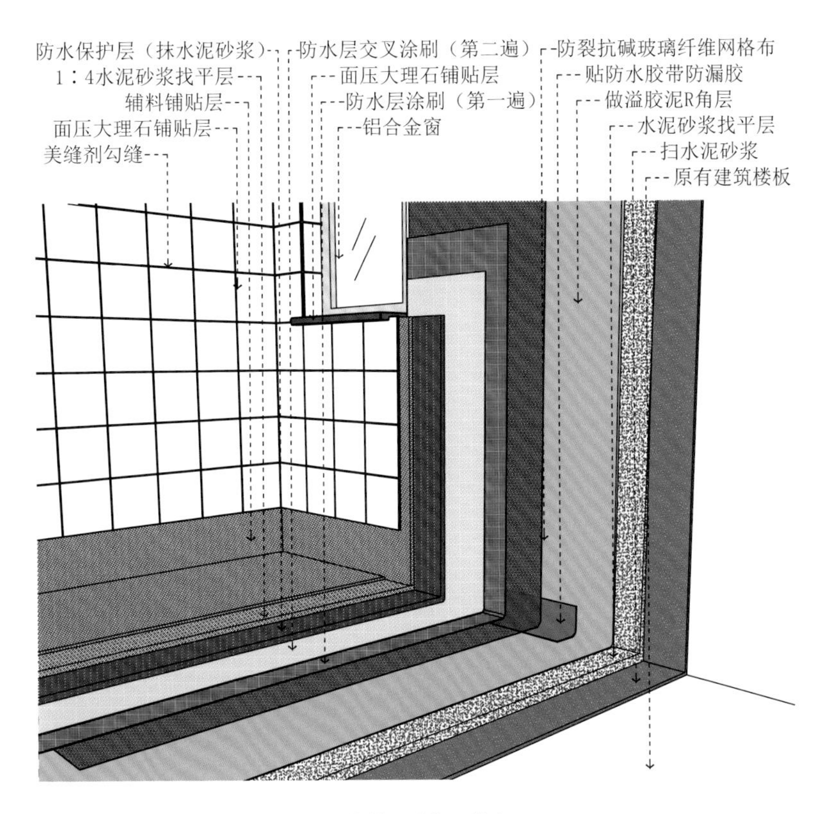

▲ 墙地面砖施工节点

第四节 木工施工

木作施工项目零散，种类也多，主要包括吊顶施工、木制造型墙施工等。这类型的施工项目均需要以木工板、石膏板以及木方等为材料，结合一定的工艺工法制作而成。

一、吊顶施工

1. 轻钢龙骨石膏板吊顶

现场施工要求

- 结构施工时，现浇混凝土楼板或预制混凝土楼板缝应按设计要求设置间距
- 吊顶房间墙柱为砖砌体时，在吊顶标高位置预埋防腐木砖
- 安装完顶面各种管线及通风道，确定好灯位、通风口及各种露明孔口位置
- 吊顶罩面板安装前应做完墙面和地面的湿作业工程
- 搭好吊顶施工操作平台架子
- 轻钢龙骨石膏板吊顶在大面积施工前应做样板间
- 对吊顶的起拱度、灯槽、通风口的构造处理、分块及固定方法等，应经试装并经鉴定认可后方可大面积施工

施工材料

- 主要材料：轻钢龙骨（大、中、小）
- 其他材料：吊杆、花篮螺栓、射钉、自攻螺钉等
- 主要机具：电锯、无齿锯、射钉枪、手锯、手刨子、钳子、螺丝刀、扳手、方尺、钢尺、钢水平尺等

/ 施工流程 /

重点监控

安装大龙骨：预先安装好吊挂件。
安装中龙骨：需多根延续接长时，用中龙骨连接件，在吊挂中龙骨的同时相连，调直固定。
安装小龙骨：小龙骨在安装罩面板时，每装一块罩面板先后各装一根卡档小龙骨。
刷防锈漆：焊接处未做防锈处理的表面，在交工前应刷防锈漆。

2. 木骨架罩面板吊顶

现场施工要求

- 顶面各种管线及通风管道均安装完毕并办理手续
- 直接接触结构的木龙骨应预先刷防腐漆
- 安装吊顶的房间需完成墙面及地面的湿作业和台面防水等工程
- 搭好吊顶施工操作平台架

施工材料

- 主要材料：木料、罩面板材及压条
- 其他材料：圆钉、$\Phi 6$ 或 $\Phi 8$ 螺栓、射钉、膨胀螺栓、胶黏剂、木材防腐剂、8# 镀锌铁丝等
- 主要机具：器械有小电锯、小台刨、手电钻；手动工具有木刨、线刨、锯、斧、锤、螺丝刀、摇钻等

/ 施工流程 /

重点监控

安装水电管线设施：应进行吊顶内水电设备管线安装，较重吊物不得吊于吊顶龙骨上。

安装大龙骨：保证其设计标高。

安装小龙骨：小龙骨对接接头应错开，接头两侧各钉两个钉子。

防腐处理：吊顶内所有露明的铁件，钉罩面板前须刷防腐漆；木骨架与结构接触面应进行防腐处理。

安装罩面板：罩面板与木骨架的固定方式用木螺钉拧固法。

施工疑难问题解析

木龙骨吊顶完成后呈现波浪形怎么办？

① 吊顶龙骨的拱度不均匀：利用吊杆或吊筋螺栓的松紧调整龙骨的拱度。

② 吊杆被钉劈而使节点松动：将劈裂的吊杆更换。

③ 吊顶龙骨的接头有硬弯：将硬弯处夹板起掉，调整后再钉牢。

吊顶饰面板安装表面为什么会有鼓包？如何处理？

① 由于钉头未卧入板内所致。

② 用铁锤垫铁垫，将圆钉钉入板内，或用螺丝刀将木螺钉沉入板内，再用腻子找平。

为什么吊顶会变形开裂？

① 湿度是造成开裂变形最主要的环境因素。

② 施工中尽量降低空气湿度，保持良好通风。

③ 进行表面处理时，对板材表面采取适当封闭措施。

纸面石膏板接缝处开裂了怎么办？

① 先清除缝内杂物，当嵌缝腻子初凝时，需再刮一层较稀的腻子，厚度控制在 1mm 左右。

② 随即贴穿孔纸带，纸带贴好后放置一段时间。

③ 待水分蒸发后，在纸带上再刮一层腻子，把纸带压住，同时把接缝板面找平。

④ 石膏板吊顶时，要确保石膏板在无应力状态下固定。

⑤ 龙骨及紧固螺钉间距严格按设计要求施工。

⑥ 整体满刮腻子时要注意，腻子不要刮得太厚。

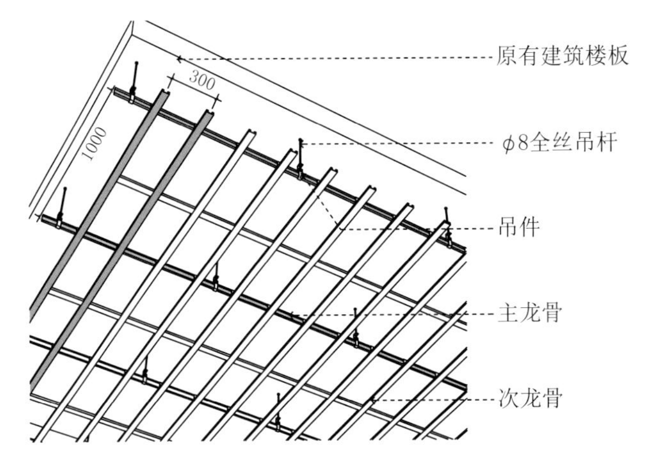

▲ 轻钢龙骨石膏板吊顶施工示意

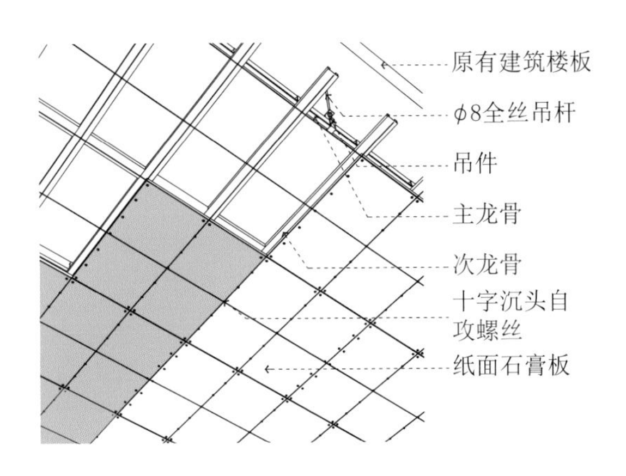

▲ 吊顶罩面板施工节点

二、木制造型墙施工

1. 电视墙木作造型施工

现场施工要求	• 清理墙面基层，将一些较大的颗粒清理掉 • 需要铺上油毡、油纸做防潮处理 • 木方和木夹板均应进行防潮、防火、防虫处理 • 根据图纸设计尺寸和造型，裁切木夹板和木方，将木方制作成框架，用钉子钉好 • 根据设计图纸选择饰面板，将饰面板按照尺寸裁切好
施工材料	• 主要材料：各类饰面板 • 其他材料：各类钉子，如气枪钉、自攻钉等

/ 施工流程 /

基层处理 ⇨ 弹线 ⇨ 骨架制作与固定 ⇩ 安装表面板材 ⇦ 清洁

重点监控

弹线：根据设计图纸在墙面上弹线，画出木作造型的具体位置和形态。

骨架制作与固定：将框架钉在墙面的预埋木砖上，没有预埋木砖的，需钻孔打入木模或塑料胀管，将框架安装牢固。骨架要用线调平，做到横平竖直。

安装表面板材：没有木线掩盖的转角处，必须采用 45° 拼角；有木线的地方，按设计选择木线钉装牢固，钉帽应凹入木面 1mm 左右，不得外露。

施工疑难问题解析

饰面夹板有开缝、翘曲现象怎么办?

① 检查所购饰面夹板的平整度，含水率不得大于 15%。

② 做好施工工艺交底，严格按照工艺流程施工。

饰面板的排缝不严密怎么办?

① 施工时严格遵循设计要求。

② 空缝的缝宽要一致且顺直，密缝的拼缝要紧密，接缝顺直。

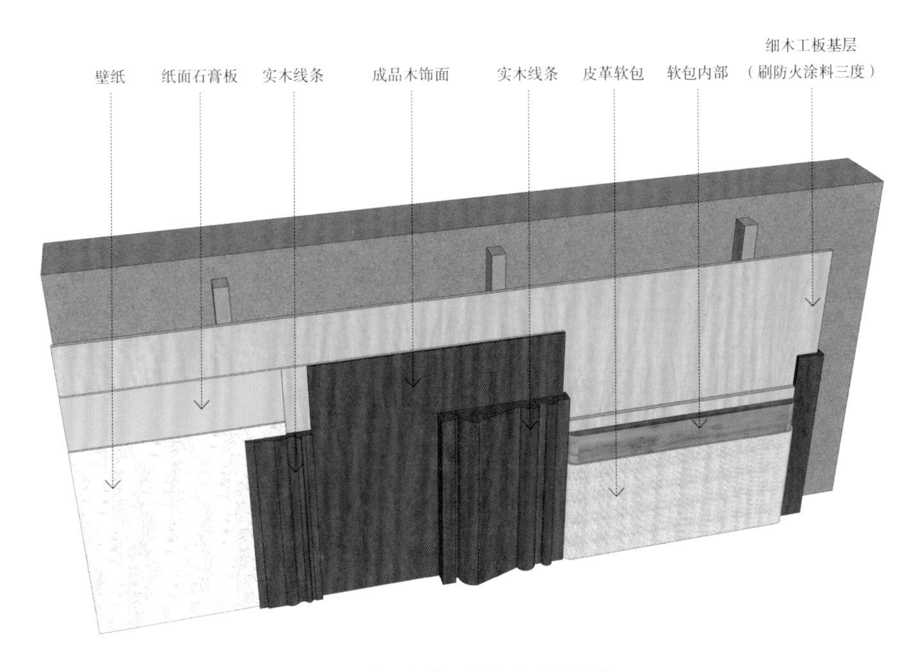

▲ 木饰面与软硬包相接节点示意

2. 护墙板施工

现场施工要求

- 用线坠检查墙面垂直度和平整度
- 材料的品种、规格、颜色符合设计要求，且必须有环保要求的检测报告
- 未做饰面处理的半成品实木墙板及细木装饰制品，应预先涂饰一遍底漆，防止变形或污染
- 对于基层为加气混凝土砖、空心砖的墙体，应先将浸油木模按预先设计的位置预埋于墙体内，并用水泥砂浆砌实，使木模表面与墙体平整
- 对于基层为木隔墙、轻钢龙骨石膏板的隔墙，应先将隔墙的主、副龙骨位置画出，在与墙面待安装的木龙骨固定点标定后，方可施工

施工材料

- 主要材料：木龙骨、底板、饰面板材、防火及防腐材料
- 其他材料：各类钉、胶等

/ 施工流程 /

重点监控

制作木骨架：木龙骨架的间距通常根据面板模数或现场施工的尺寸而定，一般为400~600mm。在有开关插座的位置处，要在其四周加钉龙骨框。

固定木骨架：在两个墙面的阴阳角处，必须加钉竖向木龙骨。

安装木板材：根据护墙板高度和房间大小切割木饰面板，整片或分片安装。安装要求缝隙一致、均匀，缝隙宽度不可超过 1mm。

收口线条处理：安装封边收口线条时，钉的位置应在线条的凹槽处或背视线的一侧。

施工疑难问题解析

木龙骨固定不牢，分格档距不合规定怎么办？

① 熟悉施工图纸，认真了解在结构施工过程中的预埋件规格、部位、间距及装修预留量。

② 木龙骨的含水率应小于 15%，并且不能有腐朽、严重死节疤、劈裂、扭曲等缺陷。

③ 检查预留木模是否符合木龙骨的分档尺寸，数量是否符合要求。

面层花纹错乱，接缝处有黑纹怎么办？

① 安装前精选面板材料，涂刷两遍底漆做防护。

② 将材种、颜色、花纹一致的板材运用在一个房间内。

③ 使用大块胶合板做饰面时，板缝宽度间距可以用一个标准的金属条做间隔基准。

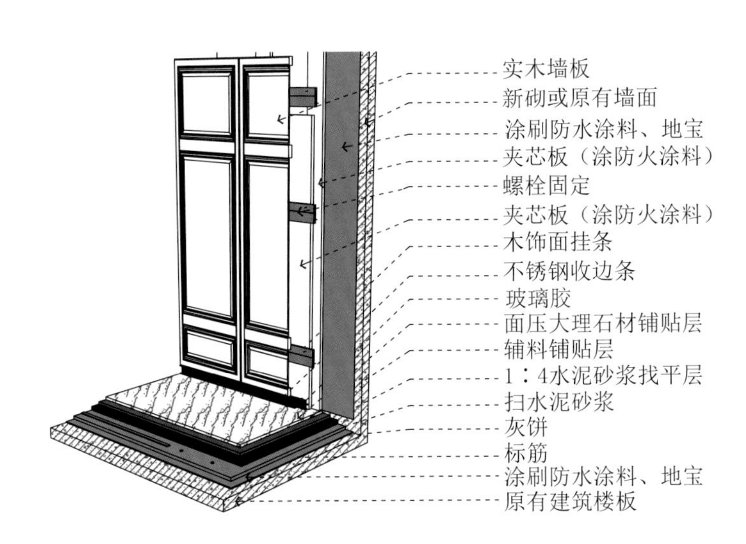

▲墙面护墙板与地面收口施工节点

第五节 油工施工

油漆与壁纸是家居装修中不可缺少的施工项目，这两项施工均对细节要求较高。如果施工出现纰漏，很可能造成家庭装修不美观的弊端。

一、乳胶漆施工

现场施工要求

- 腻子应与涂料性能配套，坚实牢固，不得产生粉化、起皮、裂纹等现象
- 保证墙体完全干透是最基本的条件，一般应放置 10 天以上

施工材料

- 主要材料：乳胶漆、胶黏剂、清油、合成树脂溶液、聚醋酸乙烯溶液、白水泥、大白粉、石膏粉、滑石粉、腻子等
- 施工工具：钢刮板、腻子刀、小桶、托板、橡皮刮板、刮刀、搅拌棒、排笔等

/ 施工流程 /

基层处理 → 修补腻子 → 满刮腻子

→ 涂刷底漆 → 涂刷面漆（两遍以上）

重点监控

基层处理：确保墙面坚实、平整，清理墙面，使水泥墙面尽量无浮土、浮尘。

满刮腻子：刮两遍腻子即可，既能找平，又能罩住底色。

涂刷底漆：底漆涂刷一遍即可，务必均匀。

涂刷面漆：面漆通常要刷两遍，每遍之间应相隔 2 小时以上。

施工疑难问题解析

在刷漆和喷漆过程中，为什么有时会有“流泪”现象？

① 多出现于垂直面及水平面与垂直面交接的边缘角线处。

② 主要原因是稀释比例不当，涂刷或喷涂漆层太厚。

③ 解决方法：要按说明书的要求稀释，每层都应涂薄。

对于漆膜开裂该如何处理？

① 轻度开裂：可用水砂纸打磨平整后重新涂刷。

② 严重开裂：全部铲除后重新涂刷。

涂料施工中易发生什么样的问题？是怎样引起的？

① 脱落：使用劣质腻子，黏结力差造成。

② 起鼓：墙面没有干透，水分不断蒸发或墙壁内有渗水引起。

③ 粉化：墙体疏松、加水过量或者施工时气温低于要求的温度。

④ 龟裂：使用劣质腻子。

⑤ 退色：墙体未干透或涂料本身的质量问题。

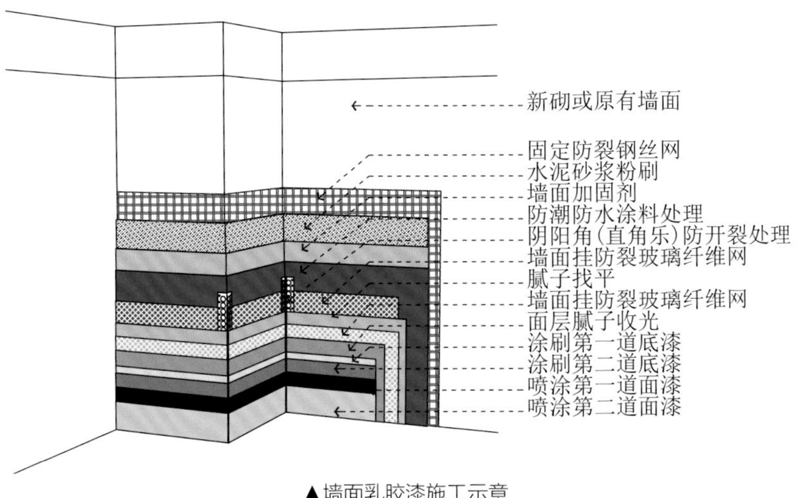

▲墙面乳胶漆施工示意

二、壁纸施工

现场施工要求	• 施工前门窗油漆、电器设备要安装完成，影响裱糊的灯具等要拆除 • 墙面抹灰提前完成干燥，基层墙面应符合相关规定 • 地面工程要求施工完毕，不得有较大的灰尘和其他交叉作业
施工材料	• 主要材料：壁纸、胶黏剂等 • 施工工具：活动裁纸刀、钢板抹子、塑料刮板、毛胶辊、不锈钢长钢尺、裁纸操作平台、钢卷尺、注射器及针头、粉线包、软毛巾、板刷、大小塑料桶等

/ 施工流程 /

基层处理 → 弹线、预拼 → 裁切 → 润纸 → 刷胶 → 裱糊 → 饰面清理

重点监控

基层处理：先在基层刷一层涂料进行封闭。

弹线、预拼：弹线时应从墙面阴角处开始，将窄条纸的裁切边留在阴角处。

裁切：根据裱糊面的尺寸和材料的规格，裁出第一段壁纸。

润纸：在刷胶前须将壁纸在水中浸泡，然后再在背面刷胶。

裱糊：按照先垂直面后水平面，然后先细部后大面的顺序进行。

实用贴士

基层处理要求

混凝土及水泥砂浆抹灰基层

① 混凝土及水泥砂浆抹灰层与墙体及各抹灰层间必须黏结牢固。

② 抹灰层应无脱层、空鼓，面层应无爆灰和裂缝。

③ 基体一定要干燥。

纸面石膏板、水泥面板、硅钙板基层

① 面板安装牢固，无脱层、翘曲、折裂、缺棱、掉角。

② 满刮腻子、砂纸打光，基层腻子应平整光滑、坚实牢固。

③ 不得有粉化起皮、裂缝和突出物，线角顺直。

木质基层

① 基层要干燥，安装前应进行防火处理。

② 木质基层上的节疤、松脂部位应封闭，钉眼处应嵌补。

③ 刮腻子前应涂刷抗碱封闭底漆。

注：不同材质基层的接缝处必须粘贴接缝带。

施工疑难问题解析

Q 壁纸的接缝不垂直怎么办？

① 较小偏差：为了节约成本可忽略不计。

② 偏大偏差：将壁纸全部撕掉，重新粘贴施工，施工前要把基层处理干净平整。

Q 壁纸间的间隙较大怎么办？

① 距离较小：用与壁纸颜色相同的乳胶漆点描在缝隙内。

② 距离较大：用相同的壁纸进行补救，但不允许显出补救痕迹。

Q 壁纸粘贴后，表面有明显的皱纹及棱脊凸起的死折怎么办？

① 刚贴完，胶黏剂未干燥：可将壁纸揭下来重新进行裱糊。

② 胶黏剂已经干透：撕掉壁纸重新粘贴，施工前把基层处理干净平整。

第六节 安装施工

安装施工是对大部分主材进行安装的过程，由于居室中所需要的主材繁多，安装过程复杂而漫长，因此对于细节的把控最为关键。

一、木地板安装

现场施工要求

- 等吊顶和内墙面的装修施工完毕，门窗和玻璃全部安装完好后进行
- 按照设计要求，事先把要铺设的地板的基层做好
- 待室内各项工程完工和超过地板面承载的设备进入房间预定位置之后，方可进行
- 检查核对地面面层标高，符合设计要求
- 将室内四周的墙划出，面层标高控制水平线

施工材料

- 主要材料：各种类别的木地板、毛地板
- 其他材料：木格栅、垫木、撑木、胶黏剂、处理剂、橡胶垫、防潮纸、防锈漆、地板漆、地板蜡等

/ 施工流程 /

实木地板

实木地板铺贴有实铺法和空铺法两种，两者在施工顺序上没有多大区别，主要在于部分环节的技术工艺不同。

实铺法：

基层清理 ⇨ 弹线、抄平 ⇨ 地面防潮、防水处理 ⇨ 安装固定木格栅、垫木和撑木 ⇩ 钉毛地板 ⇦ 找平、刨平 ⇦ 铺设地板、找平、刨平 ⇦ 安装踢脚线 ⇩ 地板刨光、打磨 ⇨ 油漆、上蜡

空铺法：

地拢墙找平 → 铺防潮层 → 弹线 → 找平、安装固定木格栅、垫木和撑木 → 钉毛地板 → 找平、刨平 → 铺设地板 → 弹线、安装踢脚线 → 刨光、打磨 → 油漆、上蜡

重点监控

基层清理：实铺法应将基层上的砂浆、垃圾、尘土等彻底清扫干净；空铺法应将地垄墙内的砖头、砂浆、灰屑等清扫干净。

实铺法安装固定木格栅、垫木：基层锚件为预埋螺栓和镀锌钢丝，其施工有所不同。

空铺法安装固定木格栅、垫木：格栅调平后，在格栅两边钉斜钉子与垫木连接。

钉毛地板：表面同一水平度与平整度达到控制要求后方能铺设地板。

安装踢脚线：墙上预埋的防腐木砖应突出墙面，并与粉刷面齐平。

抛光、打磨：必须机械和手工结合操作。

油漆、打蜡：地板磨光后应立即上漆，使之与空气隔断，避免湿气侵袭地板。

强化复合地板

基层清理 → 铺地垫 → 装地板 → 安装踢脚线

重点监控

铺地垫：先满铺地垫，或铺一块装一块，接缝处不得叠压。

装地板：铺装可从任意处开始，不限制方向。

施工疑难问题解析

木地板表面不平时怎么办？

① 基层不平或地板条变形起拱所致。

② 安装施工时，用水平尺对龙骨表面找平，如不平应垫垫木调整。

③ 龙骨上应做通风槽。

④ 板边距墙面应留出 10mm 的通风缝隙。

⑤ 保温隔音层材料必须干燥，防止地板受潮后起拱。

⑥ 木地板表面平整度误差应在 1mm 以内。

避免地板有响声的办法有哪些？

① 根治需重新紧固地龙，重装地板，但费工又费料。

② 注重地龙和地板的工艺和方法，地板才不会出声。

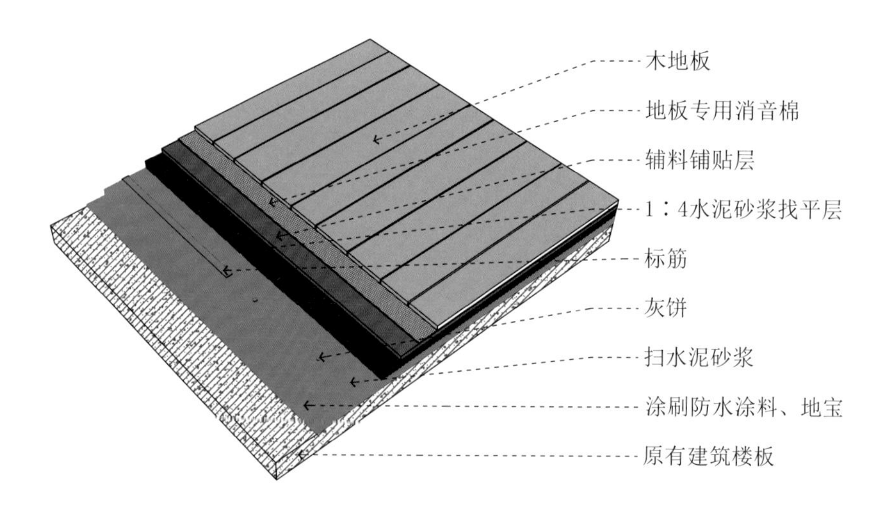

▲木地板铺贴施工示意

二、橱柜安装

现场施工要求	• 结构工程和有关壁柜、吊柜的构造连接体已具备安装壁柜和吊柜的条件 • 室内已有标高水平线 • 壁柜框、扇进场后，顶面应涂刷防腐涂料，其他各面涂刷底油一道 • 将加工品靠墙、贴地，然后分类码放平整，底层垫平、保持通风 • 壁柜和吊柜的框的安装应在抹灰前进行；扇的安装应在抹灰后进行
施工材料	• 主要材料：壁柜木制品 • 其他材料：防腐剂、插销、木螺栓、拉手、锁、碰珠、合页等 • 主要机具：电焊机、手电钻、大刨、二刨、小刨、裁口刨、木锯、斧子、扁铲、木钻、丝锥、螺丝刀、钢水平尺、凿子、钢锉、钢尺等

/ 施工流程 /

找线定位 → 框、架安装 → 壁柜、隔板、支点安装

→ 壁（吊）柜扇安装 → 五金安装

重点监控

框、架安装：在框、架固定时，先校正、套方、吊直，核对标高、尺寸、位置，准确无误后再进行固定。

壁柜隔板支点安装：将支点木条钉在墙体木砖上，混凝土隔板一般是匚形铁件或设置角钢支架。

壁（吊）柜扇安装：按扇的安装位置确定五金型号、对开扇裁口方向。

施工疑难问题解析

Q 厨房没有承重墙怎么安装吊柜呢？

① 非承重墙加固。使用箱体白板或依据墙体受力情况采取更厚一些的白板，将其固定在墙体上。

② 使用吊码挂片。

③ 用挂钢丝网的形式预先对墙体进行处理。

三、门窗安装

现场施工要求		• 门窗框靠地的一面应刷防腐漆，其他各面及扇均应涂刷一道清油 • 门框的安装应依据图纸尺寸，核实后进行安装 • 门窗框安装应在抹灰前进行 • 门扇和窗扇的安装宜在抹灰完成后进行
施工材料	木门窗	• 主要材料：木门窗（包括纱门窗） • 其他材料：防腐剂、钉子、木螺栓、合页、插销、拉手、挺钩、门锁等按门窗图表所列的小五金型号、种类及其配件准备 • 主要机具：粗刨、细刨、裁口刨、单线刨、锯、锤子、斧子、螺丝刀、线勒子、扁铲、塞尺、线坠、红线包、墨汁、木钻、小电锯、扫帚等
	铝合金门窗	• 主要材料：铝合金门窗型材 • 辅助材料：防腐材料、填缝材料、密封材料、防锈漆、水泥、砂、连接铁脚、连接板等 • 主要机具：粗电锤、射钉枪、电焊机、经纬仪、螺丝刀、手锤、扳手、钳子、水平尺、线坠等
	塑钢门窗	• 主要材料：塑料门窗型材 • 辅助材料：连接件、镀锌铁脚、自攻螺栓、膨胀螺栓、PE 发泡软料、玻璃压条、五金配件等 • 主要机具：电锤、射钉枪、电焊机、经纬仪、螺丝刀、手锤、扳手、钳子、水平尺、线坠等

/ 施工流程 /

木门窗

找规矩弹线、找出门窗框安装位置 ⇒ 掩扇及安装样板 ⇒ 窗框、扇安装

门框安装

门扇安装

重点监控

找规矩弹线：要保证门窗安装的牢固性。

窗框、扇安装：应考虑抹灰层的厚度，并要在墙上画出安装位置线。

门框安装：应在地面工程施工前完成，门框安装应保证牢固。

门扇安装：确定门的开启方向及小五金型号和安装位置。

铝合金门窗

预埋件安装 → 弹线 → 门窗框安装 → 门窗固定 → 门窗安装

重点监控

预埋件安装：洞口预埋铁件间距须与门窗框上设置的连接件配套。

门窗框安装：铝框上的保护膜在安装前后不得撕除或损坏。

门窗安装：框与扇配套组装而成，开启扇需整扇安装。

塑钢门窗

重点监控

框子安装连接铁件：严禁用锤子敲打框子，以免损坏。

立樘子：严禁用水泥砂浆或麻刀灰填塞，以免门窗框架受震变形。

安装小五金：严禁直接锤击打入。

安装玻璃：半玻平开门可在安装后直接装玻璃；可拆卸的窗扇可先将玻璃装在扇上，再把扇装在框上。

施工疑难问题解析

门窗套安装经常出现哪些缺陷？

① 门套线碰角高低不平：两条套线应该在同一平面，且高低一致，要接缝严密。

② 门套不垂直、上下口宽度不一致：门套上口根据墙面的水平线调水平度。

门窗拆除后，是否可以直接施工？

① 门窗拆除后不可以直接施工。

② 施工时要把拆坏的地方用水泥砂浆或石膏修理平整。

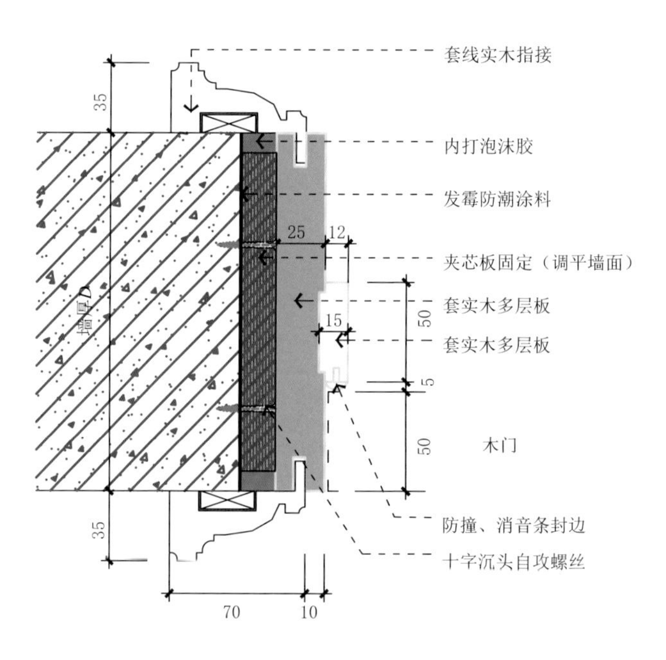

▲实木门套线剖面节点

四、卫浴设备安装

1. 洗手池安装

现场施工要求	• 检查洗手池表面是否平整，且下水器应有直径≥ 8mm 的溢流孔 • 安装洗手池之前，空间内的硬装应已完成，墙地砖都铺贴完毕
施工材料	• 主要材料：洗手盆 • 其他材料：五金件，包括水龙头、下水器等

/ 施工流程 /

测尺寸 ⇨ 定位置 ⇨ 钻孔 ⇨ 安装零部件 ⇨ 安装洗手池 ⇨ 安装水管等五金件

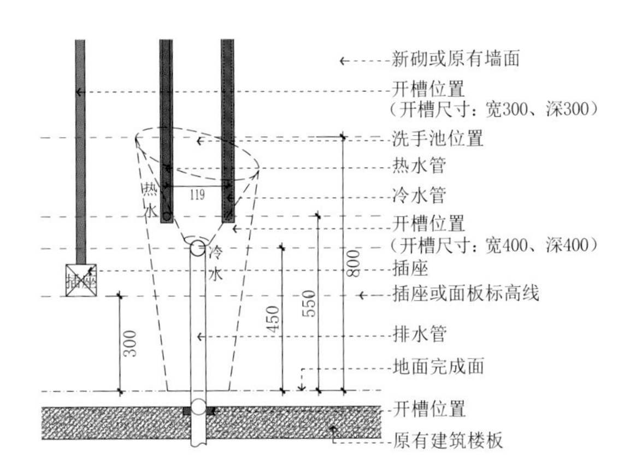

▲洗手池墙排下水口做法立面

重点监控

测尺寸：测量洗手池尺寸并在墙面标出高度，高度距离地面约 820mm。

定位置：将洗手池放到安装位置，用水平尺矫正尺寸，并用笔标出具体安装的孔位。

钻孔：用电钻在标好位置的地方钻孔，并安装膨胀管。

安装零部件：安装挂钩以及立柱固定件，安装时螺栓不应拧太紧，应将洗手池挂在挂钩上，根据盆与墙面的垂直情况插入金属片进行调控。

安装洗手池：下水器与洗手池连接时，其自身的溢流孔应对准洗手池的溢流孔，以保证流水部位畅通。

安装水管等五金件：洗手池与排水管连接处应牢固紧实，且便于拆卸。

2. 坐便器安装

现场施工要求	• 检查卫生间的排污管道是否被泥砂、废纸、塑料等异物堵塞 • 检查需要安装坐便器的地面处是否平整 • 将下水口锯短并高出水平面 2~5mm • 检查坐便器下水口到墙面的尺寸是否符合卫生间下水口到墙面的尺寸要求
施工材料	• 坐便器：其种类繁多，有普通坐便器与智能坐便器，也有直冲式和虹吸式

/ 施工流程 /

对准管口 ⇒ 打孔洞 ⇒ 安装底座 ⇒ 安装水箱 ⇒ 安装连接管 ⇒ 检查排污能力 ⇒ 打密封胶

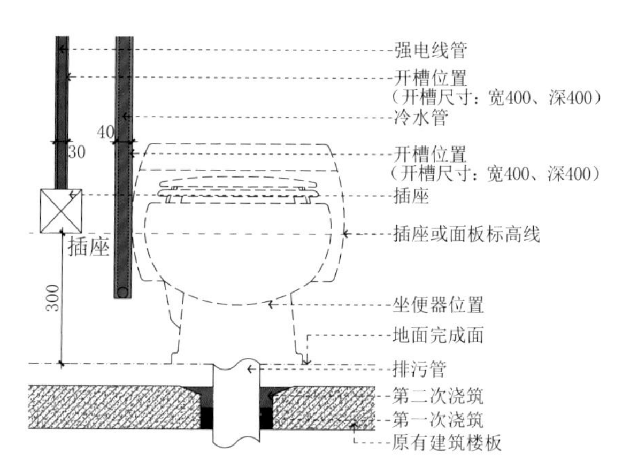

▲坐便器安装施工立面

重点监控

打孔洞：根据坐便器底座的外围尺寸，在地面画出坐便器底部需要固定的孔洞位置，并用冲击钻打孔，孔洞长度为 5mm。

安装底座：坐便器排污管道与地面排污管道要连接紧密并进行密封处理。

安装水箱：连体坐便器与智能坐便器不需要此步骤。

安装连接管：进水管处应安装进水控制阀门。

检查排污能力：各类零部件全部安装好之后放水，检查坐便器的排污能力。

打密封胶：用油灰或硅胶等粘接性强的胶类将坐便器底座与地面粘接在一起。

3. 淋浴房安装

准备工作

- 卫生间墙面和地面贴砖完毕后才可安装淋浴房
- 安装淋浴房前应预先留好水电管线
- 淋浴房包装打开后，钢化玻璃需要以小角度斜倚在墙面上，不能水平放置或角度过大放置，否则易碎

/ 施工流程 /

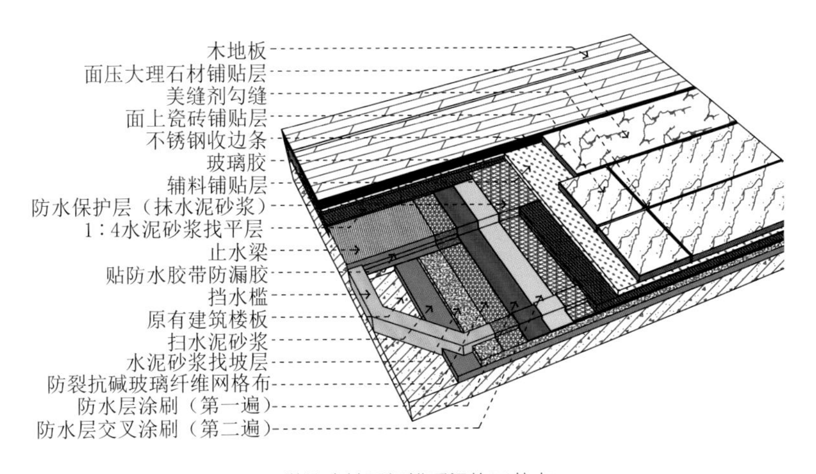

▲淋浴房地面门槛反梁施工节点

重点监控

固定边框：将底框放在挡水槛上，用螺钉钉入其中使底框与墙体固定在一起。

安装钢化玻璃：将钢化玻璃放到底框内部，用 U 形配件卡住，之后用螺丝刀将其用底部框架的螺母与螺栓固定住。

安装移门：将移门滚轮安装到指定位置后，将移门与框架固定在一起，利用钳子及螺丝刀将连接件固定好。

4. 浴缸安装

准备工作	• 铺设地面时要保持浴缸内部排水孔的位置比地面稍低，便于排水 • 准备水泥砂浆、瓷砖等备用 • 嵌入式浴缸应在卫生间进行基层处理时一并安装，后期与卫生间一起贴砖
施工材料	• 浴缸：主要供人们淋浴或沐浴使用，通常安装在浴室内。而嵌入式浴缸由于需要砌台、贴砖，与卫生间的一体性更强

/ 施工流程 /

确定高度 ⇨ 安装地漏 ⇨ 放置浴缸 ⇨ 安装排水管 ⇩ 预留检修口 ⇦ 砌砖封闭 ⇦ 打玻璃胶

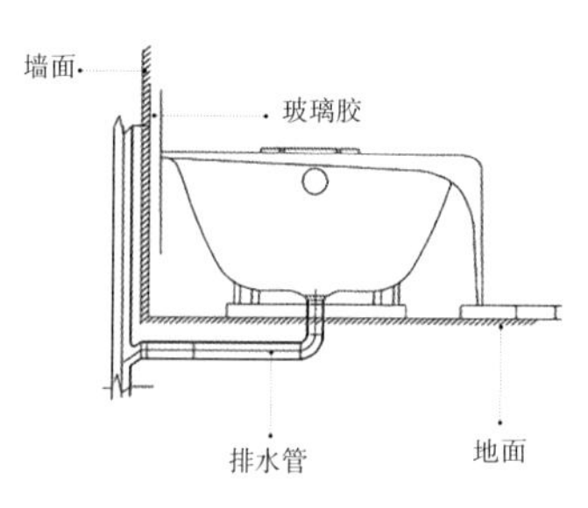

▲ 铸铁有裙边浴缸安装结构

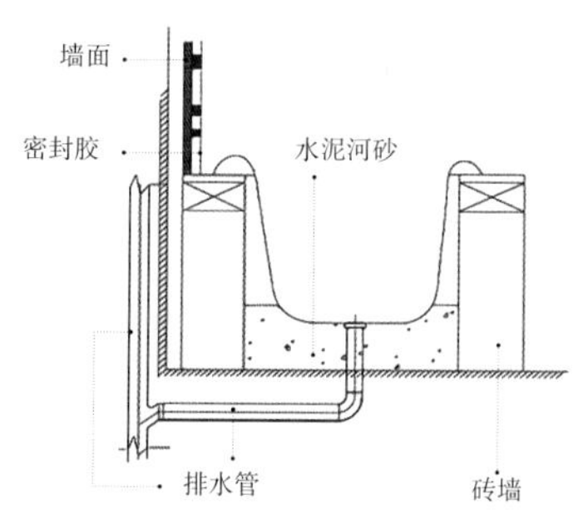

▲ 铸铁无裙边浴缸安装结构

重点监控

确定高度：确定浴缸最高点以及平面位置，在墙面弹出水平线；高度范围一般为500~600mm。

放置浴缸：用水泥河砂填在浴缸底部的四个角落，让浴缸放置稳固，不可有晃动迹象，同时还需校正浴缸水平度，防止其使用后积水。

安装排水管：排水管需在地面排水孔内，并封闭洞口，防止浴缸排出的污水倒泛，造成积水。

预留检修口：外侧面砌砖需要砖体相较浴缸边缘缩进20~30mm。砌砖同时在便于后期检修排水口的隐蔽位置上预留150~200mm的孔洞，之后再做一扇小门，方便后期清理检修。

砌砖封闭：将侧面用砖封闭后，用1：2的水泥砂浆涂刮在上面，晾干后再涂抹两道瓷砖底子灰，之后贴砖。

五、五金安装

1. 日用五金分类

日用五金	分类
锁类	外装门锁、抽屉锁、玻璃橱窗锁、防盗锁、锁芯等
拉手类	抽屉拉手、柜门拉手、玻璃门拉手等
门窗类五金	合页：玻璃合页、拐角合页、轴承合页（铜质、钢质）等 滑轨道：抽屉轨道、推拉门轨道等 其他：门吸、密封条等
家庭装饰小五金类	窗帘盒、窗帘杆（铜质、木质）、升降晾衣架等
水暖五金类	角阀、地漏等
卫浴、厨房五金	水龙头、花洒、水槽、开关、插座等

2. 木工五金安装

· 五金件的安装时间需考虑好与油漆工施工的衔接问题。
· 五金件的安装时间不宜过早，避免施工时过多考虑对五金件的保护。
· 安装五金件要注意不能破坏油漆工人已经完成的施工。
· 对于需要钻孔的五金件，基本上是在油漆工施工之前，或主要工序进行之前完成。
· 油漆工完成施工后，木工再进行安装工作。

3. 卫生间五金安装

卫浴五金	安装要求
浴巾架	① 装在卫浴中央部位空旷的墙壁上 ② 装在单管毛巾架上方时，离地约 1.6m ③ 单独安装时，离地约 1.5m
单管毛巾架（脚巾架）	① 装在卫浴中央部位空旷的墙壁上 ② 装在双管毛巾架下方时，离地约 1.0m ③ 单独安装时，离地约 1.5m
单层物品架（化妆架）	① 安装在洗脸盆上方、化妆镜的下部 ② 离脸盆的高度以 30cm 为宜
衣钩	① 可安装在浴室外边的墙壁上 ② 应在离地 1.7m 的高度
墙角玻璃架	① 安装在洗衣机上方的墙角上 ② 架面与洗衣机的间距以 35cm 为宜
纸巾架	① 安装在马桶侧，用手容易够到，且不太明显的地方 ② 一般以离地 60cm 为宜

第七节 现场验收

家庭装修过程中，验收是非常重要的环节，但是房屋验收不是仅凭眼睛观察就能发现问题，对于可能存在的内部问题，则需要使用专业验收工具辅助检验。

一、常见验收工具

1. 游标卡尺

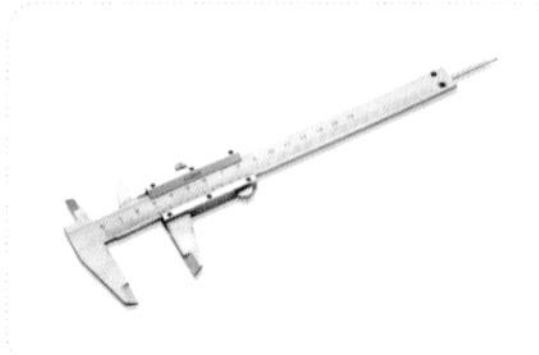

定义：由主尺和附在主尺上能滑动的游标两部分构成的工具

作用：测量工件宽度、测量工件外径、测量工件内径、测量工件深度

/ 使用要点 /

- 将量爪并拢，查看游标和主尺身的零刻度线是否对齐
- 对齐即可进行测量，若没对齐则要记取零误差
- 游标零刻度线在尺身零刻度线右侧叫正零误差，在尺身零刻度线左侧叫负零误差
- 测量零件外尺寸时，卡尺两测量面的连线应垂直于被测量表面，不能歪斜
- 测量时可以轻轻摇动卡尺，放正垂直位置

实用贴士

游标卡尺的读数方法

① 先以游标零刻度线为准，在尺身上读取毫米整数。

② 看游标上第几条刻度线与尺身的刻度线对齐，如第 6 条刻度线与尺身刻度线对齐，则小数部分为 0.6mm。

③ 若没有正好对齐的线，则取最接近对齐的线进行读数。

④ 如有零误差，则用上述结果减去零误差。

⑤ 读数结果：升 = 整数部分 + 小数部分 − 零误差。

2. 垂直检测尺

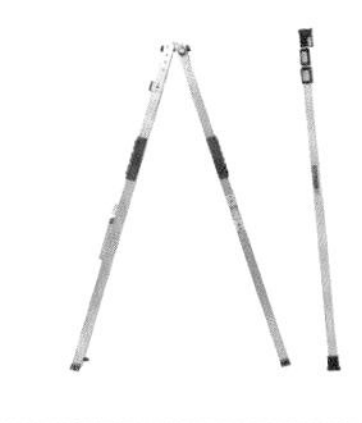

定义：又称靠尺，用以检测建筑物体平面的垂直度、平整度及水平度偏差
作用：检测墙面、瓷砖是否平整、垂直；检测地板龙骨是否水平、平整
功能：垂直度检测、水平度检测、平整度检测

使用要点

垂直度检测

- 用于 1m 检测时，将检测尺左侧面靠紧被测面
- 待指针自行摆动停止时，直读指针所指刻度下行刻度数值
- 此数值即被测面 1m 垂直度偏差，每格为 1mm
- 用于 2m 检测时，检测方法同上
- 直读指针所指上行刻度数值，此数值即被测面 2m 垂直度偏差，每格为 1mm
- 如被测面不平整，可用右侧上下靠脚（中间靠脚旋出不要）检测

水平度检测

- 检测尺侧面靠紧被测面
- 其缝隙大小用楔形塞尺检测，其数值即平整度偏差

平整度检测

- 检测尺侧面装有水准管
- 可检测水平度，用法同普通水平仪

实用贴士

垂直检测尺校正方法

① 垂直检测时，若发现仪表指针数值有偏差，应将检测尺放在标准器上进行校对调正。

② 可自行准备一根长约 2.1m 的水平直方木或铝型材作为标准器。

③ 将其竖直安装在墙面，将检测尺放在标准水平物体上，用十字螺丝刀调节水准管，使气泡居中。

3. 响鼓锤

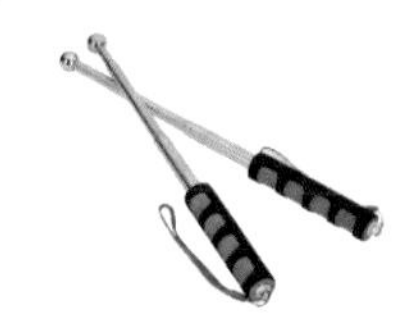

定义： 由锤头和锤把组成，其特征在于锤头上部为楔状，下部为方形

作用： 通过锤头与墙面撞击的声音来判断是否存在空鼓现象

分类： 一般分为 10g、15g、25g、50g 和伸缩式

使用要点

锤尖	• 检测石材面板或大块陶瓷面砖的空鼓面积 • 将锤尖置于面板或面砖角部，左右来回向面板或面砖中部轻轻滑动并听其声音，判定空鼓面积或程度 • 注意不能用锤头或锤尖敲击面板、面砖
锤头	• 检测较厚的水泥砂浆找坡层及找平层，或厚度在 40mm 左右的混凝土面层的空鼓面积或程度 • 将锤头置于距其表面 20~30mm 的高度，轻轻反复敲击，通过轻击过程所发出的声音判定空鼓面积或程度

4. 万用表

定义： 带有整流器，可测量交、直流电流、电压及电阻等多种电学参量的磁电式仪表

作用： 测量物体的电阻，交、直流电压；测量直流电压；测量晶体管的主要参数以及电容器的电容量

使用要点

- 使用前，先进行“机械调零”，使万用表指针指在零电压或零电流的位置上
- 测量某电路电阻时，须切断被测电路电源，不得带电测量
- 测量某一电量时，不能在测量同时换挡
- 如需换挡，应先断开表笔，换挡后再测量
- 对被测数据大小不明时，应先将量程开关置于最大值，而后由大量程往小量程挡处切换，使仪表指

针指示在满刻度的 1/2 以上处

- 万用表使用完毕，应将转换开关置于交流电压的最大挡
- 如长期不使用，应将万用表内部电池取出，以免电池腐蚀表内其他器件

5. 卷尺

定义：又称鲁班尺，一种软性测量工具

作用：测量房屋的净高、净宽和橱柜等的尺寸

功能：检测预留空间是否合理，设计大小是否一致

/ 使用要点 /

- 卷尺量尺寸的方法一种是挂在物体上，一种是顶到物体上
- 两种量法的差别在于卷尺头部铁片的厚度
- 卷尺头部松的目的是在顶在物体上时，能将卷尺头部铁片补偿出来

6. 直角尺

定义：一种专业量具，简称角尺，有些场合也被称为靠尺

作用：检测工件的垂直度及工件相对位置的垂直度，有时也用于划线

功能：用于垂直度检验，安装加工定位，划线等

/ 使用要点 /

- 将直角尺放在墙角或门窗内角，看两条边是否和尺的两边吻合
- 如果吻合说明墙角或边角是呈直角状态

7. 塞尺

定义：又称测微片或厚薄规，横截面为直角三角形，斜边上有刻度

作用：检验间隙

功能：利用锐角正弦直接将短边长度表示在斜边上，可直接读出缝的大小

/ 使用要点 /

- 使用前须先清除塞尺和工件上的污垢与灰尘
- 测量时，先用较薄的一片塞尺插入被测间隙内，若仍有空隙，则挑选较厚的依次插入，直至恰好塞进而不松不紧，该片塞尺的厚度即为被测间隙大小
- 若没有所需厚度的塞尺，可取若干片塞尺相叠代用，被测间隙即为各片塞尺尺寸之和
- 使用中根据结合面的间隙情况选用塞尺片数，但片数越少越好
- 由于塞尺很薄，容易折断，测量时不能用力太大
- 使用后应在表面涂以防锈油，并收回到保护板内
- 不能测量温度较高的工件

二、局部验收项目

1. 水路工程

检查给水工程	检查质量	• 检查阀门、水龙头及进水管的安装是否合理 • 需注意水管的安装不应靠近电源与燃气管道 • 用手晃动水龙头与水管，检查安装是否牢固，有无松动脱落现象 • 检查阀门与水龙头开关的使用灵活性 • 检查水龙头外观有无生锈破损
	检查通水	• 将阀门和水龙头打开一段时间，进行通水测试 • 检查水龙头的出水是否顺畅，有无堵塞情况，水质有无异常 • 关闭水龙头，查看其和阀门的位置是否有滴水和漏水情况 • 通水后可对水表进行检查，查看安装是否符合规范，有无装反现象 • 关闭水龙头后，观察水表有无空转现象 • 检查冷热水管的出水口是否正确

检查排水工程	检查质量	• 查看地漏与排水口的位置安装是否合理 • 观察地漏处有无堵塞现象 • 用手晃动排水管道，检查其稳固性
	排水检查	• 打开水龙头让水流进需要用水的卫浴洁具中，之后关掉水龙头，查看其表面有无积水 • 检查下水口排水是否顺畅

2. 电路工程

项目	内容	要求
检查电表箱	电表箱壳体外观检查	• 壳体的表面应平整、光洁，无锈蚀、涂层脱落以及磕碰损伤 • 涂层应牢固、均匀，无明显色差以及反光
	电表箱安全检查	• 所有电器元件的线路布置要合理，符合规定要求 • 进线仓、出线仓以及表仓隔室分明 • 元件的型号、规格应跟图纸保持一致
	通电操作试验	• 检查电表箱内部接线是否符合电器原理，确认所有接线正确无误，且绝缘电阻符合要求后再进行通电试验 • 电器元件通电后，出线端应有电压且电压数值应正确 • 电器元件开关分合试验不应有卡住、操作过负荷现象 • 确认各路出线、开关与表连接是否相对应，不可混淆、错位
检查开关	基本安装验收	• 检查开关的安装位置是否正确，且安装得是否平整稳固 • 盖板的安装不可变形且应紧贴墙面 • 把电源切断打开盖板，检查里面的导线安装是否符合接线要求，线芯不能有损伤，线盒的绝缘处理应做好
	检查开关控制	• 重复拨动开关，检查其对应电器是否正常运作 • 关闭开关后，若用电器停止运作，则说明开关实现了有效控制
检查插座	外观检查	• 用手轻擦插座表面，检查是否有损坏、裂缝、凹凸不平等现象 • 擦拭时应注意手不可以潮湿，且不能将手指插进插孔中，以防触电
	通电检查	• 将验电器逐个插进各个房间的插座中，检测插座是否能正常通电
检查家用电器		• 关掉电表箱的总开关之后，检查各电器是否有松动迹象 • 对照施工图纸挨个核实电器的安装位置是否正确

3. 墙面工程

项目	要求
检查外观	• 检查墙面外观的颜色是否均匀、平整，是否有裂缝 • 用手触摸墙面检查裂缝与平整度的问题

项目	内容
检查墙面空鼓	• 检查时可在距离墙面 8~10m 处进行观察，记录墙面空鼓的位置 • 用手摸，确定空鼓的位置以及面积 • 对空鼓的地方要重新进行抹灰处理

4. 顶面工程

项目	内容
检查外观	• 在光线充足的情况下站在居室边缘，向上看顶面是否整体平整，有无凹凸不平的现象存在
检查顶面质量	• 围绕各个空间检查一遍，看顶面是否存在掉皮、起皮现象 • 重点查看顶面与墙面交接的地方乳胶漆涂刷是否均匀，顶面有无开裂现象

5. 地面工程

项目		内容
检查外观		• 在距离被检测地 2m 以外的地方进行观察，看其颜色是否均匀，有无色差与刮痕 • 查看地面是否被水泥、油漆等污染 • 用手触摸感受地面是否存在裂纹裂缝，以及破损等现象
检查平整度		• 用垂直检测尺对地面进行平整度检测 • 用测量尺左侧贴近地面，同时观察水泡移动的位置，以及测量尺上面的刻度显示，确定地面是否平整 • 地砖铺贴平整度误差应≤ 5mm，木地板则应≤ 3mm
检查地面空鼓	**检查地砖空鼓情况**	• 用金属棒对每一块地砖进行敲击，通过敲击发出的声响来判断地砖是否存在空鼓现象 • 若存在空鼓现象，则敲击声会有明显空洞的感觉 • 空鼓率≤ 5%为高标准
	检查地板松动情况	• 在木地板上来回走动听其发出的声响，在走动时应注意要加重脚步，多次进行测试 • 靠近墙与门洞部位的检查应格外仔细，发现声响较大的部位应做好标记，松动较严重的地板需要重铺
	检查坡度	• 在有地漏的空间远离地漏的位置洒水，观察水是否流向地漏位置 • 打开水源使其流向室内，之后关闭，看空间内是否有积水现象 • 如果有积水，说明地面坡度存在问题，需要重新调整

第十一章

室内软装陈设

软装指室内一切可以移动的装饰元素，包括家具、灯具、布艺织物、花艺绿植、小饰品等。软装可以弥补和充实硬装容易忽略的设计细节和美学追求，具有极强的艺术表现力。设计师掌握软装的搭配技巧，可以美化居室、营造风格。

第一节 软装采购与摆场

进行软装陈设之前需要了解软装采购的节点，并了解摆场时的流程与基本陈列技法，做到未雨绸缪才能令后续工作更加顺畅。

一、采购节点

软装产品需要根据适宜的时间节点进行采购，才能保证后期摆场的顺利进行。一般情况下，常规的采购顺序如下：家具→灯具→布艺→装饰画→地毯→装饰品→花艺（部分产品之间存在采购时间上的交叉）。

注： 如有大型雕塑艺术品需要定制，应在灯具、布艺之前下单。

定制产品采购时间节点

步骤	第一步（图纸及制作阶段）		第二步（出货阶段）		第三步（摆场阶段）	备注
天数	第1~5天	第5~20天	第20~25天		第25~28天	
家具	CAD家具图纸确认	家具白茬出样及样品确认 家具木色色板及布板确认	组装、上色、海绵、布料 每一步都需要客户确认	确认货品无误，出货	货到现场进行摆放及后期维护等	工厂排单工期顺延
灯具	CAD灯具图纸确认	灯具配件样品确认	加工、组装 每一步都需要确认	确认货品无误，出货	货到现场进行安装及后期维护等	工厂排单工期顺延
窗帘	第1~5天现场尺寸确认	第5~7天样式、布料确认，下单制作	第7~22天窗帘加工		上门安装，货到现场进行安装及后期维护等	遇节假日工厂不发货或调货
地毯	第1~6天报价、出单、制图	第7天选色线	第7~22天制作成品，需照片确认	确认货品无误	货到现场进行安装及后期维护等	工厂排单工期顺延
雕塑	第1~5天尺寸、图纸确认	第5~10天雕模、修改、确认	第10~33天浇筑、出膜、上色、晾干	确认货品无误	货到现场进行安装及后期维护等	工厂排单工期顺延
画品	第7~10天采购成品装饰画 定制品在第1~7天报价、出单、沟通细节、制作		第7~22天生产制作	确认货品无误，出货	货到现场进行安装及后期维护等	遇节假日工厂不发货或顺延

成品物品采购时间节点（家具、饰品）

家具	国产家具：有货 15 天，无货 30 天	进口家具：有货 3 个月，无货 6~12 个月	国产家具遇春节工期推后 1~2 个月，进口家具遇圣诞节工期推后 1~2 个月
饰品	内销饰品：有货 10~15 天，无货视工厂加工排单情况	外销饰品：有货 10~30 天，会出现无货现象	

二、摆场流程

软装摆场时应遵循一定的流程，才能保证高效、高质地完成软装项目。软装摆场的大体步骤如下：窗帘安装→灯具安装、家具摆放→装饰画安装→地毯铺设→床品铺设→饰品摆放。

窗帘安装

- 摆场流程中的第一步，可以防止在安装窗帘轨道时，灰尘落在家具上
- 安装时需保证窗帘的高度合适，并确保能够完全拉合
- 若安装的是电动窗帘，需要调试开合状态及遥控操控

灯具安装、家具摆放

- 灯具和家具最好能同步安装，便于调整灯具高度和家具位置
- 安装灯具需用电钻在吊顶打孔，灯具安装好后方便家具定位
- 灯底离地高度不应低于 2250mm，否则会有撞头的隐患
- 需调试灯光有无电路问题，以及确定光源是否合适一致
- 对于布艺家具，应做好保洁工作之后再撕开家具保护膜，防止弄脏
- 家具摆放完成后，需进行成品保护，即用塑料薄膜将家具保护起来

装饰画安装

- 装饰画多出现在家具上方，因此在家具摆放之后进行
- 安装前需要向施工人员确定装饰画的高度与位置

地毯铺设

- 地毯铺设同样需要确定位置，一般铺设在家具下方或设计指定位置即可
- 正式使用前可在地毯上铺一层水晶垫做保护，避免弄脏

床品铺设

- 床单或床笠需要拉直压好，四角的褶皱应自然顺服
- 样板间的被芯、枕芯填充饱满，带有标签、拉链等影响美观的区域应藏在内侧
- 住宅空间的床单、被芯要注意根据季节来挑选

饰品摆放

- 所有大型物件到位之后，进行装饰品的摆设
- 摆件及饰品要不断调试、变换，寻找最佳位置及视角

三、陈列构图技法

软装陈列构图规律运用的是均衡与对称的摄影构图技巧，使每个空间、摆件饰品陈列的画面具有稳定性，并带来视觉美感。为保持大空间的稳定感，软装陈列多以三角构图法、等分构图法、对称构图法，以及对比构图法等方式呈现。

三角构图法

① 可以是正三角、斜三角或倒三角　② 创造平衡感、增添动感

▲ 等腰三角形构图，使卧室区域变得沉稳、平衡

▲斜三角形构图，使玄关区域的装饰效果沉稳中不乏灵动之感

等分构图法

① 画面的横竖、左右平均分成三份

②符合人的基本视觉习惯和审美要求，自然、均衡

► 卧室中的软装使用三等分法构图法，整个空间看起来十分均衡

对称构图法

① 有上下对称、左右对称等 ② 具有稳定、平衡的特点

▲ 左右对称摆设的装饰画和桌椅，使空间一角的画面整体稳定、协调

▲ 灯具与用餐区域上下对称，整个空间显得十分干净、利落

对比构图法

① 通过物体之间的大小、高低、虚实等进行对比 ②可增强视觉冲击力和艺术感染力

▲ 在一组矮的摆件中放入一件高的单品（装饰画），形成装饰柜陈列区域的大小层次

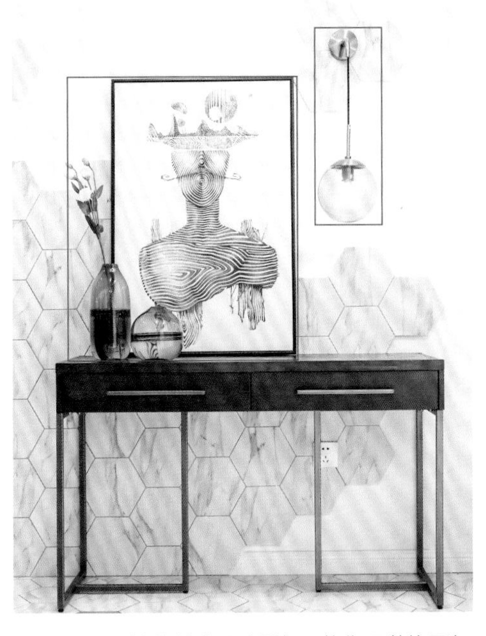

▲ 玄关区悬挂的单头圆球吊灯，均衡了装饰画与摆件带来的失重感，使整个区域的装饰变得协调

第二节 家具布置与选购

家具是室内设计的重要组成部分，是陈设中的主体。相对抽象的室内空间而言，家具陈设具体生动，形成对室内空间的二次创造，起到识别空间、塑造空间、优化空间的作用。

一、家具的配置原则

1. 优化生活

家具配置要从怎样正确引导健康的居住行为来考虑，虽然家具的布局并不能从根本上决定人的行为，但却可以起到指导和暗示作用。

在不同的空间环境中，家具的布局配置要结合相应的使用要求，选择合理的位置摆放，从而达到室内采光、动线、美观度的最佳融合状态。同时，还要能够在方便居住者使用的前提下，有效地利用空间和改善空间。

优化生活包括两个方面的内容

内容一　方便人们的使用，由人们的使用要求来决定家具的配置

内容二　通过家具的选择和布局来改变人的某些居住行为

家具恰当布置的作用

① 可以提高生活层次，优化生活模式。

② 能够对空间进行功能区分，并且划分出合适的动静区域，做到互不干扰。

2. 布局合理

家具的摆放往往会决定一个房间的整体装饰效果，家具布置一旦定位、定型，人们的行动路线、房间的使用功能、装饰品的观赏点和布置手段都会相对固定，所以居室中家具的空间布局必须合理。

▶ 卧室中的家具造型比较简单，但通过家具的高低错落、大小对比，使空间看起来并不寡淡

家具合理布局的方式

① 家具的布置应该大小相衬、高低相接、错落有致。

② 高大家具与低矮家具要互相搭配，高度一致的家具组合虽严谨有余，但变化不足。

③ 尽量不要使床、沙发等低矮家具紧挨大衣橱，以免产生大起大落的不平衡感。

3. 尺度相称

家具配置必须做到由空间尺度决定家具尺度，家具作为室内空间的主体，在空间中占据了较大的面积，对室内环境的影响是不可避免的。在配置家具时一定要以空间的尺度为基准，严格把控空间家具的体量关系，做到宁缺毋滥，少而精准。另外，家具平面和立面上的尺寸对空间的调整也有重要作用。

4. 色彩调和

一个房间应有一个色彩主调，一般由室内吊顶、墙壁、门窗、地板等色彩决定。由于家具在室内占据空间较大，因此，其色彩也可成为主调，并起着协调室内色彩的关键作用。如果处理恰当，给人的视觉感受相当舒服；反之，再高档的家具也会让人觉得别扭。

实用贴士

家具色彩的选择方式

同一件或同一套家具，色彩种类以少为宜。这是因为人在室内经常走动，家具色彩与人有着频繁的接触，如果家具色彩太复杂，势必给人的视觉带来一定的压力。

▲ 客厅中的家具尺度符合空间面积，居住者在空间中的行动比较舒适。黑色为主色调，但通过明度变化来弱化黑色的压抑感，且融入了大量的白色、灰色和浅褐色，再用红色、绿色点缀。虽然空间用色并不少，但由于无色系居多，整体配色十分和谐

二、设计搭配技法

1. 利用家具优化空间的方法

家具在室内软装中占据的比例较大，因此对于空间来说，家具具备着不可忽视的决定性作用。同时，由于家具的种类较多，运用灵活，也可以在一定程度上调节空间，为空间带来更多的实用功能。

扩大空间：在小空间中，为增加空间的利用效率，可以利用翻板书桌、组合橱柜、翻板床、多用沙发、折叠椅等家具来节约空间。另外，室内的上部分空间也可以由家具占用，以节省地面面积。

分隔空间：在家居空间设计时，为提高内部空间的使用率和灵活性，可以利用家具进行二次划分空间。即利用家具作为隔断，将室内空间分隔为功能不一的若干空间。这种分隔方式的特点是灵活方便，可随时调整布置方式，不影响空间结构形式，但缺点是私密性较差。

组织空间：一个过大的空间往往可以利用家具划分成许多不同功能的活动区域，并通过家具的安排去组织人的活动路线，使人们根据家具安排的不同区域选择个人活动和休息的场所。

填补空间：在空旷房间的角落里放置一些如花几、条案等小型家具，以求得空间的平衡。既填补了空旷的角落，又美化了空间。

▲ 利用一面墙定制电视背景墙柜，增加空间的收纳功能，充分利用了墙面

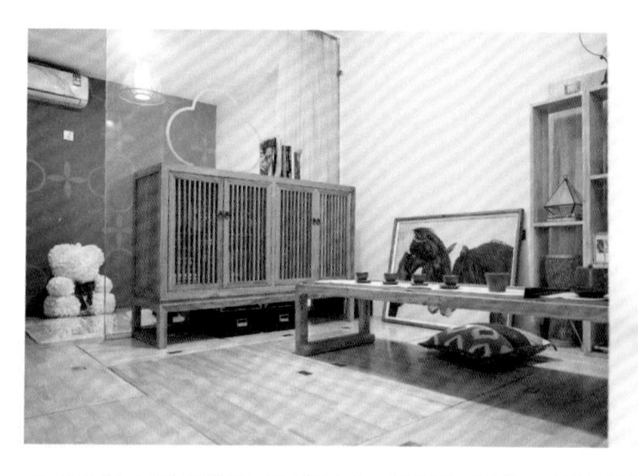

▲ 利用小矮柜作为休息室与书房的分隔，既巧妙又不显得拥挤

▲ 餐桌与沙发之间摆放一个边柜，既可以作为餐边柜收纳碗盘，也可以充当沙发旁的小书柜

▲ 沙发两侧留下的小空间可以用小巧的边几填补

2. 利用家具摆放营造不同的空间氛围

家具的摆放可以根据空间大小和需要营造的空间氛围进行调整。总体来说，有如下四种方式。

对称式：以对称形式出现的规则式家具布局，能明显地体现出空间轴线的对称性，给人以庄重、安定、稳重的感觉。

非对称式：一种既有变化又有规律的不对称的安排形式，能给人以轻松活泼的感觉。

集中式：集中式家具布局适用于面积较小的家居空间。可以利用功能单一的家具进行统筹规划，形成一定的围合空间。

分散式：分散式家具布局适用于面积较大的家居空间。数量较多、功能多样的家具可以增加空间的实用功能。

▲ 在床的两侧摆放相同的床头柜，形成稳定的视觉效果，一般比较适合面积不大的卧室

▲ 在床的一侧摆放床头柜，而另一侧摆放书桌或高柜，呈现出高低错落的视感，同时也丰富了卧室的使用功能，更具趣味性

▲ 由于家居面积有限，为了更好地区分空间功能，用沙发来分隔客厅，并在一侧墙壁设置开放式书架，令空间分区明晰

▲ 客厅的面积较大，在设计时采用了多种形式多样的家具，既满足了实用功能，也装点了空间

三、家具选购方法

木质框式家具

- 查看尺寸是否准确，尽量用卷尺进行测量核实
- 家具表面油漆是否平滑光洁，有无凸起砂粒和疵斑
- 查看选材是否优质高强，框架用材是否细密结实，无霉斑节疤；用材是否干燥，用手摸无潮湿感，表面无裂口、无翘曲变形、无脱损
- 合页、插销等小五金齐全、安装牢固、使用灵活
- 抽屉底板应插装于侧板开槽中，侧板、背板和面板均以榫卯相接，不允许仅用钉子钉装
- 带有镜面的家具应有背板，镜背应涂防潮漆，防止镜面水银脱落，镜面应平滑光洁，物体照入不失真

木质板式家具

- 材质以木芯板最佳，中密度板次之，刨花板最差
- 观察板面是否光洁平滑，表面有无霉斑、划痕、毛边、边角缺损
- 注意拼接角度是否为直角，拼装是否严丝合缝
- 抽屉和门的开启是否灵活，关闭是否严实

布艺家具

- 框架应是超稳定结构和干燥的硬木，不应有凸起，但边缘处应有滚边以突出家具的形状
- 主要连接处要有加固装置，通过胶水和螺钉与框架相连，无论是插接、黏结、螺栓连接还是用销子连接，都要保证每一处连接牢固以确保家具使用寿命
- 独立弹簧要用麻线拴紧，在布艺家具承重弹簧处应有钢条加固弹簧，固定弹簧的织物应不易腐蚀且无味，覆盖在弹簧上的织物也应具有同样的特性
- 防火聚酯纤维层应设在布艺家具座位下，靠垫核心处应是高质量的聚亚胺酯，布艺家具背后应用聚丙酯织物覆盖弹簧。为了安全、舒适，靠背也要有与座位一样的要求
- 布艺家具泡沫周围要填满棉或聚酯纤维以确保舒适度

金属家具

- 镀铬要清新光亮，烤漆要色泽丰润，无锈斑、掉漆、碰伤、划伤等现象
- 底座落地时应放置平稳，折叠平直，使用方便、灵活
- 焊接处应圆滑一致，周围不应该有焊接时产生的起凸、疙瘩等现象；焊接点要无疤痕、无气孔、无砂眼、无开焊及漏焊等现象；电镀层要无裂纹、无麻点；金属家具的弯曲处应无明显褶皱，无突出硬棱
- 家具的螺钉、钉子要牢固，钉子处应光滑平整，无毛刺、无松动
- 管壁的薄厚通常为 1.2mm 或 1.5mm，有些家具偷工减料，采用 1.0mm 的管厚，尽量不要购买
- 金属椅子可通过测量两腿之间的距离是否一致，来辨别此家具是否结构合理；而钢木结合的金属家具还要注意木材的材质和环保性。某些金属（如铁等）受潮易氧化，则不适合居住于高湿度地区的家庭使用，选购时应向商家询问是否经过防潮处理以供参考

玻璃家具	• 最好选择钢化玻璃材质，可承受300℃以上的高温，且不易自爆 • 仔细查看玻璃的厚度、颜色，玻璃里面有无气泡，边角是否光滑、顺直，大面是否平整 • 可将一张白纸放在玻璃板底下，颜色不变说明玻璃质量上乘，如果白纸泛蓝、泛绿，说明玻璃质量一般 • 差的支架主要由钢管焊接螺钉固定，而好的支架用挤压成型的金属材料制成，采用高强度的胶黏剂来黏结，所以质量上乘的玻璃家具找不到焊接的痕迹，造型流畅秀美 • 如果玻璃家具采用粘贴的技法，一定要关注粘贴所采用的胶水和施胶度，看粘贴面是否光亮，用胶面积是否饱满
真皮家具	• 观察皮革，线条直而不硬，皮质较粗厚 • 真皮沙发是个泛称，猪皮、马皮、驴皮、牛皮都可用作沙发原料。其中牛皮皮质柔软、厚实，质量最好；现在的沙发一般采用水牛皮，皮质较粗厚，价格实惠；更好的还有黄牛皮、青牛皮。马皮、驴皮的皮纹与牛皮相似，但表面皮青松弛，时间长了容易剥落，不耐用，故价格相对便宜
藤编家具	• 若藤材表面起褶皱，则该家具是用幼嫩的藤加工而成，其韧性差、强度低，容易折断、腐蚀 • 藤的质地是否坚硬，首尾粗细一致 • 购买时可用手掌在家具表面拂拭一遍，保证光滑，不扎手；也可用双手抓住藤编家具边缘，轻轻摇一下，感觉框架是否稳固 • 观察家具表面的光泽是不是均匀，是否有斑点、异色和虫蛀的痕迹

实用贴士

选购家具注意事项

购买健康环保的家具：由于家具的使用周期比较长，在选购时一定要选择健康环保的家具，这样在后面漫长的使用过程中，才不会对人体造成危害。

不买气味浓重的家具：味道比较浓重的家具可能是甲醛超标的家具，这样的家具对于人体健康非常有害。

购买易安装易拆除的家具：容易安装又容易拆除的家具不仅使用便捷，且方便日后搬家，是购买过渡房的居住者的首选。

色彩要协调：购买家具要考虑整个家居的色调，要与家居色调达到和谐统一。但若购买儿童家具，最好选择一些比较鲜艳，而且颜色看起来比较活泼的款式。

量好各项尺寸：购买家具前要测量屋内房间的长宽。除此之外，在购买餐桌或是写字柜时，要充分测量人体的身高。

保留合同和发票：应仔细查看合同上描述的各个项目与实际家具是否一样，并索要发票。

第三节　窗帘选用与搭配

窗帘在遮挡类布艺软装中最为常用，主要作用是与外界隔绝，保持居室的私密性，同时也是家居中不可或缺的装饰品。

一、窗帘类别与适用空间

布艺帘：用装饰布经过设计缝纫做成的窗帘，是家居中最常见的布艺。除了布艺主体之外，通常还带有帘头、绑带等辅料。

平拉式

款式简洁，没有过于装饰，价格较实惠

掀帘式

可以呈现出一种对称美，增添家居的柔美气质

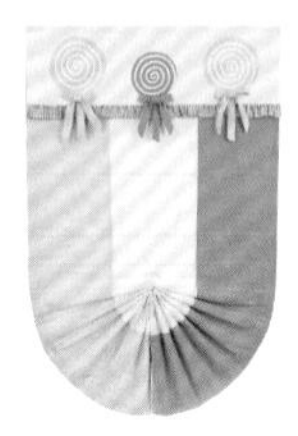

罗马帘

造型别致，升降自如，适合餐厅使用，矩形罗马帘适合书房

奥地利帘

形态规整，呈现出浪漫、婉约感，适合女性居室

气球帘

褶皱更自然，比奥地利帘更加休闲随意

抽拉、抽带帘

适用于窄而高的窗户，多用于装饰性空间

成品帘：除了布艺窗帘，也有一些利用其他材质直接成型的窗帘，常见的有卷帘、升降帘、垂直帘、百叶帘等。

卷帘

可过滤强日光辐射，改善室内光线品质

升降帘

通过拉绳可随意调整室内光线

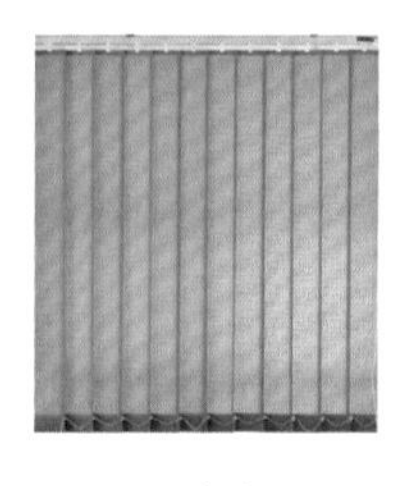

垂直帘

可左右自由调光，达到遮阳目的

百叶帘

光线角度任意调节，室内自然光多变化

二、常见面料与特点

纯棉：材质柔软、舒适，透气性能好；但色牢度略差，如加工过程中未经过缩水处理，在使用过程中面料经水洗后会缩水。同时，弹性与耐性也相对较差一些。

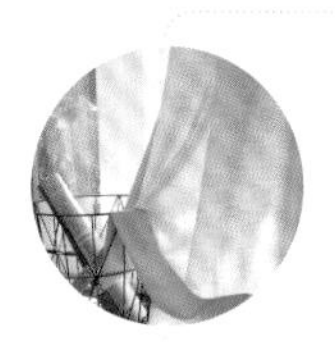

麻质：相对于纯棉布料更显平整，富有弹性，且吸湿、散热性强。但麻质面料同样有不易上色、垂性差的缺陷。

纱质：装饰性强，透光性能好，能增强室内的纵深感，一般适合用在客厅或阳台。但纱质窗帘的遮光能力弱，不适合用于卧室。

丝质：丝质面料主要是采用纯天然的蚕丝制成，品质较高、价格略贵。具有轻薄飘逸、色调柔和、光泽度高等优点，装饰效果很强；缺点为色牢度不强，会缩水。

雪尼尔：表面的花形有凹凸感，立体感强，整体看起来高档、华丽，在家居环境中拥有极佳的装饰性，可以令居室体现出典雅、高贵的气质。

植绒：美观，立体感强，吸音性、吸潮性能均较高，但易挂尘吸灰，洗后容易缩水，适合干洗。可用价格相对适中的植绒面料替代价格过高的丝质、雪尼尔面料。

人造纤维：其弹性、韧性较高，不易起皱，洗后也不易缩水。此外，这类窗帘时尚度较高，色彩丰富且耐用。

三、常见纹样与适用风格

常见纹样		适用风格
无纹样		• 即纯色窗帘，可以为单色，也可以为两色拼接的形式 • 适用于整体空间色彩比较丰富的空间，降低多色彩的污染，避免混乱感 • 适合现代风格、简欧风格，以及北欧风格
几何纹样		• 常见的有回纹、菱形纹、格纹、条纹等 • 回纹常用于中式窗帘，具有连绵不断、吉利永长的吉祥寓意 • 菱形纹具备均衡的线面造型，产生稳定、和谐之感，现代类风格中较常见 • 格纹和条纹既适合自然风格，也适合现代类风格，还具备延展空间高度的作用
花草纹样		• 佩斯利图案、莫里斯图案、大马士革图案是典型的欧式风格图案，适合欧式风格的居室 • 卷草纹、团花属于中式窗帘纹样，但卷草纹也会出现在欧式窗帘之中 • 碎花图案的窗帘则是田园风格的最爱
动物纹样		• 窗帘中常见的有豹纹、斑马纹、奶牛纹等 • 图案具有原始的野性美，适合美式家居和欧式家居 • 动物形态图案比起花卉图案更具象征性，适合儿童房，或追求生动、趣味性的空间
卡通纹样		• 色彩丰富，形态可爱、生动，以该题材呈现的窗帘主要用于儿童房中 • 女孩房可选择气球、花卉等卡通图案，也可选用动漫中经典的kitty猫形象、米奇形象等 • 男孩房中的卡通图案多体现为汽车、足球，以及动漫中的火影忍者、海贼王等

四、用量计算

1. 初步测定尺寸

窗帘初步宽度（轨道长度）：非整面墙的窗帘宽度应在窗框宽度基础上两侧各余出15~30cm，可保证窗帘拉上时，两侧无缝隙漏光；整面墙的窗帘测量宽度可为墙体宽度。

窗帘初步高度：半高窗帘为窗框高度加上 20~30cm；落地窗帘的高度为距离地板上1~2cm 为宜。

2. 窗帘精确用料计算方法

宽度：窗帘成品需带有些许波浪状起皱褶，以保证美观。这个皱褶的量一般简称褶量，常见的有 2 倍褶量（稍微带有起伏感），以及 3 倍褶量（带有较明显的起伏感）。

例如：窗框宽度为 2m，需保证 3 倍的褶量，两侧预留宽度为 15cm，其宽度用量的基本方法为（15cm × 2）+（200cm × 3），此外，还需加上窗帘两分片两侧卷边收口的用量。

高度：窗户的窗帘杆一般安装在距离窗框上方 15~25cm 处，若制作穿孔式窗帘，测量位置应从帘杆一直到距离地面上方 1~2cm 处；若制作挂钩式窗帘，测量位置则应从挂钩底部一直到距离地面上方 1~2cm 处。此外，还要加上窗帘面料上下两侧卷边收口的用量，为了美观，窗帘下侧还有 10~12cm 折入的缝份。

▲ 穿孔式窗帘

▲ 挂钩式窗帘

五、设计搭配技法

根据空间色调和光线搭配：如果室内色调柔和，为了使窗帘更具装饰性，可采用强烈对比的手法，例如可以在同一饱和度的色调内使用撞色，改变空间的视觉效果。如果空间内已有色彩鲜艳的装饰画，或其他色彩亮丽的家具、装饰品等，窗帘的色彩则最好素雅一些。另外，如果位于低楼层，且采光较差的居室，应尽量选用明亮的纯色窗帘。

窗帘纹样与其他软装的搭配形式：窗帘纹样与空间中其他软装个体，如壁纸、床品、家具面料等的纹样相同或相近，能使窗帘更好地融入整体环境中，营造出和谐一体的同化感。若窗帘与其他软装个体的色彩相同或相近，但纹样存在差异化，则既能突出空间的层次感，又能产生呼应的协调性。

▲ 窗帘和坐墩的图案相同，形成空间的视觉焦点，且具有平衡感

▲ 窗帘与单人沙发、抱枕等软装的色相相近，但图案存在差异化，呼应的同时又具有变化

结合窗型选择适合的窗帘款式：

窗型		适合的窗帘款式
高而窄的窗户		• 选长度刚过窗台的短帘，并向两侧延伸过窗框，尽量暴露最大的窗幅 • 窗幔尽可能避免繁复的水波设计，以免制造臃肿与局促之感 • 纹样上尽量选择横向，能够拉宽视觉效果
宽而短的窗户		• 选长帘、高帘，让窗幔紧贴窗框，遮掩窗框宽 • 如果这种窗户在餐厅或厨房位置，可以考虑在窗帘里加做一层半窗式的小遮帘，以增加生活的趣味性
飘窗		• 功能性飘窗以上下开启的窗帘款式为上选，如罗马帘、气球帘、奥地利帘等。此类窗帘开启灵活，安装位置小，能节约出更多的使用空间 • 若飘窗较宽，可以做几幅单独的窗帘组合成一组，并使用连续的帘盒或大型花式帘头将各幅窗帘连成整体 • 若飘窗较小，则可以采用有弯度的帘轨配合窗户形状
转角窗		• 常出现在书房、儿童房或阳台之中 • 转角窗通常会将窗帘分成若干幅，且要定制窗帘杆 • 可根据窗帘尺寸做几幅独立的上下开关式窗帘或卷帘，这种方式造价便宜，但有可能造成窗帘之间留有缝隙
落地窗		• 以平开帘或水波帘为主 • 如果是多边形落地窗，窗幔设计以连续性打褶为首选，能非常好地将几个面连贯在一起，避免水波造型分布不均的弊端

第四节 地毯材质与运用

地毯是以棉、麻、毛、丝、草等天然纤维或化学合成纤维为原料，经手工或机械工艺进行编结、栽绒或纺织而成的地面铺敷物，能够隔热、防潮，具有较高的舒适感，同时兼具美观的观赏效果。

一、材质特点与选择方式

1. 天然纤维材质

优点：天然质感、有弹性、保温性佳、吸水和降噪能力强；不带静电，不易吸尘土，具有天然的阻燃性

缺点：寿命短、容易发霉虫蛀，动物皮毛价格高昂

成员：动物皮毛地毯、植物抽取地毯

羊毛地毯：以羊毛为主要原料，具有天然的弹性，受压后能很快恢复原状，在天然纤维材质的地毯中最为昂贵。由于其柔软、亲肤的特质，在高档空间设计中常用。

▲ 羊毛地毯

牛皮地毯：以巴西奶牛皮最常见，由于生物的特殊性使得每一块地毯都是唯一款，因此备受精英人士喜爱，同时与简约、硬朗的装饰风格最为相配。

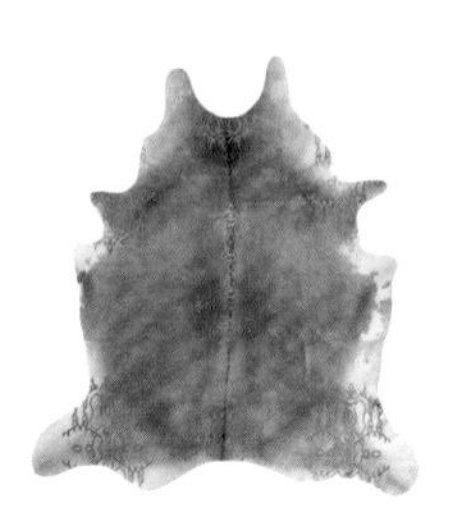
▲ 牛皮地毯

黄麻地毯：在植物抽取材质的地毯中，采用麻纤维进行编制最为常见。其具有易于染色、干燥透气且脚感独特的特点。其中黄麻地毯相当百搭，且适合用在湿气重的地方，对于有敏感肌肤问题的人来说非常友好，特别适合有老人和儿童的空间。但黄麻地毯不宜用水冲洗，需要选用专门的清洁剂擦拭，保养是一大难题。

▲ 黄麻地毯

2. 人造纤维材质

人造纤维材质地毯也称为化纤地毯，其中尼龙材质使用最为广泛。在挑选时，可选择带有导电线的类目，其具有防静电功能；在价格上，人造纤维材质的地毯比自然材质的地毯低廉。

优点：性价比高、抗污性强、易于清洗和护理、不易霉蛀
缺点：易燃、易产生静电、易吸附灰尘
成员：尼龙、丙纶、涤纶、腈纶地毯

► 因其耐磨性强，且富有弹性而常被用在走动较多的公共区域，如玄关、客厅等

3. 混纺纤维材质

混纺地毯是混合了自然纤维和人造纤维两种性能的材质，同时将两种材质的优势做了整合，既有接近自然纤维地毯的触感，又能保证化纤地毯耐磨、不易霉蛀的特性。

优点：耐磨性高、保温、防静电、强度高、质感佳
缺点：易燃、易产生静电、易吸附灰尘
成员：纯毛纤维和各种合成纤维混纺的地毯

▲对于预算有限、养护羊毛地毯有困难的居住者来说，混纺纤维地毯是最佳选择

实用贴士

地毯材质的选择方法

根据铺设区域选择：活动区域如客厅、卧室等场所尽量选择短绒材质的地毯，短绒比长绒更易于打理；如果居住者喜欢长绒地毯，则可以在不常活动的区域，如阳台、书房的一角放置一块小尺寸的长绒地毯。

根据使用人员选择：例如，居住者家中有特殊人群，如孕妇、婴儿、宠物，则应尽量选择短绒中抗污性强、易打理、抗发霉蛀虫的材质。另外，为了方便清洗，尺寸上最好选择小尺寸。其中，羊毛和丝质地毯是十分适宜的选择，因天然动物纤维不会进入呼吸道；其他材质，如聚丙烯、棉质、碎布毯也可以考虑。

其他：居住者预算及设计风格也是选择地毯材质应考虑的因素，可以根据具体情况来定。

二、地毯铺设尺寸

地毯尺寸的选择需要明确空间的大小以及空间内家具的大小。

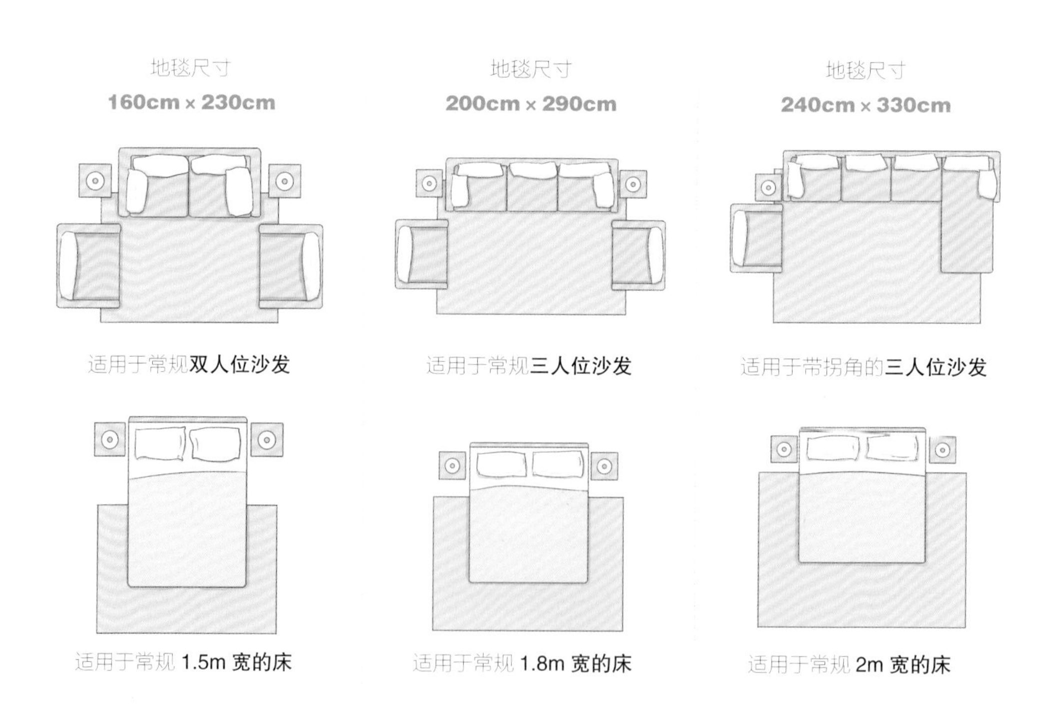

三、设计搭配技法

根据居室色彩选择：如果家居空间以白色为主，地毯的颜色可以丰富一些，令空间中的其他家居品成为映衬地毯艳丽图案的背景色。当然，如果居住者喜欢素雅的空间环境，灰色或米色的纯色地毯同样适用。而若家居色彩丰富，最好选用能呼应空间色彩的纯色地毯，才能不显凌乱。

▲ 虽然地毯的颜色比较抢眼，但其中的蓝色来源于单人座椅，大面积绿色与蓝色属于近似色，因此不显突兀

根据家居空间选择：开放式空间可挑选一块大地毯铺在会客区，空间布局即刻一目了然。面积较大的房间可将两块或多块地毯叠层铺设，会为空间带来更多变化。面积较小的空间可用地毯将家具圈起来，形成围合状，可有效地使空间产生扩张感。

▲开放式空间

▲面积较大的房间

▲面积较小的空间

第五节 床品类别与应用

床品按照中国家纺协会的分类有：套罩类、枕类、被褥类和套件。床品除了与人们的睡眠休戚相关，在软装设计中，还能够体现居住者的身份、爱好和品位。

一、不同床品的常规尺寸

以羊毛为主要原料的床品具有天然的弹性，受压后能很快恢复原状，在天然纤维材质的地毯中最为昂贵。由于其柔软、亲肤的特质，在高档空间设计中常用。

类型	睡床尺寸（宽×长）/cm	被罩尺寸（宽×长）/cm	床单尺寸（宽×长）/cm	床笠尺寸（宽×长）/cm
单人床	120×200	150×220	190×245 200×230	120×200
双人床	150×200	200×230 240×250	230×250 235×245 240×250 245×250 248×248	150×200 153×203
双人大床	180×200	220×240 220×250 260×270	235×245 245×270 248×270 250×270 260×270	180×200

二、设计搭配技法

床品可与窗帘等软装同款：选择与窗帘、沙发罩或沙发靠包等软装相一致的面料做床品，形成“我中有你”“你中有我”的空间氛围。需要注意的是，此种搭配更适用于墙壁和家具为纯色的卧室，否则会形成缭乱的视觉观感。

床品色彩可来源于整体空间：如果卧室的环境色为浅色，床品不妨选择深色或撞色，使整个空间富有生机。另外，床品色彩也可以选择与墙面或家具相同或相近的色调，令睡眠氛围更柔和。为了避免整体空间苍白、平淡、没有色彩感，改善的方法为用一些带有色彩感和图案的靠枕、搭毯进行调剂，也可选择带有轻浅图案的床品，打破色调单一的沉闷感。

▲ 床品和抱枕的色彩与墙面、家具、窗帘等室内设计均有呼应，整体观感平顺、有序

▲ 蓝色花纹床品与墙面背景色属同一色系，和谐中不乏变化的美感

▲ 卧室背景墙的花色丰富，具有吸睛效果，因此床品运用了白色，层次分明

实用贴士

根据居住人群选择不同的床品

单身男性：床品色彩通常为具有厚重感或者冷峻感的色彩，图案一般以几何造型、简练的直线为主，顺畅而利落。

单身女性：床品色彩基本没有限制，图案上以花草纹最为常见，曲线、弧线等圆润的线条则能体现出女性的柔美；材质上则可以运用蕾丝、流苏来体现唯美、浪漫的氛围。

婚房：对于不大的新房，床品不适合选用浓重的颜色。图案上以心形、玫瑰花、love 字样多见，也常出现新婚璧人的卡通图案。

男孩房：应避免采用过于温柔的色调，床品中可以利用卡通、涂鸦等图案，引起家中孩童的兴趣。

女孩房：常用亮色调以及接近纯色调的色彩，图案上可以采用七色花、麋鹿、花仙子、美少女等梦幻图案或卡通图案，能够为女孩房打造出童话气息。

老人房：应使用色调不太暗沉的温暖色彩，同时要避免繁复图案，以简洁线条和带有时代特征的图案为主。

第六节 灯具特点与照明应用

灯具在家居空间中不仅具有装饰作用，同时还兼具照明的实用功能。灯具应讲究光、造型、色质、结构等总体形态效应，是构成家居空间效果的基础。

一、灯具种类与安装高度

种类	特点与安装高度
吊灯	• 其作用不局限在照明功能，更重要的是展现出装饰性 • 适合做主灯，提供整体照明 • 吊灯比较重，建议固定在楼板上，石膏板顶面无法承担其重量 • 底部距离地面一般应达到 2.2m 以上，极限距离不可小于 2m
吸顶灯	• 安装后可以完全贴在顶面，适合高度较低矮的空间 • 拥有充足的照明亮度，常作为空间内的主光源使用 • 适用空间为客厅、卧室、厨房、卫浴 • 光源距地面 2.3m 左右，照明效果最好
落地灯	• 常用做局部照明，对于角落气氛的营造十分实用 • 采光方式若是直接向下投射，适合阅读等需要精神集中的活动 • 若使用上照式落地灯，吊顶最好为白色或浅色，材料最好具有一定的反光效果 • 灯罩下方应离地面 1.8m 以上
壁灯	• 可以作为点光源，起到烘托空间氛围的作用 • 如果空间面积较小，不建议使用壁灯，容易使室内环境显得凌乱 • 若空间面积足够宽敞，可在墙面使用壁灯来增加层次感 • 客厅壁灯安装高度一般控制在 1.7~1.8m • 床头壁灯安装高度为距离地面 1.5~1.7m • 卫浴壁灯高度以距离地面 1.1~1.8m 为宜，且位于墙体之间的 3/4~2/3 处
台灯	• 常作为辅助式灯具，是除了主灯外，使用频率最高的一种灯具类型 • 光亮照射范围相对比较小且集中，不会影响到整个房间的光线，作用局限在台灯周围，便于阅读、学习，节省能源
射灯	• 光线柔和，属于纯粹的点光源 • 照明的指向性明确，区域性明显，在边界处有明显的光斑阴影，不能承担主要的照明任务，但却有着极为出色的照明辅助效果 • 常用于吊顶四周、家具上部、墙内、墙裙或踢脚线里

筒灯	• 嵌装于吊顶内部的隐置性灯具，装设多盏筒灯，可增加空间的柔和气氛 • 筒灯的提亮效果出色，当空间内只设计主光源，而角落照明亮度不够时，适合运用筒灯来辅助主光源照明

二、常用照明类型及方式

直接照明： 直接照明是指光源所发出的光线直接照射到被照物上。直接照明主要用于提升空间整体照度，或对被照物进行光的“打底”，以提升层次感。

▲直接照明

▲客厅主光源为直接照明，可以为空间制造生动、有趣的光影效果，带来明亮、紧凑的氛围

间接照明： 间接照明是指光源所发出的光线通过一次或若干次反射后照射到被照物上。该照明方式通常应用于装饰性照明中，用以提升整体空间层次感。

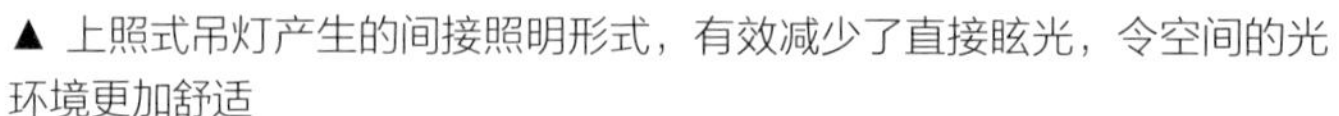

▲ 上照式吊灯产生的间接照明形式，有效减少了直接眩光，令空间的光环境更加舒适

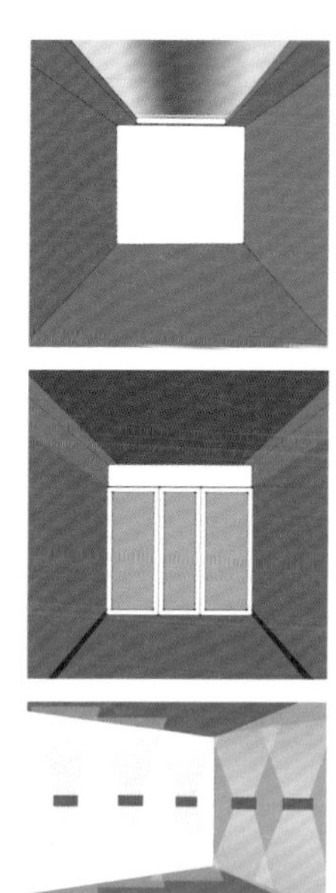

▲ 间接照明

重点照明： 也称为“装饰照明”，指定向照射空间的某一特殊物体或区域，以引起注意。通常被用于强调空间的特定部件或陈设，例如构架、衣橱、收藏品、装饰品、博物馆文物等。

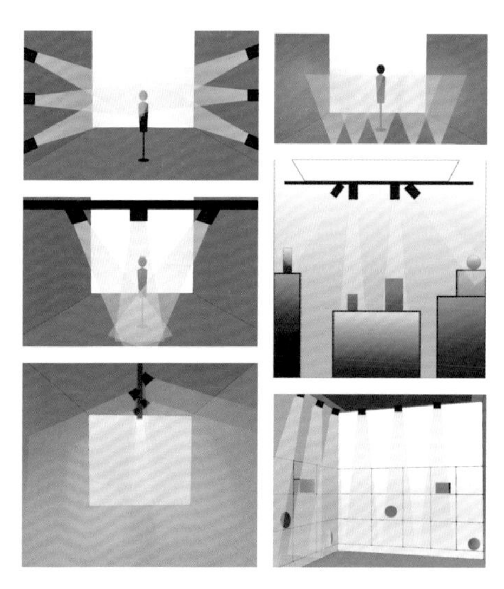

▲ 重点照明

▲ 在玄关设置重点照明，令墙面挂画的装饰效果更加突出

内透光照明： 内透光照明是指在某个封闭空间内的光线逸散到该空间之外，从而影响外部空间的照明手法。该照明方法适用于重点突出空间内的被照物，同时给予外部空间一定照度的场景，如玻璃房、展柜、鱼缸等。

▲ 内透光照明

▲玄关隔断中的鱼缸装饰为内透光照明，均匀的光线营造出多样性的景观变化

洗墙照明： 洗墙照明指的是用光照亮一个垂直表面，使目标墙面达到一定均匀的亮度，营造明朗、开阔的立面效果。

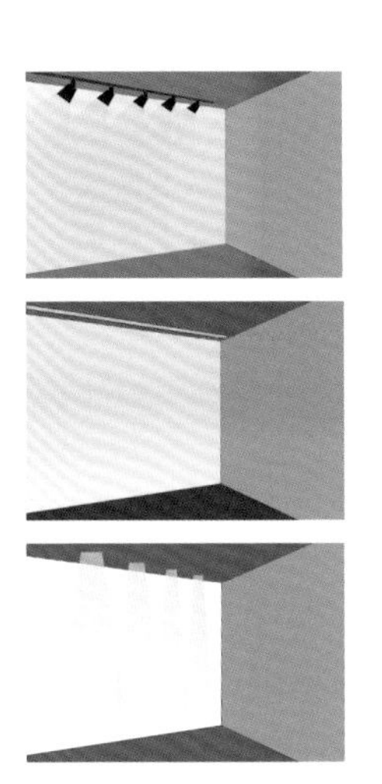

▲ 洗墙照明

▲客厅背景墙的洗墙照明，其照明度均匀，营造出柔和的空间氛围

三、设计搭配技法

吸顶灯最好搭配点光源来突出照明效果：吸顶灯不具备吊灯丰富多变的照明效果，因此在空间设计中，常会结合筒灯或射灯等点光源来呼应其照明效果。

► 采用双吸顶灯与轨道射灯相结合的方式，令室内照明更具层次感

主光源搭配点光源来突出照明效果：吊灯和吸顶灯作为主光源，是室内光线的主要来源，但由于空间及照射角度的限制，有些地方可能需要额外的光源来补充光线，例如利用筒灯或射灯等点光源来打造空间内的光影变化，以及提升整体的照明亮度。这样可以使室内的照明效果更加有层次感。

▲ 采用双头吊灯与轨道射灯相结合的方式，令室内照明更具层次感

斗胆灯可代替空间中的主光源：斗胆灯的灯泡可以转动方向，拥有高亮度照明，非常适合吊顶简洁的空间。这类空间中利用斗胆灯作为主光源，不会破坏吊顶原有的完整造型。

▲ 客厅采用斗胆灯作为主光源，与吊顶的融合度较高，突显出极简的设计美感

多种光源组合打造多样氛围：在室内空间中使用多光源的照明方式，可以根据心情和需求打造不同氛围的空间，可以是明亮的，也可以是朦胧的，利用不同光源打造完全不一样的家居氛围。

▲ 墙顶部的主光源打亮了床头区域，同时台灯的光源也起到了间接照明的作用，一上一下的照明形成较有艺术感的氛围

▲ 金色吊灯与射灯形成明亮而干净的用餐氛围

第七节 装饰画挂法与搭配

装饰画是墙面装饰的点睛之笔，同一居室内的最佳选择是同种风格的装饰画，也可以偶尔使用一两幅风格不同的装饰画做点缀，但需分清主次。

一、装饰画挂法

单幅悬挂

- 常见的布置方式，操作起来比较简单
- 能够让人的视线聚焦到悬挂位置上，让装饰画成为视觉中心
- 需要掌握好装饰画与墙面的比例
- 除需要覆盖整个墙面的类型外，装饰画的四边都应留有一定的空白
- 面积小和面积大的墙面均可使用此种方式

对称式悬挂

- 将两幅装饰画左右或上下对称悬挂是最保守的悬挂方式，不容易出错
- 适合同系列画面但尺寸不是特别大的装饰画
- 适合选择同一内容或同系列内容的画作
- 面积小和面积大的墙面均可使用此种方式

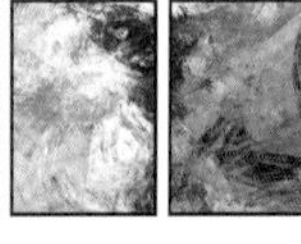

重复式悬挂

- 将三幅或四幅造型、尺寸相同的装饰画平行悬挂，作为墙面的主要装饰
- 三幅装饰画的图案，包括边框应尽量简约
- 浅色或是无框的款式更为适合
- 面积小和面积大的墙面均可使用此种方式

方框线式悬挂

- 根据墙面情况勾勒出一个方框形，并在这个方框中填入画框
- 尺寸可以有一些差距，但画面风格统一最佳
- 可以放四幅、八幅甚至更多幅装饰画
- 适合面积较大的墙面

水平线式悬挂

- 以画框的上缘或下缘定一条水平线，沿着这条线进行布置，一边平齐即可
- 适合相框尺寸不同、造型各异的款式，特别适合摄影内容的画作
- 画作大小可搭配选用，统一会显得呆板
- 适合面积较大的墙面

建筑结构式悬挂

- 沿着门框和柜子的走势悬挂装饰画，或以楼梯坡度为参考线悬挂
- 适合房高较高或门窗有特点的户型，也可用在楼梯间内
- 装饰画最好是成系列的作品，看起来会比较整齐，特别适合摄影内容的画作
- 尺寸相差不宜过多，否则容易显得杂乱
- 适合面积较大的墙面

二、悬挂高度及间距

适宜高度：挂画的中心点略高于人平视的视平线，即需要稍微抬一点下巴看到挂画、欣赏挂画。不管是一幅画，还是两幅画，抑或组合画，都需找到整组画的中心点来计算挂画左右高度和上下高度。

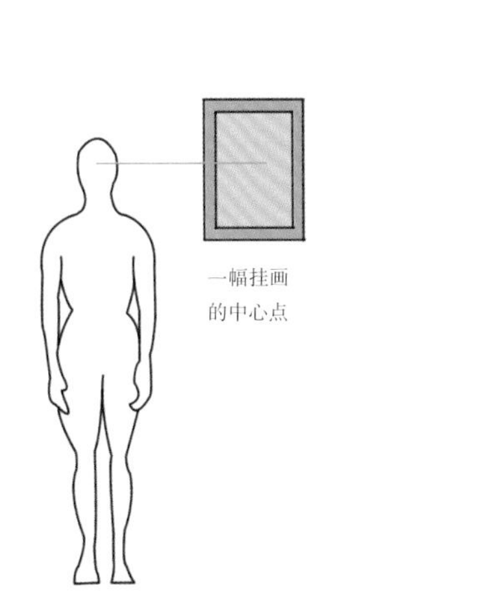

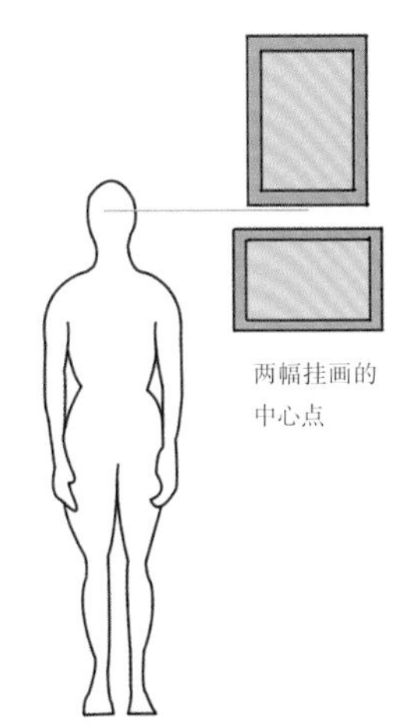

适宜间距：画框与画框之间的距离为 5cm 较佳，太近显得拥挤，分隔太远会形成两个视觉焦点，整体性大大降低。

三、设计搭配技法

装饰画搭配最好选择同种风格： 室内装饰画最好选择同种风格，在一个空间环境里形成一两个视觉点即可。如果同时要安排几幅画，必须考虑它们之间的整体性，要求画面是同一艺术风格，画框是同一款式或者相同的外框尺寸，使人们在视觉上不会感到散乱。也可以偶尔使用 两幅风格截然不同的装饰画做点缀，但如果装饰画特别显眼，同时风格十分明显，最好按其风格来搭配家具、靠垫等。

▲ 装饰画的种类最好统一，色彩与家具有所呼应

▲ 尽管装饰画的种类较多，但画框色彩与卡座搭配和谐，不显凌乱

装饰画色彩应与室内主色调相协调： 装饰画色彩要与室内主色调相协调，一般情况下，两者之间忌色彩对比过于强烈，也忌完全孤立，应做到色彩的有机呼应。例如，客厅装饰画可以沙发为中心，中性色和浅色沙发适合搭配暖色调装饰画，色彩鲜亮的沙发适合配以中性基调或相同、相近色系的装饰画。另外，若追求文雅感，装饰画宜选择与空间主色一致的颜色，画框和画面色彩差距也应小一些；若追求活泼感，装饰画可以选择与墙面或家具对比度大一些的类型。

▲ 红色火烈鸟装饰画虽然和客厅背景色呈对比关系，但由于两者的色彩饱和度均较低，因此不显突兀；此外，装饰画中的色彩与沙发抱枕中的色彩有所呼应，形成配色的延续性

装饰画应宁缺毋滥，为墙面适当留白：选择装饰画时，首先要考虑悬挂墙面的空间大小。通常来说，装饰画所占据的面积不宜超过墙面面积的 2/3。如果墙面有足够的空间，可以挂置一幅面积较大的装饰画；当空间较局促时，则应当考虑面积较小的装饰画，这样才不会令墙面产生压迫感，同时，恰当的留白也可以提升空间品位。

▲ 沙发背景墙有足够的留白，使大幅装饰画成为空间的视觉中心

实用贴士

装饰画色彩的提取方法：装饰画色彩通常分为两部分，一是边框色彩，二是画芯色彩。边框和画芯色彩应保证其中某一颜色和室内家具、地面或墙面颜色相协调，以达到和谐、舒适的视觉效果。最好的办法是装饰画的主色从主要家具中提取，而辅色从饰品中提取。

装饰画边框色彩的确定：若想要营造宁静、典雅的氛围，画框与画面应使用同类色；若要产生跳跃的强烈对比，则使用互补色。另外，黑色画面搭配同色画框时需适当留白，银色画框则可以很好地柔化画作，使画面看起来更加温暖与浪漫。

第八节 工艺品类别与应用

工艺品来源于生活，又创造了高于生活的价值。在家居中运用工艺品进行装饰时，要注意不宜过多、过滥，只有摆放得当、恰到好处，才能拥有良好的装饰效果。

一、工艺品类别与陈列要求

实用品类：同时具备装饰性和实用性，包含盛放物品的瓶类、器皿、收纳盒、纸巾盒、书档、餐具、托盘、烛台、相框、香薰等。陈列要求为风格定位准确、精致美观，同时又有实用功能。

装饰品类：包含墙面挂件以及台面、地面摆件，材质多以金属、木制、不锈钢为主。陈列要求是风格定位准确、精致，以及能够表达人文意蕴，且传递空间的氛围与情境。

▲ 主要起装饰作用的挂件和摆件，往往具有较强的视觉引导效果

二、设计搭配技法

摆放时要注意层次分明：摆放家居工艺品要遵循前小后大、层次分明的法则。例如，把小件工艺品放在前排，大件工艺品后置，可以更好地突出每个工艺品的特色。也可以尝试将工艺品斜放，这样的摆放形式比正放效果更佳。

► 饰品的层次错落有致，为空间带来韵律感

同类风格的工艺品摆放在一起：家居工艺品摆放之前最好按照不同风格分类，再进行摆放。在同一件家具上，工艺品风格最好不要超过三种。如果是成套家具，则最好采用相同风格的工艺品，可以形成协调的居室环境。

▶ 工艺品的色彩分明，形成视觉冲击，但又保证了不超过三种类别，不会显得赘余、杂乱

工艺品与灯光相搭配更适合：工艺品摆设要注意照明，有时可用背光或色块做背景，也可利用射灯照明增强其展示效果。灯光颜色的不同和投射方向的变化，可以表现出工艺品的不同特质。暖色灯光能表现柔美、温馨的感觉；玻璃、水晶制品选用冷色灯光，则更能体现晶莹剔透、纯净无瑕的质感。

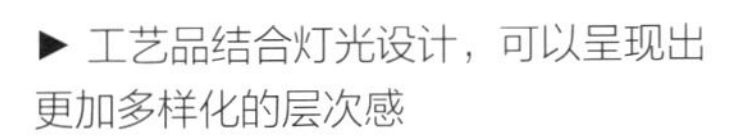
▶ 工艺品结合灯光设计，可以呈现出更加多样化的层次感

第九节 绿植、花艺布置与搭配

绿植和花艺能够令整个家居环境变得鲜活起来，一花一叶，从形态到功能，皆有个性。在家居中合理地利用植物进行装点，能够事半功倍地打造惬意、舒适的环境氛围。

一、室内绿植配置

1. 绿植在家居中的摆放原则

家居环境中，植物切忌摆得杂乱无章、不留余地。一般来说，居室内的绿化面积最多不得超过居室面积的 10%，这样室内才有一种扩大感，否则会使人觉得压抑。

绿植摆放方式

① 高度在 1m 以上的大型盆栽放置 1~2 株为宜，可置于角落或沙发边。

② 中型盆栽的高度约 50~80cm，视房间的大小布置 1~3 盆即可。

③ 小型盆栽的高度在 50cm 以下，不宜超过 6~7 盆，可置于案几、书桌、窗台等处。

▲ 在长沙发旁侧摆放一盆高而直的绿色植物，就可以打破沙发的僵直感，产生一种高低变化的节奏感

2. 植物与空间的搭配原则

植物与环境色调的协调搭配： 若空间的环境色调浓重，则植物色调应浅淡些。如南方常见的万年青，叶面绿白相间，在浓重的背景下显得非常柔和。若空间的环境色调淡雅，植物的选择性相对就广泛一些，叶色深绿、叶形硕大和小巧玲珑、色调柔和的都可兼用。

植物与空间层高的协调搭配： 植物还能有效规避空间的既有瑕疵。例如，常春藤等枝蔓低垂的植物可以降低挑高空间所带来的疏离感；较低矮的房间则可利用植株较高的仙人掌、观叶植物增加垂直空间感。

常见绿植陈列方式

绿植的作用已经超出以往单纯对空间的美观装饰作用。在室内空间的装饰上，可以碰撞出光线、反射、色彩等诸多变化，例如将空间进行重新划分、组合、利用，增加视觉延伸感，提升空间韵律感，以及改变布局风格等。掌握绿植的多样化布置手法，可以为空间环境创造更多的可能性。

陈列式

包括点式、线式和片式。点式即将盆栽植物置于桌面、茶几、窗台及墙角，构成绿色视点；线式和片式是将一组盆栽植物摆放成一条线。

攀附式

大厅和餐厅等某些室内区域需要分隔时，可采用攀附植物隔离，或运用带某种条形或图案花纹的栅栏，再附以攀附植物。

吊挂式

在窗前、墙角、家具旁吊放有一定体量的阴生悬垂植物，可改善室内人工建筑的生硬线条，营造生动、活泼的空间立体美感。

壁挂式

预先在墙上设置局部凹凸不平的墙面壁洞，供放置盆栽植物；或砌种植槽，然后种上攀附植物，使其沿墙面生长，形成室内局部绿色空间。

栽植式

多用于室内花园及室内大厅等有充分空间的场所。栽植时多采用自然式，即平面聚散相依、疏密有致。

迷你型

利用迷你型观叶植物配植在容器内，摆置或悬吊在室内适宜场所；布置时要考虑如何与空间内家具、日常用品搭配。

二、家居花艺色彩搭配

花艺色彩与家居色彩要相宜：若空间环境色较深，则花艺色彩以选择淡雅为宜；若空间环境色简洁明亮，花艺色彩则可以用得浓郁、鲜艳一些。另外，花艺色彩还可以根据季节变化来运用，最简单的方法为使用当季花卉作为主花材。

▲ 客厅的色彩明亮、怡人，搭配饱和度较高的花艺，可使空间更显生动

▲ 客厅家具和装饰画的色彩较重，色彩清雅的花艺搭配玻璃花瓶，可提升空间的通透感

花卉与花器的配色可对比、可调和：花卉与容器之间的色彩搭配主要可以从两方面进行。一是采用对比色组合；二是采用调和色组合。对比配色有明度对比、色相对比、冷暖对比等，可以增添居室的活力。运用调和色来处理花材与器皿的关系，能使人产生轻松、舒适感。方法是采用色相相同而深浅不同的颜色处理花与器的色彩关系，也可采用同类色和近似色。

▲ 调和色组合

▲ 对比色组合

附　录

1. 室内设计流程表

设计师进行一项装修工程时，首先应将室内设计流程了然于心。因为，室内设计涉及的细节较多，只有按部就班，步步为营，才能令工作顺利开展，达到良好的装饰效果。

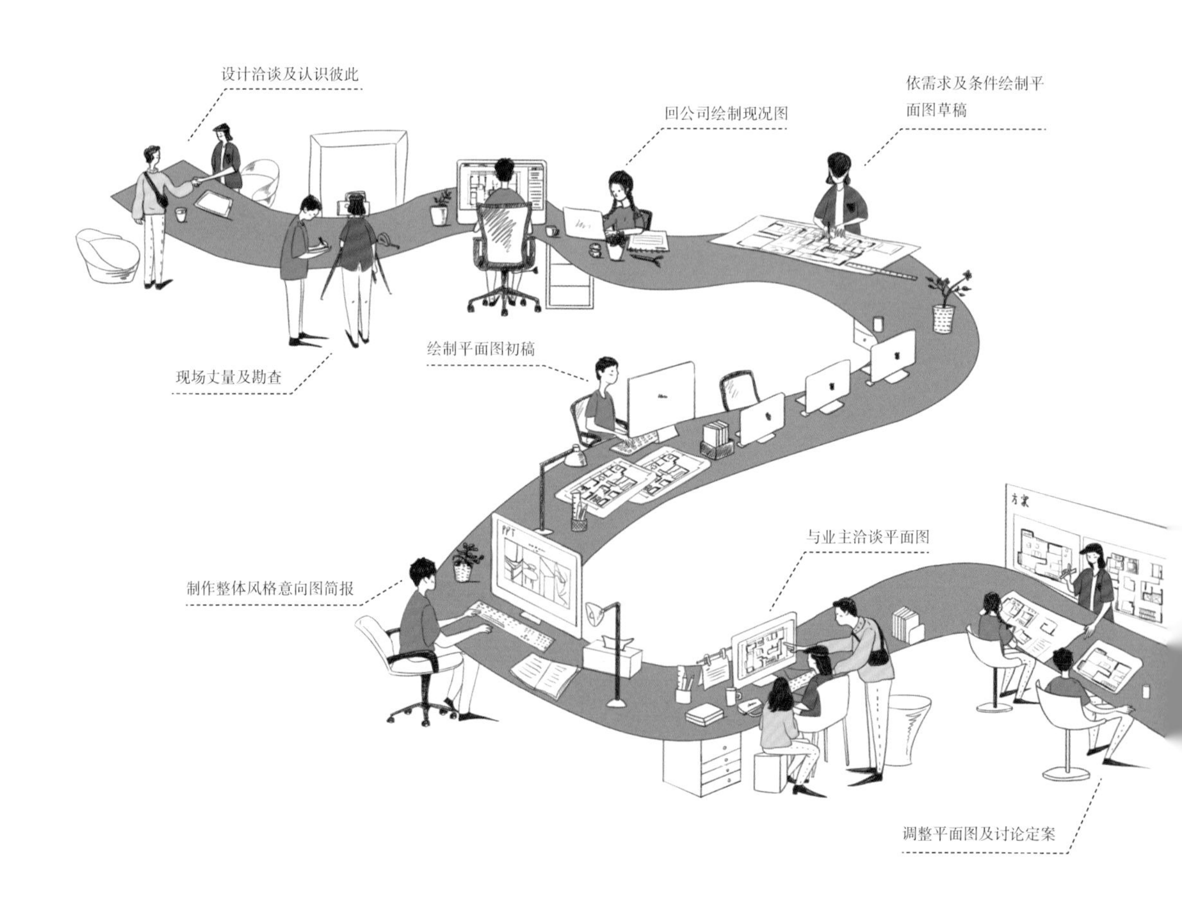

设计洽谈及认识彼此
现场丈量及勘查
回公司绘制现况图
依需求及条件绘制平面图草稿
绘制平面图初稿
制作整体风格意向图简报
与业主洽谈平面图
调整平面图及讨论定案
材料及色彩计划
绘制及讨论立面图
细部画面绘制
图纸重整与编码
依图纸内容列出估价项目及作出估价
跟业主沟通报价及签订合同

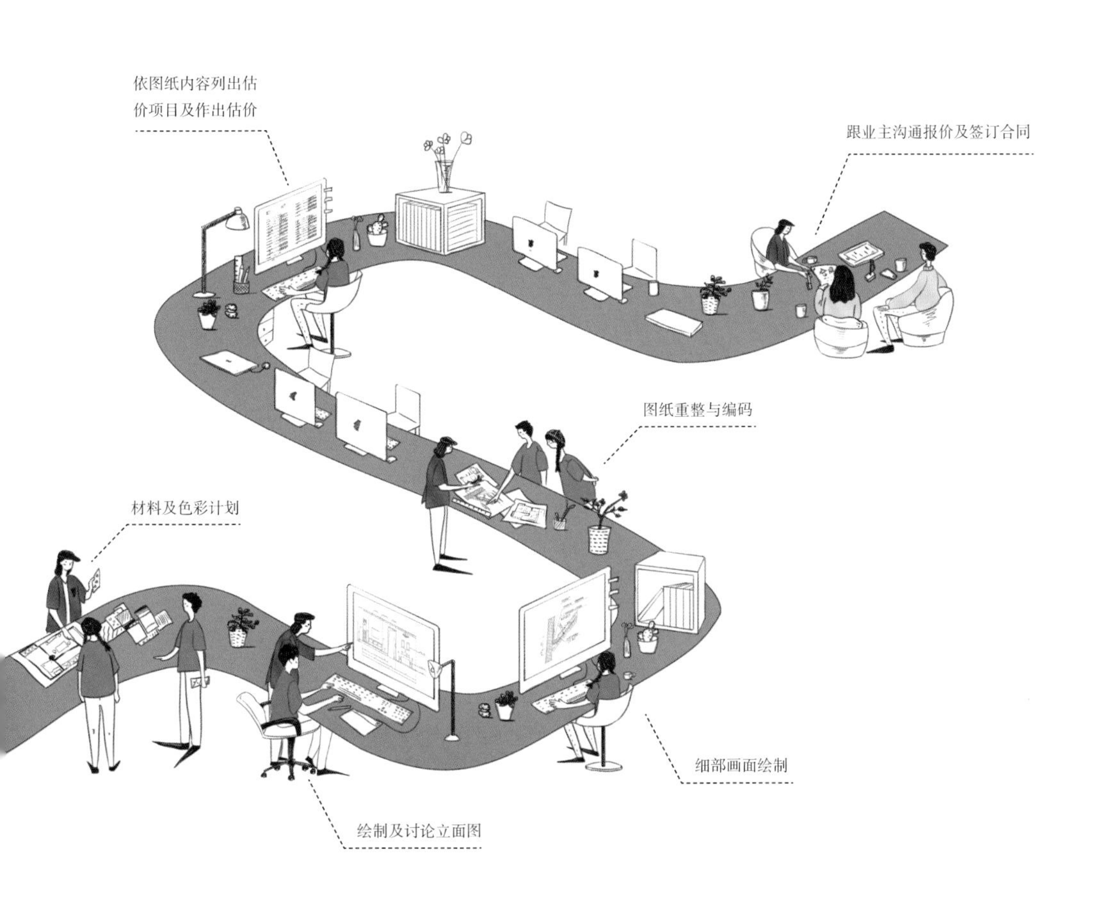
依图纸内容列出估
价项目及作出估价
跟业主沟通报价及签订合同
图纸重整与编码
材料及色彩计划
细部画面绘制
绘制及讨论立面图

2. 室内装修工程流程表

在进行室内施工时，也应按照合理的流程开展。一般来说，施工进程应循序渐进，切记不可为了追赶工期，将不可穿插的两大工程并行，导致室内工程不合格，反而浪费时间。